USER FRIENDLY

How the Hidden Rules of Design are
Changing the Way
We Live, Work and Play

满足人性

决定产品成败的设计潜规则

[美] 克里夫·库昂（Cliff Kuang）
[美] 罗伯特·法布里坎特（Robert Fabricant）
著

谭瑛　王臻
译

中信出版集团 | 北京

图书在版编目（CIP）数据

满足人性：决定产品成败的设计潜规则 /（美）克里夫·库昂，（美）罗伯特·法布里坎特著；谭瑆，王臻译 . -- 北京：中信出版社，2021.1

书名原文：USER FRIENDLY：How the Hidden Rules of Design are Changing the Way We Live, Work and Play

ISBN 978-7-5217-2496-7

Ⅰ . ①满… Ⅱ . ①克… ②罗… ③谭… ④王… Ⅲ . ①产品设计—研究 Ⅳ . ① TB472

中国版本图书馆 CIP 数据核字（2020）第 233601 号

满足人性——决定产品成败的设计潜规则

著　　者：［美］克里夫·库昂　［美］罗伯特·法布里坎特
译　　者：谭瑆 王臻
出版发行：中信出版集团股份有限公司
（北京市朝阳区惠新东街甲 4 号富盛大厦 2 座　邮编　100029）
承 印 者：中国电影出版社印刷厂

开　　本：787mm × 1092mm　1/16　　印　　张：20.75　　字　　数：340 千字
版　　次：2021 年 1 月第 1 版　　印　　次：2021 年 1 月第 1 次印刷
京权图字：01-2019-4624
书　　号：ISBN 978-7-5217-2496-7
定　　价：68.00 元

致我的妻子和女儿

——克里夫

致我的家人和朋友

我每天在做什么，其意义何在，谨以此书说明。

——罗伯特

目　录

第一部分
易于使用的设计

第二部分
让人想用的设计

前 言

用户体验的重要性[①]

用户友好的定义：

1. 从计算设备的角度来说，无论硬件或软件，都要易于使用或理解，设计时要考虑到用户的需求。

2. 从功能角度讲，要易于使用，轻松上手，便于管理。

这里，坐落着世界上最大的办公楼，虽然只有四层，但体积却十分庞大，完美的甜甜圈造型，外围长约1英里[②]，就像一个足以遮挡太阳的UFO（不明飞行物）。中间是一片果园，不禁令人联想起50年前，那时的硅谷还不是硅谷，而是赏心之谷。这里有各种各样的果树，包括杏树、樱桃树、桃树、梨树、苹果树等等，总数多达1 000万棵。计算机行业的翘楚——苹果公司花了数年时间秘密购买了这里所有的土地，用50亿美元玩起了拼图游戏，在50英亩（约202 343平方米）的土地上先后开发了16个不同的项目。如果把这里比作一艘飞船，那么它就是直接从史蒂夫·乔布斯的想象中起飞，然后降落在了昏昏欲睡的旧金山郊区的中心地带。这是这位伟大人物生前的最后一项成就。

在这个梦想的实现过程中，每天清晨，哈伦·克劳德醒来的时候，耳边总是充斥着各种噪声，像重型卡车沉闷的行驶声或者货物到达指定位置的警报声。我们见面的时候，克劳德73岁，三个子女都已成年。他留着花白的山羊胡，穿着皱巴巴的裤子和花衬衫，一副退休打扮。由

① 本书前言及第一至第十章为克里夫·库昂所著，结语为罗伯特·法布里坎特所著。——编者注

② 1英里约等于1.6千米。——编者注

于苹果新总部建在这里，克劳德家周围变得热闹起来，大批房产中介挨家挨户地上门游说，承诺要帮他们发家致富。

这些中介多为女性，外表光鲜亮丽，戴着大大的黄铜佩饰，如果有像克劳德这样的人做出什么过激的举动，这些佩饰还能发挥防护作用。“有个中介曾经告诉我，‘我们有十个人等着为你的房子展开招标战’。”我们坐在他家后院聊天的时候，克劳德拖着慢吞吞的得州腔说道。20世纪60年代，晶体管产业在这里兴起，硅谷的人口数量激增，建起了一批像克劳德家这样的房子。我到那里的时候，他家这样简陋的三室平房能很轻松地卖到250万美元。他觉得不出一年，房价就能涨10%，甚至更多。可这只不过是个莫名其妙的梦。

克劳德只是个普通人，在硅谷，像他这样的人成千上万，他们为这里的建设贡献了技术和能力，却没有人记得他们的名字。然而，克劳德是历史上最早使用“user friendly”（用户友好）一词来指代计算机的人之一。最终，是苹果公司将“用户友好”的概念发扬光大，根植于我们日常生活的方方面面。

每天，克劳德走过园区，注视着苹果的新总部——Apple Park。它就像一颗璀璨皇冠上的宝石，旗下有iPod（多媒体播放器）、iMac（麦金塔电脑）、iPad（平板电脑）、Apple Watch（苹果手表）和iPhone（苹果手机）等诸多品牌，市值达上万亿美元。虽然这些电子产品都是最先进的，可就连小孩子也能轻松操作。与它们的强大功能相比，克劳德曾经参与制造的IBM（国际商业机器公司）“超级计算机”就相形见绌了。进入IBM似乎是他另一个不可能实现的梦想。八年级那年，他的代数不及格。高中毕业后，他一直无所事事，后来参军入伍，受训做了军医。一年半的医学训练使他摒弃了所有不切实际的理论，只留下了挽救生命的必备要领。实际需要和工作压力激发了他的内在潜力，曾经的混混成功逆袭，毕业时拿到了班级第一名的好成绩。退伍后，他进入东得克萨斯州立大学商学院进修。他告诉我：“去进修，并不是因为我无路可走，而是因为在这里能见到新的曙光。”

克劳德在大学的公告板上看到了IBM的招聘广告，公司有个新的培训项目，招募理科专业的学生。他投了简历，并成功应聘。虽然对未来一无所知，他依然飞到了纽约州约克城。IBM研究中心是一座新月形的地标建筑，其设计者为著名的美籍芬兰裔设计师埃罗·沙里宁。它的外墙是闪闪发光的弧形玻璃幕墙，内墙材质则采用了纽约当地的花岗岩。IBM，世界上智能化水平最高的公司，其获得博士学位的员工人数不亚于一所大学，而研究中心就是IBM现代化工作场所的最佳体现。

克劳德参加求职面试的时候，内心充满了敬畏。1968年，IBM研究中心的落成曾经轰动一时，其造型与2001年的宇宙飞船无异，让人深刻感受到科技的未来一片光明。在这里，大家闲聊的话题从来离不开科技创新。“只要能在这里工作，让我干什么都行，就算打扫厕所也无所谓。”克劳德热情洋溢地说。IBM的程序员已经不够了，公司想多招聘一些，克劳德就成了其中一员。他发现这份工作非常实用，可以利用计算机来解决很多现实问题，例如绘制运输路线图、计算货运量等。工作中需要的方程式非常复杂，可他却觉得自己在这方面很有头脑。

克劳德涉及的领域是运筹学，这个学科的研究是从二战以及战后的马歇尔计划开始的。欧洲重建，一方面，要把大量的物资运过大西洋；另一方面，经历过这场空前浩劫的欧洲国家有几十个，它们所获得的一切援助最终还要再运回去，其数量也是相当庞大的。如何高效利用船只运输货物到达目的地，然后再换成其他货物返航，这是一个数学问题，其复杂程度简直难以想象，必须靠计算机来解决。

20世纪60年代，克劳德就专门为IBM的客户解决这类运营问题。当时的编程需要用打卡机在登机牌大小的卡片上打孔，过程非常烦琐。打完之后，程序员还不能靠近计算机，因为这台机器的价值高达500万美元（按现在的货币价值计算，约为3 500万美元），由两名保安和一只听觉敏锐的德国牧羊犬看守。克劳德完成一整天的编程之后，将一叠卡片交到计算机操作员窗口，再由操作员把卡片插入机器。只要他的编程没错，计算机会整夜进行计算，第二天一早，结果就都出来了。但是，这个过程其实是个特别浩大的工程，任何细微的错误都是不允许的。比如，一个字符打错了位置，处理过程就会停滞；一个方程式定义不明确，就会出现计算数字除以0的情况，从而使计算陷入无限循环。（这也是存在于苹果公司的阴影：其总部的旧址就在无限循环路1号。）

IBM的程序员们整夜都在等待的煎熬中度过，就是为了看看多日来他们花在编程上的力气是否会因为一个孔打错了位置而白白浪费，这简直让他们抓狂。后来，他们终于找到了出路。将小型计算机连接到大厅的主机上，运用一种叫APL（A Programming Language）的简化编程语言编程，这样编写并运行程序就容易多了。你只需要输入程序，看计算机是否显示出有意义的结果，然后立即就能知道你编写的程序是否正确。这真是太神奇了！工作成果瞬间呈现，新的想法马上跃入你的脑海。多年后，史蒂夫·乔布斯把计算机比喻为人类大脑的自行车，其卓越程度令人难以置信。它赋予我们奇妙的能力，大大提高了我们大脑的运转效率。这个理想实现了，克劳德和他的同事们是亲眼见证的第一批人。当计算机做到了及时反馈，它实际上增强了大脑的能力。你如果有什么灵感，可以马上进行试验。看到效果之后，你又会迸发出新的想法，并且这个过程会不断持续下去。正是由于这种反馈循环现象，计算机编程行业实现了迅速发展，就好比从庄严刻板的室内乐时代进入了即兴表演的爵士乐时代。

这些“爵士乐手”开始在学术期刊上进行交流。唯一的问题就是，在机器上重新创作别人写的音乐，这感觉太难受了。测试或复制他人的成果，难度有多大，你无从知晓。这些程序根本不会考虑其他人会拿它们做什么。对克劳德来说，它们跟用户友好根本不沾边儿。因此，克劳德提出，程序的好坏，不仅要看它解决问题的完善程度，还要看它是否能让使用者轻轻松松地达到目的。要知道，这个术语并不是他刻意发明的。他觉得，这个词一直在他脑海里酝酿，到了关键时刻一下就出现了。这充分说明，这个术语意义非凡，人们已经开始感受到它的深刻内涵了。

然而，尽管IBM拥有全球顶尖的设计师，例如其logo（标识）设计者保罗·兰德、其园区设计者埃罗·沙里宁，还有其电动打字机设计者艾略特·诺伊斯，但该公司并不注重产品的用户友好程度。相反，苹果公司在这方面却做得很好，他们采纳了施乐帕克研究中心（Xerox PARC）的理念，研发了麦金塔电脑。十年前，克劳德首次以“用户友好”为题发表文章；十年后，苹果电脑的广告主打的就是用户友好的牌：

> 1984年以前，使用计算机的人并不多，原因很简单：
>
> 大家都不会用，
>
> 也很少有人愿意去学……
>
> 这一天，在加利福尼亚，碧空万里，阳光灿烂，几位智慧过人的工程师突发奇想：既然计算机是智能化产物，我们能不能让计算机去理解人类，而不是让人类去认识计算机呢？
>
> 于是，他们夜以继日、废寝忘食，帮助芯片学习人类。人们如何犯错，如何改变主意；人们怎样将文件夹归类，怎样保存电话号码；人们用什么方法来维持生计、消磨时光……
>
> 一切完成之后，我们看到的是个人电脑。它功能卓越，品质不凡，俨然一位优雅的绅士来到我们面前。

这里面有很多故事、很多理念，可三言两语就能将它们概括，这是何等的语言技巧？对于那些我们错过的风景，本书将尝试将其重现。

*

最初向我提出这个想法的是罗伯特·法布里坎特，当时他是Frog

Design（青蛙设计公司）的创意副总裁，我们有几年的交情了。他的理念就是，计算机怪才和未来主义者曾经一度钟情的用户体验设计不再属于利基市场了，这也是我从事写作和编辑工作十年得出的结论。在这个25亿人使用智能手机的时代，用户体验如今已成为现代生活的重心，这不仅颠覆了我们的数字生活，就连整个商业、社会，甚至慈善事业也一样发生了翻天覆地的改变。罗伯特提出，将本书的题目定为*User Friendly*（英文版书名），大众对这个术语的熟悉程度也恰恰证实了我们的观点。不过，这个词的由来，它所传达的含义以及运作方式，仍然是止步于某些专业领域的，要么鲜为人知，要么只知其一，不知其二。起初，我们设想的是用几个月来构思，半年来完成，可最后写这本书整整花了我六年的时间。此刻，你眼前的这本书，将向你展示“用户友好”理念的形成历史、它对我们日常生活节奏的影响，以及其未来的发展走向。

在某一代设计师看来，“用户友好”一词是有争议的。他们觉得，产品的设计前提不应该始终假定用户对其十分熟悉；“友好”一词不一定能体现设备与用户之间的正确关系；这种理念容易让人产生错觉，把用户都当成了小孩子，这样的姿态是不是有点太高了呢？虽然这些指责也不无道理，但是他们无法将这个术语全盘否定，同时还忽略了更重要的一点。

当今，从赚钱到交友，再到育儿，处处都离不开各种设计精巧的产品，它们给我们每天的生活带来了质的改变。我们现在期望，用于诊断癌症或检视飞机引擎问题的工具能像《愤怒的小鸟》一样简单易用就好了。我们有这样的想法是绝对合理的。随着时代的进步，技术产品的操作应该越来越简单，直至不再引起人们的关注。这一切已经开始了，而且进展速度惊人，这种变革是过去50年来最伟大的文化成就之一。可是，即使设计塑造了我们的生活，其内在逻辑也很少被我们提及。相反，无论是跟孩子或者祖父母，每当我们谈起这个话题时，我们唯一想到的词就是“用户友好”。我们从来没有审视过用词是否合理，不过这就是我们对产品设计水平的判断标准。

我们会不自觉地将其脱口而出，因为我们知道它的含义，或者说我们自以为知道。它就相当于“这是我想要的吗？”虽然这个词很简单，可依然存在一系列的问题：为什么有些产品与我们的预期相契合？产品制造者从哪里得知我的初衷？将我们的预期转化为产品，其中会有什么偏差？为了找到问题的答案，我们付出了一个世纪的时间，取得了长足的进步，也经历了各种危难。在本书当中，你能了解到“用户友好”理念是如何产生及发展的。纵观历史长河，从人们转变观念到开始真正关注这个问题，再到今天，它把我们日常生活的每一分钟都重新定义，我们将一一展开论述。

如果你是用户体验设计师，那你对我们书中的很多观点会非常熟悉，因为为了研发新产品，你一直在观察我们生活中的方方面面。不过，你依然会发现新的东西。用户体验设计的领域相当宽泛，从主题公园到对话机器人，皆在其涉及范围之内。可是要想让外行和专家能够同时理解其中内涵，好像还没有那么容易。产生创意的思维过程是个性、灵感和意识碰撞、共同作用的结果，这一点人们尚未深入领会。假如你对用户体验还很陌生，那么我希望，读过本书之后，你能意识到，世界每天都在改变，我们每次通过点击进行的操作都有可能与我们设想的不同。如果你是设计师，我希望你能更好地了解自己创意的根源，以便你更好地审视甚至挑战你赋予作品的价值。最起码，我希望你能把这本书介绍给身边的人，并且告诉他们，“用户体验真的很重要，不信就来读这本书吧”。

第一部分

易于使用的设计

第一章

误读：从三里岛核电站事故讲起

1979年3月28日，星期三。当世界仍在沉睡中时，美国历史上最严重的核事故发生了，起因是地下机房里的设备堵塞。专家弗雷德·沙伊曼从控制室怒气冲冲地走下八层楼梯，进入三里岛核电站纷繁复杂的机房中心。地下室主道有将近足球场那么长，两侧的每一个水泵、管道和仪表，沙伊曼都了如指掌。他走向7号罐，夜班工人从12点以前就已经围聚在这里了。他爬上罐体侧面的一根粗壮的管道，向观察窗中望去。里面温度很高，乱作一团，水泵叮当作响，阀门嘶嘶漏气。核电站的涡轮机组建在整个厂区的另一侧，重达500吨，占地约有一个街区的距离，每秒旋转30次，此刻正发出刺耳的警报声。[1] 沙伊曼摘下眼镜，想看得更清楚一些，然后擦了擦额上的汗水。该死，堵住了！“嘿，米勒……”他大声喊道。还没等米勒回答，在场的所有人都不寒而栗。大家不约而同地感觉到了一股汹涌的水流，“像货运列车一样”，[2] 正飞速穿过沙伊曼所站的大型管道上。就在那一刹那，沙伊曼猛地跳了下来，管道从固定处开始破裂，然后砰的一下爆开，水流像喷泉一样从他原来的位置喷射出来，其力道之大，足以将他的皮肉剥下。

不过问题不大。像这样的电厂都有自动防护的设计，大家能够听到成千上万个子系统颤动起来。几百码以外，在核电站的中心位置，反应堆堆芯开始自动关闭。远处的萨斯奎哈纳河不疾不徐地流淌着，在这黎明前的时分，30 层高的冷却塔向河面上空释放出 100 万磅（约 453 592 千克）的蒸汽。一位住在河对岸戈尔兹伯勒市的农民后来回忆说，当时家里的谷仓亮着灯，原本忙碌的他突然停了下来，因为他听到了类似喷气式飞机发出的呼呼声。[3]

沙伊曼从地上爬起来，拼了命地跑回控制室，那儿的布局类似船舶驾驶舱。事实上，几乎在场的所有人以前都当过海军，都有在核潜艇或航空母舰上服役的经历。仪表控制室中央有一个巨大的控制台，后面还有一排控制面板，呈弧形排列，长度为 90 英尺（约 27 米），向天花板延伸开去。[4]这里总共有 1 100 个刻度盘、仪表和开关仪表指示器，以及 600 多个警示灯。此时此刻，它们似乎都在绝望地哀号着，整个房间里叫喊声一片。在这紧要关头，这台机器所发出的噪声，简直让操作人员不知所措，头脑发蒙。而这种状态将会持续很久。[5]

这到底是什么意思？如果系统出现了几百个错误提示，怎么才能找到问题的根源？沙伊曼开始快速翻看应急手册，确保每个步骤都准确无误。反应堆跳闸非常麻烦，但并不罕见。由于几百道安全屏障的层层保护，堆芯熔毁的概率微乎其微。除非人为干预，不然的话，只要监测到危险迹象，核电站将会自动停止运行。但是任何操作都会引起连锁反应，整个核电站的设计方法，或者说设计漏洞，使得我们无法想象整个系统是如何联系在一起的，一个信号未被觉察又会引发什么样的后果。

每一个反应堆系统都有两个固定的任务：释热或者控温。堆芯本身包含几千个手指大小的铀燃料颗粒。铀原子在分裂过程中释放出热量和中子。中子会促使更多的铀原子分裂，从而形成链式反应，即铀原子按照一定指数自发裂变。反应过程中，每个铀燃料颗粒都能释放出一吨煤所能产生的热量。[6]其间，操作人员必须控制好温度，将大量的冷却剂注入反应堆，使其在流经过程中吸收堆芯热量。冷却剂的驱动泵有两层楼高，动力相当强大，足以逆转科罗拉多河的流向。冷却剂流经反应堆，将热量吸收并携带出去。这样一来，冷却剂的水温升高，可用来产生蒸汽，再利用蒸汽驱动大型涡轮机发电，其电量足以供一个小城市使用。

控制室的工作人员首先打开冷却水泵、监测锅炉和涡轮机，以确保堆芯的冷却水能够满足需要。之后奇怪的事情发生了：设备的状态与他们的设想出现了巨大的偏差。尽管应急泵全力运转，可冷却反应堆的回路水量却在下降。沙伊曼还在忙着查阅手册，将里面的操作规则逐条喊出来，只要有人大声回应他"OK"，他就点点头。然后水量停止下降，局面开始得以控制，应急泵终于重新向反应堆注水。大家都松了一口气。然而没过几分钟，问题又来了，堆内产生了压力，这说明水已经足够了。而水量有个适度范围，反应堆回路里的水似乎要超标了。起初压力缓慢上升，之后越来越快。见鬼，这到底是怎么了？ 160、180、190、200，然后达到了峰值——350，这可是前所未有的呀。一屋子的专家默不作声，大家都陷入了深深的忧虑之中。[7]

"不好，就要爆表了！"

这是所有人最害怕的事情。"爆表"意味着反应堆回路里充满了水，压力将不断增大，直到管道破裂，造成堆内冷却剂外流。于是，人们赶紧关掉应急泵，使其停止向堆芯注水。[8] 谁也想不到，这将是一天里最最糟糕的决定。

与此同时，堆芯温度一直在上升。这不可能啊！既然反应堆里的水这么多，怎么温度还这么高呢？是不是哪个阀门开着，水直接流走了？控制室里有个仪表应该能有答案。可这个仪表装在位于控制室另一侧的一个控制面板的背面，距离远，还不好找。派去查看的人终于找到了，他说仪表显示一切正常。不过他找的那个仪表根本就不对。然后他就回来告诉大家阀门都是关闭的，反应堆系统没有漏水，大家需要重新再来，找到真正的问题。堆芯已经开始走向毁灭了，而所有人浑然不知。[9]

仅仅几个小时后，凌晨6点，这场灾难已经发展到了势不可当的地步，可到底发生了什么，大家依然摸不着头脑。皮特·韦莱兹走进 2 号反应堆的控制室，现在轮到他值班了。这里的控制面板都是统一的绿色，成千上万的灯无声地闪着光。通常情况下，为数不多的几个人待在这里，享受这份井井有条的静谧。可是今天不同，韦莱兹知道，可怕的事情发生了。到处都是人，人人都异常恐慌：咖啡杯扔得到处都是，安全手册堆得老高，大家疯狂地翻阅着，汗水顺着胳膊往下淌。几个韦莱兹从来没有见过的大人物也出现了，过去他们只在通讯录的首页出现过。地区经理和直属上司都从俄亥俄州总部赶了过来，大家都在想办法搞清楚，到底哪里出了问题。他从口袋里掏出一个翠绿色笔记本，记下了当天的第一笔：妈的！[10]

*

韦莱兹和这里所有的人都知道在核电站工作是有危险的。他们受过这方面的培训，熟知各种风险，不再大惊小怪。不过，韦莱兹比较特殊，他精通计算，知道一些可怕的数字。作为辐射防护组组长，他知道一名工人所能承受的核辐射强度的精确数值，这是他的职责。一般来说，一名男性三个月内受到的辐射不能超过 3 雷姆（1979 年，核电站的员工基本都是男性），紧急情况则另当别论。如果抢修重要设备，操作人员一个月之内接受 25 雷姆辐射也可能没问题，后期不会有太长时间的影响。相对于巨大的灾难来说，这种微小的个人风险是值得的，可如果辐射强度再大一些，问题就不这么简单了。按照经验法则，只要不超过 100 雷姆，这个人还有救，可如果再高一点，比如 120 雷姆，没有人能担保结果怎样，只能由负责人来做决定了。谁能忍心让一个人独自处于危险之中呢？

所有这些设想如今都变成了现实。3 月 29 日，事故发生的第二天，韦莱兹需要到一个房间查看里面的情况，这可是个要命的活儿。他找到了化学组组长埃德·豪瑟，后者主要负责监测冷却反应堆的水温，使其不至于太高。他们都穿着连体工作服、潜水衣和靴子，戴着手套和面罩，从头到脚捂得严严实实。刹那间，他看到危险警报器开始响起，值班人员停下手上的工作跑了出去，帽子没戴，外套没穿，电话扔在一边，滚烫的咖啡洒在桌子上。[11] 在这个房间后面有个水槽，上面有 25 个阀门。这就是韦莱兹和豪瑟过来的目的：由于从控制室里的仪器看不出什么问题，他们要到现场来查看一下反应堆内部到底怎么了，情况有多严重。

反应堆堆芯是有辐射的，其强度多少，无人知晓。这 25 个阀门连接着 25 条管道，这些管道贯穿整座大楼，长度达数千英尺。其中一根，不过手指粗细，通往旁边另一座楼，里面的电线通往堆芯，现在有可能已经熔化了。

面对这样的情况，两人要共同承担风险。无论谁都要尽力而为，大家受到的辐射强度都是一样的。想到这里，豪瑟感到一丝欣慰。就在昨天，突然发生了意外，他到厂区的另外一个地方进行测试，几分钟内就吸收了 600 雷姆的辐射，甚至更多，这可是前所未有的。而现在，他仍然站在这里，与韦莱兹一起完成任务。很明显，韦莱兹不知道阀门的排列顺序，而豪瑟知道。

尽管豪瑟之前受到了高强度辐射，可韦莱兹还是找到了他。他看了下手表，记下时间。进！豪瑟快速冲进房间，直奔水槽上的阀门，严格按照正确的顺序将其中的 15 个打开，然后立马转身，跑回到走廊上。现在他们能做的只有等。2 号反应堆里的水，要流经数千英尺的管道才能流到这里，进入水槽，这个过程需要 40 分钟，对他们来说，这太折磨人了。还有一些阀门需要打开，韦莱兹完全有理由不进去，因为他不知道是哪些阀门。可是，他却要求豪瑟把房间里的情况告诉他，由他来完成，这样他就能帮豪瑟分担一点辐射。于是，韦莱兹冲进去打开了最后一个阀门。剩下的工作就是豪瑟的了。他飞快地进入房间，来到水槽前，用小瓶收集了一份水样。水是黄色的，还在冒着泡，感觉就像巫婆的药水，里面的化学物质是用来吸收放射性同位素的。豪瑟拿出辐射检测仪对样本进行检测。高达 1 250 雷姆！假如裸手触碰小瓶，指尖就会感到刺痛。[12]

而豪瑟和韦莱兹都还活着，这太不可思议了。要不是那个控制面板的位置不合理，导致工作人员看错了仪表，或者在那之前，没有出现这一系列的失误，那他们二人就没必要冒着生命危险去执行这个任务，这样说一点也不为过。然而，假如我们回顾一下到底错在哪里（想象一下当时那 1 100 个仪表和 600 个同时响起的报警器），那问题就不仅仅是一台出了故障的机器，或者一个工作失误的人员。这台机器原本可以换个样子，其制造者应该多考虑一下，如果机器传递的信息太多而意义太少，会让本该掌握控制权的人类不知所措，而机器和人类又不能用彼此都能理解的语言相互交流，于是，二者之间有时就会出现对立状态，让对方茫然不解。这种对立现象今天依然存在。

*

我想，我下大力气研究三里岛事件，唯一的原因就是我有一种直觉：深挖重大设备灾难，通常会帮助我们发现设计问题。例如飞机失事，几乎每一次都跟设计漏洞有关。2019 年巴黎圣母院发生火灾，实际上也是因为在最危急的时刻发生了误判：明明是最先进的火灾预警系统，发出的信号却晦涩难懂，从而导致工作人员没有检查出正确的起火位置，大火烧了 30 分钟仍然没有得到控制。[13] 灾难总是能揭示出事物正确的运行方式，那么，三里岛事件向我们揭示的人类与机器之间应有的交互方式是怎样的呢？

老实说，我原本希望通过类比和隐喻的修辞手法来讲述这个故事，并说明其意义。可是后来，在一篇关于这场灾难的报道中，我发现里面捎带提到了另一项针对事故原因的调查，该调查是受美国国会委托，由唐纳德·A. 诺曼参与撰写的。这个人难道就是 20 世纪 90 年代发明了“用户体验”一词的唐·诺曼？[14] 看到报告中提到诺曼的名字，我突然感觉三里岛事件和我们今天所讨论问题之间的联系不是一点半点，只是我们一直没有发现。

21 世纪，用户体验成了数字生活的主导趋势，在这之前，诺曼就已经是产品设计领域里的摩西（《圣经》故事中犹太人的领袖）：其代表作《设计心理学》（*The Design of Everyday Things*）① 于 1988 年问世，是该领域唯一的主流畅销书，书中记录了从门把手到恒温器等各种日用品的设计败笔。这本书曾一度成为交互设计师的工作指南。20 世纪 90 年代初，他原本打算退休，却被苹果公司挖了过去。首先，他召集了一批"用户体验专家"，成立了易用性专家小组，负责跟踪正在研发的各项产品。在此期间，他对乔纳森·伊夫格外青睐，此人后来入职苹果，负责 iPod、iMac 和 iPhone 的设计工作。[15] 我在翻阅诺曼的著作时，特别关注了里面所有的注释，发现他对核反应堆设计谈得很少，而且根本没有提到三里岛事件，那么这场灾难又是如何塑造这位现代设计教父的呢？

诺曼身材瘦小，也就一米六左右，细腰驼背，天天穿着黑色高领衫、牛仔裤，戴着一顶灰色报童帽。他身体健硕，这要得益于他坚持步行上班，而且经常在加州大学圣迭戈分校的校园里爬山。这里峡谷众多，风景秀丽。我是在他的设计实验室里见到他的，那是 12 月份的一个下午，天气温暖，阳光明媚，空气中弥漫着桉树和野生迷迭香的味道。

我们来到一个小型会议室，里面铺着绿色长绒地毯，看上去有些怪异。我坐在一张低矮的露台椅上，诺曼站在我面前，边走边讲，逐渐进入了状态。他说这个项目六个月前刚刚开始，将是他的最后一个大活儿。他已经退休过两回了，到圣诞节时，他就 79 岁了。"你看，大学里有很多人能把问题分析得很透彻。"他个头不高，声音却很洪亮，"而设计师不需要分析，他们需要的是整合。在这个实验室里，你有条件把大

---

① 该书简体中文版已于 2003 年 10 月由中信出版社出版。——编者注

学所学的所有知识整合起来，去解决环境、老龄化、医疗保健等各方面的问题。这些就是我们的研究课题。”[16]

我看向外面的实验室：到目前为止，只有几张桌子，几名研究生坐在那里编着代码。设计实验室选在一座崭新的后现代风格建筑的一角，是整个校园的最佳位置。与许多新建的大学校园一样，加州大学圣迭戈分校记录了现代建筑潮流的发展历程。该校建于20世纪60年代，其图书馆就是当时流行的野兽派风格，之后还有一些建筑走的是非严格意义上的古典路线，代表了20年后开始流行的后现代主义风格。而这座楼的造型呈多层锯齿状，由玻璃和金属材料搭配构成，在当时是最现代的。

诺曼拥有广阔的设计视野，确切地说，不只是他，整个设计师团队都深受他的影响。诺曼说：“我曾经去过上海的Frog Design，他们很自豪地告诉我，他们公司拥有自己的产品设计。之后我又去了设计公司IDEO，把竞争对手的这番话告诉了他们。而他们却说，‘无所谓啊，新加坡那边请我们设计整个城市呢’。”这并不是一句大话。IDEO是推动“设计思维”（指现代设计创意的触发过程）这一理念的领军者，如今，该理念的内涵已经远远超出了IDEO的业务范畴。当前，各种问题，无论大小，其解决方法都会涉及设计思维。过去与座椅相关的产业，业务范围并不大，而现在却涉及解决全球性疾病等问题，究其原因也不过是视角的转变。

诺曼倾向于在思考时或回答问题之前有一个长时间的停顿，因为他说的每一句话，人们往往需要用几十年的时间来消化，之后才能付诸实践。我好不容易才有机会开口问他：“您还记得三里岛事件吗？”他说那是他事业的转折点，之前他一直在做学术研究，可谓纸上谈兵，从那以后他步入了更加广阔的世界。人在面对一项任务时往往会犯错，诺曼在其职业生涯早期，花了多年时间将人们的出错方式进行了分类。他在研究三里岛事件时发现，他所做的一切，别人似乎知之甚少，这是个不容忽视的事情。“问题在于设计师花了很多时间来做技术设计，但没有人了解三里岛的工作情况和员工状态。”诺曼回忆说，“控制室是最后完成的，是在资金和时间都所剩不多的情况下添加上去的”。

这是个耸人听闻的故事，让我们感受到当时人们的目光有多么短浅：反应堆一般都是成对建设的，后来有人想到，与其建设两个单独的控制室，倒不如先建一个，然后反向建另一个，这样更加节省资金。这样一来，工作人员今天在这个控制室里，明天在那个控制室里，所有的东西都是颠倒的，感觉别扭极了。像这样的例子还有很多。诺曼从中“意识到人们并不知道应该把技术与心理学结合起来。我们开发技术是为人类服务的，但是开发人员并不了解人类”。

像这样缺乏远见的现象反映在文化层面上，就是一种思想上的断层。这一断层存在于像他这样研究人类如何使用机器的专业人士和这些机器的制造者之间。“关于人为错误的研究工作始于二战时期，但没有真正引起人们的关注。像我这样的研究人员都不知道还有谁在做同样的工作。”诺曼回忆说。与此同时，设计师“以前都来自艺术院校或广告行业，所以设计只是停留在风格层面，没有什么实质意义”。诺曼当时不认识任何设计师，对于这个飞速发展的行业来说，他就是个局外人，没有向导，完全迷茫，跌跌撞撞地闯入了一个新的世界。因此，诺曼总是以困惑的口吻来完成自己的著作：“亲爱的上帝，这些人会听我说话吗？”

诺曼特别强调像环境、时代背景这些复杂但很容易被忽略的问题。作为一名设计大师，他之所以名声在外，很大程度上是因为他关注的往往都是一些朴实无华的东西，比如门把手和烧水壶。在他的书里，诺曼就像约伯一样，总是受到各种各样的考验。该拉门的时候，他去推门；房间里的灯，他费了很大劲才打开；洗澡时他总是被烫到。他为此陷入了深深的困惑，而我们又何尝不是如此？

他所有工作背后最重要的假设是：即使错误在人，也很难想象有谁能避免这些错误。人会失败，但他们并没有错。如果你能站在他们的角度想一想，就会发现，再愚蠢、再奇怪的行为，其背后也都有自己固有的逻辑。你必须搞清楚人们为什么会这样做，找到他们的不足和局限性，并以此作为你设计的依据，而不是只考虑某些理想的状态。他最深刻的一个观点是：一项技术复杂也好，司空见惯也罢，我们对它的期望应该始终如一。诺曼学的是认知心理学，与按钮和控制面板的设计细节关系不大（如果你仔细观察，你会发现这类产品之间存在大量的细微差别），人们希望周围的事物如何运作，他们的想法是怎么来的，又是怎么发展完善的，这才是他的研究重点。如果你设计一个应用程序，要让人拿来就会用；一架飞机，能让人安全驾驶；一个核反应堆，能让人正确操作，不会发生意外事故，造成大范围的影响；这就是你需要考虑的。

当前，晶体管和芯片成本下降，电脑和电子产品极度丰富，充斥着我们的日常生活，一场技术变革的浪潮即将上演。如果不是因为这场浪潮，许多专家教授、不知名的设计师和工程师对这些教训可能还处在懵懂之中。从 20 世纪 80 年代起，我们在三里岛事件中发现的复杂问题就变成了消费者问题，关系到录像机和计算机等电子设备上的按键功能。这些设备设计上的细微差别还将进一步体现在智能手机上。毫无疑问，蹩脚的应用程序让人崩溃，三里岛反应堆几乎彻底熔毁，究其原因，二者之间有着直接关系。智能手机上总是有各种通知，每次关闭它们时你都会感觉好无奈，这就类似于引发三里岛事件的问题。电灯开关设计不合理，让你摸不着头脑，这也跟错综复杂的电缆箱有类似之处：有可能是按钮的位置不对，或者弹出的信息还没等你弄明白就没有了，或者是你的某种操作自己都没搞清楚。主要原因就在于，你不了解它们的运作方式。

智能手机在我们的日常生活中逐渐占据主导地位，其设计原理似乎就自然而然地成了很多问题的答案，有些问题就在眼前（怎么让人看懂这个应用程序？），有些问题则贯穿整个时代（怎么让人学会医疗保健？）。如果你相信所有这些问题都是机器导致的，并且知道我们能通过这些错误，探知人们对周围事物的理解，以及对日常生活用品的期待，那将产生深远的意义。

*

让我们回到1979年3月28日。夜班眼看就要结束了，太阳刚刚升起，大家终于解决了在他们看来最大的问题——反应堆爆表。为了防止这种情况出现，他们做了一个重大决定：关闭应急水泵。之后，大家都在密切关注着，眼看反应堆循环回路的增压泵水位下降了，一屋子的人再一次如释重负。不过跟上次一样，没多久，问题又来了。尽管反应堆里的水已经很多，管道都要爆裂了，理论上反应堆的温度应该降下来才对，可恰恰相反，温度一直在上升，简直让人抓狂。

想象一下这部灾难片的场景，摄像头对准反应堆控制室，随着镜头缓缓拉近，我们看到的是控制室中间的控制面板。之后，摄像头扫过所有闪烁的指示灯，停在其中一个红色的大灯上，下面贴着标签，写着使用说明。控制面板上不亮的灯很少，这是其中之一，它不亮是对的，工作人员一定已经确认过几百遍了。可是这盏灯在撒谎。

这盏灯很关键，理论上它连接着反应堆顶部的手动泄压阀，其工作原理类似烧水壶的鸣音排气孔，每当反应堆内部的压力过高时就会从这里排出蒸汽。泄压阀打开，意味着反应堆的顶部有大量冷却剂外泄。然而，调查人员后来发现，所谓的PORV（先导式泄压阀）指示灯在设计过程中犯了严重的概念错误：只要有人打开控制开关，指示灯就会熄灭，所以指示灯不亮并不代表阀门是关闭的。换句话说，指示灯说明的只是意图，而不是行动。灯不亮，可能意味着工作人员已经完成了正确操作，关闭了阀门，也可能意味着工作人员已经完成了正确操作，但开关没起作用。[17] 由于设计不当，当时大家只能根据这盏灯做出情况正常的判断。

而实际上，反应堆的循环系统有个大大的开口，就因为指示灯无法显示开关状态，大家都浑然不知。于是，核电站工作人员开始向全国的业内人士求助，得知三里岛发生事故的人越来越多。与此同时，堆芯的温度依然在上升，已经达到了仪表的显示极限。电脑显示的堆芯温度停止在 700 度上。现在，屏幕上到处都是“？？？”。[18]系统根本无法识别实际情况。而堆芯的温度其实已经达到了 4 300 度，太不可思议了。只要再上升 700 度,150 吨铀燃料颗粒就会熔化，尽管外面有 8 英寸（约 23.32 厘米）厚的钢制保护壳、20 英尺（约 6.10 米）厚的混凝土地基，也一定会相继被熔毁，直到触及萨斯奎哈纳河河底的基岩，然后向上喷射出大量的放射性物质。

地下机房的堵塞导致反应堆系统陷入了将近三个小时的瘫痪状态，最后一位接班的工作人员终于将泄压阀关闭了。他洞察力十分敏锐，直觉告诉他肯定是哪里疏忽了，保险起见，他关闭了 PORV 的备用开关。数小时后，一位最早参与建设该系统的工程师终于发出指令，紧急冷却系统重新打开，这场灾难结束了。直到后来，相关人员发现，该反应堆堆芯距离完全熔毁仅 30 分钟之遥。[19]

三里岛灾难发生之前不到两周，由简·方达主演的电影《中国综合征》（*The China Syndrome*）刚刚上映。这部电影曾轰动一时，讲述的是某核电站掩盖事故真相的故事。电影的名字来源于一个都市传说：假如美国的反应堆熔毁，整个地球都有可能被烧穿，那另一面就是中国。流行文化的幻想和现实世界的灾难一起扼杀了美国核能产业的发展。[20]美国取消了大约 80 家核电站的建设计划，截至 2012 年，再没有批准任何一个反应堆建设项目。[21]直到今天，这种在某些专家看来最安全、最经济、最可靠的可再生资源，依然被恐惧所笼罩。因此，从导致的后果来看，我们有理由承认，三里岛核电站是美国历史上最严重的设计失误，不过其教育意义也是前所未有的。通过三里岛事故，我们不难发现，我们已经进入了一个用户友好的时代，只要把握好一些基本原则，智能手机、触摸屏和应用程序就能很好地融入我们的生活。

通过调查三里岛事件，诺曼和调查小组发现，所有问题似乎都很明显，这太恐怖了。这场灾难持续了两天，其间，几百双眼睛盯着这个系统。如果有人早点关闭正确的阀门，或者有人随时能想到重新打开应急泵，那核电站完全能保住。而工作人员又不是傻瓜。甚至直到今天，为数不多的相关报道仍然称三里岛事故发生的原因是“设备故障和操作失误”。[22] 而事实远非如此。在整个事件当中，不存在重大的设备故障。所有的工作人员都是业内的优秀人才，而且从头到尾，他们都非常镇定，令人难以置信。

事实上，事故发生后，核电站的运行十分完善，就像制作精良的机器一般，并未偏离其设计初衷。如果没有人为干预，它会自动修复。[23] 可是，由于控制室的设计极不合理，当时人们弄不清哪里出了问题。他们在错误的引导下跌跌撞撞，做出了灾难性的选择。设备和人员完全在各说各话：设备在设计过程中没有考虑到人会怎么想，人也不了解设备的运行机制。

先说控制面板的指示灯吧。尽管从外观上看，它们制作工艺精良，但是它们并没有一个能让使用者理解的逻辑。是的，红灯亮起应该意味着阀门打开。但是，并非每个阀门一定是打开或关闭的。因此，如果设备正常运行，不同的指示灯应该有不同的颜色显示，而不是统一为一种颜色。三里岛事故发生后，其调查报告显示，指示灯变红的含义有 14 种，变绿有 11 种。核电站的圆形按钮和红色指示灯数也数不清，假如我们期望它们代表的含义完全一致，那是根本不可能的。

指示灯的含义有时会超出其对应的控制范围，有时则直接偏离。它们甚至没有进行合理的分组：反应堆发生泄漏，电梯出现故障，二者的警示灯安装在同一块面板上。这就好像把一张厂区地图剪碎之后，抛撒到空中，再把碎片全部胡乱粘在一起。面对这样一张地图，你能搞清楚才怪。现在，很多应用程序我们即使从来没用过，也能一看就懂，就是因为如今的软件都秉承了根深蒂固的设计理念——易用性和一致性。比如菜单功能大致相同，滑动和点击效果基本类似。

另外，假如反应堆的循环系统中没水了，应该像汽车油表那样，有显示才对，可三里岛根本没有。面对现场的恐慌局面，人们只关注到了当时出现的第一个问题——水量超标，但是他们的判断失误了。现在，我们可以确定，这也是设计中的漏洞。如果设备运行顺畅，你就能预想到它接下来要做什么，并最终在头脑中形成基本的心理模型。这种模型可能是深层次的，也可能是浅层次的，从对某个按钮功能的感觉，到对混合动力汽车充电方式的想象，其模型都有可能不同，但它们都是把界面呈现在你面前的设计师有意塑造的。

警报毫无意义，大量信息不知所云，到处指示混乱，所有这一切都让人们无法关联，难以操作，更谈不上心理模型。今天，所有使用智能手机的人都觉得这些原则是理所当然的。没有它们，用户友好型世界无从谈起。你需要依据这些原则来操作一台设备，无论该设备是核反应堆，还是儿童玩具。而且设计过程还要遵循一定的模式语言，以便于使用者把握设备的工作方式。

但心理模型还有重要的一点，其影响对三里岛来说是最致命的，也是生活中任何产品都必不可少的，那就是：反馈。当指示灯误报时，当温度读数显示“？？？”时，当所有指标都无法说明系统的总水位时，人们需要了解的信息，机器就无法提供了。人们竭尽所能，得到的却是错误的反馈，关注的点也不对。

我们每天都在接收各种反馈，所以很少去考虑这个问题。产品如何响应人的需求，都是靠反馈来定义的。反馈就像无声的语言，成为设计人员与用户交流的桥梁。用户就是上帝，好用才是王道，反馈恰是关键。事实上，对人类和机器来说，反馈都很重要，并对神经科学和人工智能的发展产生了极大的促进作用。“反馈”是由麻省理工学院的数学天才诺伯特·维纳于 1940 年提出的。在二战的白热化阶段，德国空军派出了速度空前的新型战斗机，对英国城市进行了肆无忌惮的轰炸，其动作之快，令所有的高射炮手不知所措，只能任由反击炮弹在天空中白白浪费。于是，维纳决定发明一种计算方法，可以自动获取有关战斗机位置的雷达数据，加上炮弹的飞行时间，就能预测出防空火力的发射位置。这种想法就是，根据接收的雷达信号，确定飞机可能发起进攻的时间和地点，并将其设置为一个窗口。只要有新雷达信号进入，该窗口就会随之移动，从而形成一个反馈回路。

后来，维纳和他的搭档朱利安·毕格罗无意中有了更大的发现。假设你拿起一支笔，已经想好要写什么了，然后，你开始动手写字。在这个过程中，大脑必须通过眼睛、肌肉和指尖进行无数次细微的动作校正。维纳从一位神经学家朋友那里了解到，有的人手抖，正是因为这个环节出了问题。大脑对目标位置识别过度，从而停滞在频繁校正的状态当中——这与维纳的计算预测如出一辙。维纳和毕格罗研究发现，"任何自发的行为都需要反馈"。[24] 反馈能将我们头脑中无法言喻的东西（即我们的需求）与我们的身体机能和外界信息联系在一起。正如人类学家格雷戈里·贝特森所说，"希腊哲学的中心问题是目的问题，2 500 年来一直未能解决，需要我们进行严格的分析"。反馈能将信息化为行动，而不是仅仅停留在数据、神经元和精神层面。

当你挥动斧头砍木头时，有可能砍到，也有可能砍不到。要是没砍到的话，你会把木头竖起来再砍一次。你想将面包放进多士炉，按下开关，按到一定程度，就会听到"咔嗒"一声，门就开了。然后，当你听到电机嗡嗡作响时，说明多士炉已经启动了。在多士炉运转过程中，你会一直得到反馈。按下开关时发出声响，是需要精心设计和制作的；而加热过程中电机发出的声音，则只是多士炉的物理机制所带来的有用的副产品。如果全程没有任何信号，你就只能不停地摆弄，看看多士炉到底有没有运行。

自然世界中，反馈无所不在；人造世界中，反馈要由设计而来。当你按下按钮时，该按钮起到它应有的作用了吗？每天我们都要接收大量信息，因此在设计过程中，我们要重构多少信息，或者说多少反馈，往往就很容易忽略。然而，将人造产品拿来使用，靠的就是反馈，只有在反馈中，你才会感觉到轻松或者恼火，满意或者失望，从而形成我们与环境之间的关系框架。

我们的行为是否有时会同期望值产生偏差？而其原因与反馈有无关系？比如我们暴饮暴食，或者吃一些不该吃的东西，问题就在于当时没有意识到，这些小事会对未来产生怎样的影响。美国的医生给病人开药或提供治疗方案后，很少跟踪后续的治疗效果，是否管用他们无从知晓，他们只会不断地给新病人尝试各种药物或方法。所以，美国每年的医疗费用越来越多。气候变化也存在反馈问题。我们每天都在排放二氧化碳，但由于其影响周期很长，我们往往看不到这样做的不良后果。想象一下，假如碳排放已经让天空由蓝色变成了绿色，那我们根本无须争论，只会考虑该怎么办了。往往直到出现了最坏的结果，我们才得到反馈，可是为时已晚。[25] 过去，在环境、医疗或政府管理领域，都缺乏及时有效的反馈。到了 21 世纪，设计工作面临的最大挑战就是将这些反馈回路创建得更加完善、更加紧密。

如今，反馈已经悄然成为我们生活的主宰。举个例子，我们都认为，互联网的伟大变革增强了人与人之间的联系。这种想法有一定的道理。不过，想一想买方卖方互评是怎么出现的。易贝（eBay）最初只是一家名不见经传的网站，后来推出了一个买卖双方可以彼此互相评价的系统，从此迅速发展。时至今日，不管是在亚马逊购买从未见过的商品，还是在爱彼迎租住从未谋面的房东的房子，买方卖方互评都让我们可以放心地进行在线交易。在这之前，我们对产品的信赖来自品牌效应——每当看到牙膏上的“高露洁”三个字，你就知道其生产厂家规模庞大、效益稳定，之所以能长期立足牙膏行业，就是因为它的产品信得过。而现在，我们能够看到别人的评价，他们已经尝试过我们有可能喜欢的产品；即使你不认识他们，可评价的人那么多，你的疑虑也就打消了。正如经济学家蒂姆·哈福德所说，电子商务能发展到今天，陌生人能相互信任，反馈评价功不可没。这可能更像是搭便车，搭车的都是愿意冒险的人。[26]点赞功能让我们用一种全新的方式来表达自己的肯定，得到别人的认可，就这样，脸书将世界 1/3 的人联系在了一起（详见第九章）。

随着新技术的发展，我们获得反馈的渠道和速度都有了很大改善，从而使我们能够提高效率并根据新信息采取行动。想象一下未来的新技术，你马上就会联想到尚未出现的反馈。比如根据你的新陈代谢情况，为你精心设计的专属营养方案，以及根据实际需求实时改道的公交车，它们都是基于市场接收的新反馈而产生的。人工智能是 20 世纪最重要的技术之一，它的形成也要依赖于反馈：简单地说，人工智能和机器学习是一系列方法的集成，允许机器利用计算来评估它们的表现，并依此调整自己的参数，直到它们表现得更好。人工智能的主要突破就在于通过计算来处理反馈。[“神经网络”（neural networks）一词最早是由沃伦·麦卡洛克和沃尔特·皮茨提出的；诺伯特·维纳曾经就反馈问题开展过多次讲座，麦卡洛克在聆听过程中深受启发。[27]]

尽管多数反馈的目的只是使我们确信事情已经按我们预期的发展了，但反馈还有更高的价值和需求，比如让我们放心、放下焦虑，或者激发我们的竞争意识。近年来，反馈又出现了新的方式，在这方面发展最成功的两个典范就是 Instagram（照片墙）和 Snapchat（色拉布）。

2010 年，Instagram 先于 Snapchat 发布。一开始，该应用程序只是一款能让用户和好友分享图片的软件。它推出后不久，脸书就开发了点赞功能。这是一种简单的肯定反馈，也是该应用程序的核心功能。你得了多少个赞？你的好友呢？ Snapchat 的构建方式有所不同。它也是一款基本的图片共享软件，不过有两个关键的不同点：其一，用户发布的照片会在 24 小时之后自动销毁；其二，没有点赞功能。你看到朋友发布的照片之后，唯一的回应方式就是给朋友发信息。换句话说，你从发布照片中获得的唯一反馈就是与朋友的直接对话。该软件的设计初衷是，用户可以随心所欲地进行分享。发出一张表情难过的照片，写上一句“今天真倒霉”就可以了，不用担心会受到什么指责。因为这只是发给你在乎的人看的，那个人有可能就是你自己。

到 2016 年，Instagram 注意到，用户对软件的看法发生了变化。该应用程序原本旨在提供照片分享服务，可现在这已经不是大家讨论的重点。用户开始担忧以往分享的内容是否合适，并希望对其进行筛选整理，他们说只想把最好的一面展现给别人。至此，反馈回路已经形成，并不断加强：点赞促使用户更加注重自己发布的内容，以及相机的拍摄效果，Instagram 的“明星们”正在逐步提高优质帖的门槛。Instagram 的产品经理罗比·斯坦说：“大家使用 Instagram，好像不再是为了记录生活中的点点滴滴，而是为了展示自己的亮点。”[28] 乍一听，这似乎也没什么大不了的，但是其后果有可能不堪设想。问题就在于，用户特别在意个人形象，发帖的次数就会越来越少，渐渐地，就不怎么使用这个软件了。如果你是 Instagram 的负责人，这种情况会让你的网站彻底覆灭。所以，Instagram 一咬牙，纳入了 Snapchat 的反馈理念，在应用程序顶部加入了“stories”（故事帖）的图标，用户点击进入之后，其分享的图片就不允许点赞了，好友回应的唯一方式就是直接发信息。该策略行之有效。Instagram 故事帖一下就火了起来，发布一年内，每天的使用人数高达 4 亿，用户的人均使用时间大幅上升。

假如在你看来，Snapchat 和 Instagram 只是两个价值 20 亿美元的软件，为人们提供娱乐、互动的新渠道而已，这也无可厚非，然而，现在的 Instagram 俨然就像一座美术馆，Snapchat 则不自觉地成为好友的娱乐对象。两家公司之所以有这么大的反差，根本原因是反馈能够带来不同的体验。三里岛事件之后的 40 年里，反馈研究的意义就不仅仅局限于让机器易于理解了。反馈不但涉及机器的工作方式，还涉及我们最看重的东西，比如朋友圈和个人形象等。只有这样，反馈才会成为我们生活的导航图。有了它，我们就能确定当下对某些经历有什么感受。当今时代，产品的使用感受是衡量其未来使用率的标准，是决定一切的前提。

*

而人们很容易将其忘记，这是最恐怖的。有时候，遗忘是一种反射，把我们固定在日常生活的安全区。可其他时候，这更是一种抹杀，让我们故意无视自己应尽的责任。就三里岛事件而言，这两种情况似乎都有。事故发生后，美国停止向核发电产业投资，30 年的时间里，该行业的发展在美国完全停滞，显然，政府担心因此再次引发公众的不满。

1979 年事故发生后，三里岛 2 号反应堆关闭。1 号反应堆继续悄无声息地运行了 40 年。诺曼等人曾建议将美国所有的反应堆进行设计调整，1 号反应堆也据此加以改进，更加便于操作。你可能会认为，1 号反应堆的继续运行是对的，是值得庆祝的，但是对于一个被媒体大肆报道、被公众深刻误解的行业而言，情况并非如此。我很想知道，它到底在哪些地方做了改进，以防止再次出现像 2 号反应堆那样的噩梦。我花了几个月的时间说服电厂的有关负责人，告诉他我进去的目的不是查看隐患，而是看看修缮情况。最后，我终于进去了。之后不长时间，2019 年 9 月，核电站彻底关闭了。

小河岸边，树木茂盛，星星点点的阳光透过树叶的空隙洒落在这条双车道的小路上。我沿着小路来到了三里岛核电站，看到两个巨大的冷却塔耸立在环形底座上。它们高达 300 英尺（约 91.44 米），相比之下，周围的一切都显得很渺小。只有 1 号反应堆还在冒气，一团团棉花般的蒸汽不紧不慢地向空中升腾。旁边是锈迹斑斑的 2 号反应堆，它静静地立在那里，好像一个死去的哨兵。它身上散发着某种诡异的美感，让人毛骨悚然。拆除反应堆的成本很高，所以 2 号反应堆就像一座不朽的后现代雕塑一样矗立在原地，见证着历史上的阴影。

*

路对面是一座低矮沉闷的砖墙建筑，是工人们接受培训的地方，培训的目的当然是防止三里岛再次出现像上次那样的惨痛经历。里面的布置十分单调：橙褐灰三色混合地毯，合金和粗纸板材质的摆设，类似公立学校里用的那种。

2 号核反应堆建在宾夕法尼亚州，是因为一起有组织的违法事件。20 世纪 70 年代，大都会爱迪生公司（Metropolitan Edison）原本选址在新泽西州，可部分民众到当地工会聚众闹事，扬言该公司要按照惯例，拿出总建筑成本（7 亿美元）的 1%，即 700 万美元，给他们做回扣，不然他们就要破坏工地。电力公司无视他们的威胁，强行推进项目，打起了地基。后来，当起重机将 700 吨的反应堆堆芯吊卸在地基上时，不知哪个建筑工人在起重机的作业区域内放进了一把扳手，意思很明确：赶紧掏钱，否则你的核电站怎么毁的都不知道，到时候哭都来不及。于是，电力公司立即丢盔弃甲，转战宾夕法尼亚州，选了个面积不大的地方。就这样，在三里岛这个原本从来没有考虑过的位置，仅在短短 90 天里，2 号反应堆就被建了起来。在那里的工作人员看来，1 号反应堆的运行状态一直很好，2 号反应堆则像一头暴躁易怒、喜怒无常的野兽。[29] 可以说，的确是新泽西的暴民间接把核电站给毁掉了。

在培训基地的模拟控制室里，控制面板被漆成工业绿色，还有一排排带防护罩的指示灯，就和阿波罗控制中心的摄影棚一样。那天给我做向导的是负责这里的工程师，他为人热情、身材瘦削，戴着一副金边眼镜，已经在这儿干了几十年了。他穿着结实的棕色运动鞋、低调的米色外套，看上去就像电影《阿波罗 13 号》里的临时演员。他负责模拟灾难性事故的起始阶段，看受训工人会做出何种反应。这个房间是根据 1 号反应堆控制室精确复制的，所有的东西，乃至开关都一模一样。

2 号反应堆发生事故后，整个企业内部出现了一系列微妙而有力的变化。在这个模拟控制室里，一切尽收眼底。首先，站在控制室后面，所有东西都清晰可见，所有指示灯都在面板正面，设备都易于操作，指示灯的显示也很一致：一切就绪后，指示灯全都亮起蓝色。

不过，我们来这里不是为了看正常情况的，这个房间的设计初衷也不是。工程师偷偷溜进后面的观察室，然后出来宣布反应堆已经自动关闭，就像 2 号反应堆当年发生堵塞时一样。[30] 有些指示灯不亮了，但没有发出警报声。场面完全在控制之中。我按下按钮，让室内静下来。先把眼前的情况放在一边，让我们回到 40 年前。

1979 年三里岛事故发生时，对于控制室里的工作人员来说，所有的问题，包括反馈错误、功能不一致、位置不好找等，汇集成了一个更大的问题。值班人员根本想不到问题出在了哪里，因为机器没有告诉他们答案。一个个单独、奇怪的现象应该如何联系在一起？他们需要一个心理模型来显示这些，这将有助于分析当时的情况，可实际上他们没有。[31]

心理模型其实就是我们对于事物如何运作，它的各个部分如何发挥功能的既有认知，它的形成基于我们之前的使用体验。可以说，用户体验的任务其实就是检验新产品是否符合我们对事物运作状态的心理模型。举个简单的例子，我们对一本书"如何运作"的认知是这样的：信息是写在书页上的，一张张按顺序排列；要想获得更多信息，就翻到下一页。亚马逊触屏电子阅读器 Kindle 长期以来深受读者欢迎，其关键原因就在于它重塑了人们的这种心理模型。每次在电子书上轻轻一划，书就翻了一页，就跟纸书一样。[32]

如果不了解产品的功能，我们就会利用反馈，即试错的方式，对其工作逻辑形成模糊的心理模型。最直接的方法就是画图。环顾 1 号反应堆控制室，我能发现，这里所做的调整其实就是为整个反应堆创设一种心理模型。就算是像我这样的新手，也能轻松预测系统主要部分的运行情况。整个房间将反应堆的设计情况做了简单的呈现。一个控制面板代表一个离散系统，比如二次循环系统，或者反应堆堆芯，所以在这个房间里，我们能看到这些系统之间的关联，以及它们之间的水流情况。反应堆各部分的操作在这里都有相应的映射，就像燃气灶上的炉头连着对应表盘，汽车驾驶员座椅的各种功能都有对应按钮，看上去就像座椅零件一样。[33] 所有这些设计的目的都是在操作员的脑海中形成一个持久的画面，以保证其思路清晰。

不过，我注意到，在这个设备精密的控制室里，受训工人的互动方式特别奇怪，当他们想确认某些关键问题时，都是两人一起进行。A要执行一项操作，B会去确认；A确认操作正确后，B会再去确认。这么做本来是为了防止1979年事故的再次发生，当时显示泄压阀打开的仪表装在控制面板的背面，而工人把结果看错了。而现在所有按钮内置的步骤都是相同的：每个按钮按下之后，都会有反馈，以确认操作完成。在反应堆控制室，这种反馈则是通过工人B口头进行的，不过原理是一样的。

这真的很怪异，为了防止机器出现问题，需要人类发挥按钮的作用。可假如我们深入思考一下，这也许没什么大惊小怪的。还记得为了击落德国轰炸机，诺伯特·维纳设计的反馈式计算方法吗？他在探索过程中发现，将信息转化为行动，靠的就是反馈。按钮反而成了人类意愿与用户友好型产品的契合点，其中蕴含着我们理解事物的基本原则。看起来普普通通的按钮，只要观察角度正确，呈现的内容就会异常丰富，而且往往会给人带来惊喜。对我来说，让我百思不得其解的是，妻子曾经告诉我，她的心理医生说，夫妻之间进行有效争吵的秘诀是，先倾听，然后重复对方的观点，最后让对方确认自己的表述与其想法是否一致。按下按钮，提供反馈，确认操作。如出一辙。我们首先要达成共识，然后才有可能对他人产生影响。而设计无非就是在产品制作过程中融入这种共识，并且清晰地呈现给用户。

三里岛事件标志着时代的更迭：之前是人类因为机器而犯错的时代，今天则是人类享受产品用户友好性的时代。在二战以来的30年里，人们就人机交互的方式进行了艰苦卓绝的研究，其间付出了诸多惨痛的代价。而三里岛核电站在设计过程中，完全没有这方面的考虑。本应吸取的教训却成了人们规避的对象。然而，三里岛事件仅 5 年之后，苹果公司就推出首则麦金塔电脑广告，宣传理念就是崇尚个人意志，释放个人能量。没有三里岛，就不会有 iPhone。这么说虽然有点夸张，但是二者的确是庞大影响链中紧紧相扣的一环。不起作用的指示灯、位置难找的仪表，只要产品在设计过程中能正确地承载这些理念，就完全能够避免出现类似的问题，而我们也就不用担心搞不懂、不会用的情况了。点击屏幕上的图标，它会有小幅下陷的效果，表示已经被点中了，然后屏幕上弹出新的界面，OK，操作成功。手机换了新主题，全是新图标，可你仍然知道如何操作，因为各种选项一目了然。与上述情况相反的一个重要案例就是 2 号反应堆，它告诉我们，缺乏共识会导致什么样的问题。它的指示灯、超难查看的仪表，还有那些要命的按钮，它们本应起到的确认作用从来没有实现过。

一天下午，我见到了本书一开头就提到的哈伦·克劳德。之后不久，我来到帕洛阿尔托市中心，想尝试一下谷歌人工智能应用 Google Lens 的功能。这瞬时让我觉得未来就掌握在自己手中。仅靠智能手机摄像头，我就能获取周围事物的信息。我把摄像头对准剧院门口，屏幕下方就会出现几个选项，供我了解剧目场次、进行网上订票，或者阅读影评。我把手机对准一棵树，马上就能知道树种。

好像互联网已经将现实世界无缝覆盖。或者，更确切地说，把众所周知的谷歌搜索框换成一架望远镜，就是 Google Lens。其功能采用了某些全球最先进的人工智能技术，能够识别字词和物体，然后仅凭手机“看到”的内容就能猜出你想知道的事情。其研究过程耗资数十亿美元，涉及多个领域，包括可以区分猫狗和不同语种的神经网络（运算过程中，大量神经元构成的网络系统的模仿），以及完成运算的服务器，其电路都根据计算需求进行了专门的设计。然而，所有这些技术的最终产品使用起来并不比放大镜复杂多少。这就是世界上最先进的技术之一，根本用不到使用手册。

不过，核反应堆和智能手机不一样。前者是供专业人员使用的，后者则人人都能上手。但是，我们的文化中普遍存在一种趋势，那就是再专业的产品也要简单好用才行。[34] 关于这一点，我们可以同时从多个角度来分析。从洗衣机到除臭剂，我们希望所有产品都是专业级的，足以满足最极端的应用，即便我们不开洗衣店，也没有经营一支 NFL（美国国家橄榄球联盟）球队。同时，随着经济的发展，我们越来越渴望建立一种专业人员可以互换的体系，这些专业人员都是短期的、合同制的，他们的价值不在于受过的培训或专业性，而在于可以随时派遣。

现在，我们希望生活的方方面面都能像手机操作一样简单，这也是势在必行的，因为频繁更换的劳动力往往跟不上技术变革的步伐。的确，由于智能手机的普遍性和即时性，现在繁重的工作都是在移动中进行的。我们可以用手机检查喷气式发动机，诊断不同寻常的癌症类型，检修风电机组故障，等等。用户友好型世界正在逐步向更小的领域渗透，人们的专业技能也在发生本质的变化。今天，我们理所当然地认为，最先进的技术永远不需要任何解释。那怎么可能？如果没有人告诉我们，我们怎么能理解事物的原理呢？

在我离开之前，在这个精心布置的办公室里，我对唐纳德·诺曼说，不管是核反应堆的控制面板，还是门把手，只要我们仔细洞察它们的使用方法，就有可能获得很多灵感，设计出前所未有的产品造型，简直就像变戏法一样。我想找到一个突破口，好让诺曼回想一下之前类似的经历。这像不像变戏法？“可这不是戏法！”诺曼惊呼，“这是科学！都是科学的功劳。你要找到普遍适用的原理才行。”诺曼说，在他看来，出错显然不是人的问题。他相信科学是可以探知人类思想的，人性中的脆弱并不意味着犯错，这只是我们自身非常重要的一方面，不管我们拿斧头伐木也好，还是按下按钮也罢，这都是我们对这个世界的期待。我们只是希望事情顺利进行。几乎所有设计的初衷都是确保用户清楚如何操作，以及产品会如何运行。一个新产品要让其用户感到并不陌生，不会丈二和尚摸不着头脑，这样的产品才是美妙与挑战的集合体。

我问他有没有什么令他欣赏的设计？诺曼四处看了看，目光落在了他的手表上：黑色的博朗手表。其流畅的线条、高档实用的外观，传承自 20 世纪 60 年代迪特·拉姆斯和迪特里希·卢布斯的著名设计。不过表盘有一点点瑕疵：除了模拟指针，还有一个会报时的液晶显示屏；它以两种不同的方式显示时间，但没有明显的设计理由。诺曼说，有很长一段时间，他讨厌这块表，他订购的时候不知道它有双重显示功能。从一定程度上讲，这种荒谬的设计也是很独特、很有个性的。你什么时候见过有两组按键的电话或带有两个仪表板的汽车?！可这块手表就是如此，就像自己跟自己打仗一样，似乎是由两个相互竞争的人设计出来的。“我喜欢这块表，是因为它的外观和功能是相互冲突的。”诺曼说，“我喜欢那种紧张感，虽然液晶屏很难看，但不影响漂亮优雅的表盘。”想让某个设备正常运行，方法有很多，不过如何决定哪种方法是正确的就完全是另一回事了。设计中蕴含心理学，同时也糅合了艺术和文化。设计的前提是假定我们可以使设计对象人性化，但是这种做法需要我们以全新的方式来看待这个世界。三里岛事件向我们展示了机器应有的运行方式；就其本身而言，这只解释了“用户友好”概念的一部分内涵，我们还将自己的动机融入了我们的产品，这是不言而喻的。

第二章

消费行为催生工业设计

姆拉登·巴巴里克喜欢收集奇奇怪怪的问题，然后把它们整理好，就像一位收集标本的自然学家一样。他一直在想，这里面或许会有些东西值得以后慢慢挖掘。他在萨拉热窝长大，1992年波斯尼亚战争爆发时，他还是个十几岁的少年。长期相安无事的穆斯林和基督徒，突然间决定武力相向，以此博取美好的未来。巴巴里克从小自信而热情，做事很有计划。他在角落里一坐就是几个小时，要么是在专心致志地画画，要么把收音机的零件一个个拆掉，这让妈妈也觉得很诧异。当战争的枪声打响时，爸爸非常冷静地告诉他这有多危险：像他家这样的高楼，一颗手榴弹能摧毁一面墙，一架RPG火箭筒的威力还要加倍。这并不是危言耸听，而是实实在在地告诉他，爆炸发生时，要根据声音判断炸弹的距离，然后寻找合适的地方躲避。一连几个星期，巴巴里克整晚不合眼，记录他听到的爆炸次数，然后进行逻辑分析。手榴弹是最常用的，紧接着就是火箭筒。火箭筒能摧毁三面墙，不过很少用。最后，他得出的结论是，不管什么时候，周围至少要有两面墙才是安全的。就这样，有一年的时间，他一直穿梭在狭窄的街巷和地下室里，就是为了确保自己身边有墙体的保护。

没过多久，妈妈设法带着巴巴里克和他的弟弟，乘坐两辆救援巴士离开了萨拉热窝。8 个月之后，三人来到了加拿大，与父亲团聚了。妈妈很幸运，在一家赌场找了一份发牌员的工作，勉强维持家用。巴巴里克非常努力，高中毕业后又上了设计学校，作为一个外乡人，他特别害怕一无所有。课业负担重的时候，他会连续十天，每次学习 8~10 个小时，睡一小时，然后继续学习。

巴巴里克如今是一家设计机构的 CEO（首席执行官），该公司名叫 Pearl，位于蒙特利尔，规模不大，但发展前景很好。我曾经问他，童年的经历对于他后来做设计师有没有影响。他记得战争年代的人都变了：隔壁的大人会偷吃小孩的草莓，性格安静的男孩加入波斯尼亚抵抗运动之后变成了暴徒。“看人，我都是有保留的。”巴巴里克说，“这是我潜意识里的想法。我只是假设人性要更加复杂。只有一种人我理解不了，那就是轻视别人的人。”后来，我们结束晚餐的时候，巴巴里克谈起他正在研发的产品，他说这次他要狠狠地赌一把，看看一个按钮会不会培养出新时代的良善之人。这就是一个设计师看待世界的角度：假如我们能够更加轻松地变成更好的自己，那么我们当然就不会停留在原有的水平。[1]

巴巴里克常常能捕捉到他人思想的闪光点，并将其呈现出来。博·吉莱斯皮是个特别不起眼的人。他刚刚从一所中流大学毕业，带着南方特有的鼻音，举止古板，一点也没有创业人士的那种趾高气扬的架势。不过他却像个孩子一样，想竭尽所能地帮妈妈解决问题。子女离家之后，吉莱斯皮的母亲打算重新开始工作。房地产是个不错的选择，因为在南佛罗里达，大家有了闲钱都喜欢炒房。不过，她也有顾虑。她的女性朋友告诉她，很多男士没事会到社区里转转，收集售房广告，然后预约看房。如果你是女经纪人，你就会接到他们的电话，对方听起来很不错，你以为好机会来了，就跟他们约好见面，然后拿好那天所有要看的房源钥匙，提前 15 分钟到达见面地点。打开门打扫一下。要知道，之前承包商出入厨房时穿的靴子可是够脏的。新客户上门了，你笑得阳光灿烂，握手，请进。门咔嗒一声关上，你们俩就单独在一起了。

每次母亲外出带客户看房之前，都会给儿子打个电话，告诉她自己要去的地址，还会说：“要是我 20 分钟之内没再给你打电话，你就报警。”吉莱斯皮点点头，冥思苦想，等到第 21 分钟时，他到底应该怎么跟警察说，才能让对方相信他妈妈遇到麻烦了。然后他想到，能不能设计一个按钮，只要她自己一按，就能让警察知道她的准确位置和身份信息？[2] 于是他把自己的想法告诉了巴巴里克，请他来设计一下。但是巴巴里克很犹豫，他熟知手下的设计师想法都不成熟，还稀里糊涂的。他委婉地告诉吉莱斯皮，不要太执着于他们的概念草图。毕竟一帮年轻的大男人，怎么可能真正了解一个受到威胁的女子的感受？

接下这个活儿不久，巴巴里克就邀请杜史迪 · 约翰斯通博士加入进来。约翰斯通博士是他太太的朋友，专门致力于性侵犯的研究。巴巴里克第一次就这个项目向她咨询时，她不假思索地说，设计紧急呼叫按钮的想法是完全错误的。经过几个月的合作，巴巴里克和约翰斯通向吉莱斯皮展示了他们的工作成果。在巴巴里克办公室里，我坐在后面看他演示，他总结了发明过程的技术细节，以及他们未来产品的精妙之处。然后约翰斯通自信满满地站了起来，瞬间成了全场注视的焦点。这完全是巴巴里克精心策划的一种自我展示的舞台艺术，开场先讲了吉莱斯皮期待听到的内容，然后请一位来宾抛出另外一个议题，将全场的讨论带到全新的方向，那就是让大家听一听约翰斯通博士的独特见解。[3] 她提出的主要问题就是：像吉莱斯皮说的那种情况，也就是陌生人伺机作案，是非常罕见的；真相往往是，80% 的性侵犯都是熟人作案。

约翰斯通告诉大家：“性侵犯通常发生在家庭聚会或酒吧里，作案的都是你认识或之前见过的人，甚至是你相识多年的朋友。”在这种情况下，打电话报警是非常不理智的，因为虽然当时的局面存在潜在的危险，但这个举动就意味着将其升级为直接的对抗。如果你不确定自己是否真正受到侵犯，或者你怕把事情搞尴尬了，你一定不会打这个电话的。约翰斯通想让巴巴里克和吉莱斯皮意识到，单单发明一个报警呼叫按钮是不够的，你还要做好第二手准备。约翰斯通讲完之后，全场一片哗然。“有什么问题吗？”吉莱斯皮礼貌地举起手来：“你还能把事情搞得更复杂一点吗？”全场哄堂大笑。

约翰斯通和巴巴里克第一次谈话的时候，约翰斯通就告诉他，保护一个人的安全有时很简单，只要旁人在恰当的时候问一句，“嗨，你没事吧？需要我给你的朋友打电话吗？”或者如果一个女人够聪明，她会说，“哦，看！朋友给我发信息了，我得走了！”[4]这样就什么事都没有了。这种观点，巴巴里克是听过的。[5]很明显，有的时候，这个办法也行不通。比方说，对方直接实施侵犯，这是最糟糕的。但是，很多其他情况下，比如这位女士有看似合理的借口，她真的希望有人能帮她，要怎么样才能让别人过来干预一下呢？约翰斯通讲完之后，巴巴里克又接了过去。“我们必须确定要解决的问题是什么，”他总结道，“所以让我们进入下一个步骤。”

每当巴巴里克拿出新想法的时候，他都会眉毛上扬，表情欢快，给人轻松自在的感觉。现在，他的眉毛就是如此。他们的设计目标是一个硬币大小的按钮，可以别在身上的任何地方，比如文胸肩带或者遥控钥匙。如果你连按三次，它就会报警。可有趣的地方在于，如果你只按一次，会怎么样呢？它不会报警，但会给附近的朋友或陌生人发出信号，让他们过来找你，看看你是否安全。鉴于此项功能的特点，该产品被命名为“Ripple”（涟漪）。这样一来，按下按钮就相当于给自己找个离开的理由，同时还能保证有人会来帮忙。“要知道，如果我们不考虑这些心理因素，就达不到想要的效果。”巴巴里克说。如果使用者只是想找个简单的借口走开，而按下这个按钮，只会让问题升级，那效果就不怎么样了。

这是一个伟大的创意，有了这个按钮，在你需要的时候，周围随时会有守护天使降临。可是产品的研发需要两年的时间，其间由于担心出现法律纠纷，最终未能完成，但其核心理念并未泯灭。2017 年，Ripple 在美国电视购物网上首次出现，俨然已经成为守护美国信念的新发明。按下按钮前，你就知道自己将接到专家回访电话，对方受过专门培训，能够正确判断出你所需要的帮助。按下按钮后，管理员就会给你打电话或者发信息。不管是你在酒吧受到了骚扰，还是遇上了交通意外，或者任何其他的突发状况，附近的管理员都会打电话过来询问情况，这就给了你一个合理的借口抽身而出，必要的话，他们还会提供恰当的帮助。不过还是要感谢约翰斯通的强烈呼吁，不然 Ripple 就只是个报警器而已。而现在，只要你觉得自己需要帮助，但又不知道需要什么样的帮助，你就可以按下它。

Ripple 的巧妙之处在于让你有办法解决眼前的问题，其意义在于让我们懂得，有些看似简单明了的问题，一旦经过认真审视，就会变得很复杂。吉莱斯皮想要解决的问题源自母亲的恐惧；约翰斯通博士让人们对社会背景有了更加深刻的理解，不再害怕类似的情况出现；而巴巴里克，一个经历过萨拉热窝战争的难民，从小见证了社会资本的分崩离析，却被赋予了利用这些社会资本去发明创造的使命。在这个过程中，他们每个人都有某种设想，然而，他们又都抱有一种不言而喻的信念，这种信念就蕴含在我们周围的产品当中。在这些产品设计师看来，我们可以通过改善产品的设计来解决几乎所有的问题，甚至是那些社会普遍存在的问题。Ripple 是个比较极端的例子，它告诉我们，一个按钮，即重新设计的反馈，能够应对不断升级的挑战——在合适的时间寻求足够的帮助。当然，这个目标是相当远大的，几乎所有的公司在这个目标前都失败了，更别说改变我们求助的方式了。然而，随着时间的流逝，我们逐渐认识到，我们可以通过发明新的更好的东西来开辟一个更加美好的世界。大家普遍抱有这样的理想，好像这已经是显而易见的了。但事实上总有例外。让我们回到 20 世纪初，随着社会的进步，人们逐渐形成了稳定的消费理念，从而催生出了一种新的职业——工业设计师。

*

1925年，亨利·德雷夫斯穿着他标志性的棕色西装，站在灯光闪烁的RKO（雷电华影业股份有限公司）剧院门口。他来这里是解决问题的，这个问题让远在纽约的剧院老板们相当头疼。这家剧院是新开张的，老板们投了不少钱，位置也很好，可就是不上人。这里是艾奥瓦州苏城的繁华地段，剧院安排的都是流行的杂技巡演和最新最叫座的电影。而经过这里的人，不管是兴高采烈的一家人也好，还是附近农户也罢，他们大多是匆忙中瞥一眼剧院门前的大屏幕，踩着剧院铺到人行道上的红色长绒地毯，然后走进门面破旧的其他剧院里去。德雷夫斯站在一旁静静地看着，想弄清楚他们是怎么想的。

那个时候没有营销顾问，也没有商务策划，德雷夫斯得到这份工作，只是因为他似乎对剧场设计有所了解。当时他只有21岁，不过年纪轻轻就已经小有名气，担任了百老汇剧场的设计师。人们觉得他是一名优秀的工程师，因为他会考虑消费者的需求。来到苏城的这家剧院之后，德雷夫斯采取了第一套举措，降低票价，场次增加三倍，提供免费小吃，可都没有效果。经过三天的观察之后，他来到剧院前厅，想偷听一下顾客们是怎么说的。结果他得到了这样的答案：他们担心自己的鞋子上都是泥，这么贵的地毯，万一弄脏了可怎么办。德雷夫斯回头看了看，地板光洁如新，上面铺着整齐的地毯，搞得这些“农民和工人”局促不安。[6]他来这里原本要解决的问题是剧院的设计无法吸引顾客，而现在看来，这根本不是问题所在。原因并不是剧院不够好。确切地说，它是在纽约的图纸上构思而成的，对于艾奥瓦州这些朴实无华的老百姓来说，它有点高不可攀。

第二天，德雷夫斯把地毯收起来，换上了一块普通的橡胶垫，之后就回去等着。先来了两个，然后又来了几个，然后人越来越多，直到客满。他的办法管用了。一块地垫能让人觉得宾至如归，这似乎有点奇怪。不过这的确是德雷夫斯创造的神话，因为它体现了一种最佳设计：

了解他人的生活，是窘迫，是自豪，是混乱，还是奇特，这样你就能让他们的生活更加美好。了解他人的感受，这样你就能越过表面现象，直击他们难以表达，甚至可能想不到要去解决的问题。德雷夫斯把焦点从做什么、怎么做转变成为谁做。德雷夫斯后来说过，设计师“要善于发挥想象，却不能凭空想象”。[7] 设计其实就是一种尊重和顺从。事实上，他穿的棕色西装恰好说明了他的意图。亨利·德雷夫斯只穿棕色：棕色的睡衣、棕色的泳衣，尤其是一套棕色西装，剪裁十分讲究，他每天都穿。今天，棕色似乎并不出众，而在一个非黑即灰的时代，棕色却代表着某种低调的精致：与众不同，但并不浮夸。对他来说，这就是一件制服，表明他是一个生意人，而不是一个艺术家。

德雷夫斯能走到今天，其历程令人难以置信。在祖父和父亲相继去世几个月后，他迅速成长起来。16 岁时，他凭借绘画天赋获得了一家私立学校的奖学金，这在他的心里埋下了一颗种子。[8] 1876 年，费利克斯·阿德勒创立了道德文化协会（Society for Ethical Culture），其理念非常先进，但从根本上说并未能免俗。受康德的影响，阿德勒认为道德不是上帝赋予的，而是存在于人们为自己所做的选择当中。这种思想对年轻的德雷夫斯产生了深刻的影响。周围的邻居听说他父亲去世，知道他为了母亲和弟弟努力工作，他们多么希望上帝的恩典能降临到这一家人身上。而这所学校教会了年轻的亨利，不要等待上帝，他有责任鼓励他人，鼓励和他一样的人。

毕业没几年，德雷夫斯就成了一名舞台设计师。要知道，这第一份真正的工作来之不易，背后还有一个长长的故事，仿佛是在有意识地再现 20 世纪 20 年代的美国寓言。18 岁那年，德雷夫斯到百老汇看了一场演出，感觉布景效果一般。演出结束后，他来到后台入口，告诉门卫他想见见导演。这个名叫约翰尼的门卫拒绝了他的要求。之后，德雷夫斯每天都来这里，坚持了一个月，逐渐跟约翰尼熟络起来，两人还经常一起抽烟。终于，约翰尼把德雷夫斯这位观众带到了导演约瑟夫·普朗基特面前。“普朗基特先生，楼下有一位年轻的设计师想见您，他很不错。”普朗基特问约翰尼，凭什么认为这个小伙子很有天赋。“他亲口告诉我的。”约翰尼回答。德雷夫斯走了进来，一开口就告诉普朗基特，他的布景“烂透了”。普朗基特一阵愕然。德雷夫斯说自己能做得更好，只要每周付他 25 美元的酬劳。为了不让自己的演出票房落后，普朗基特决定在他要求的薪水基础上翻倍。[9] 几年后，把德雷夫斯派到苏城的就是普朗基特。[10]

来到百老汇以后，德雷夫斯的设计效果几乎是立竿见影。他制作了很多大气奢华的布景，比如庞大的钢琴外壳，30 英尺长，20 英尺高，足足放得下四台钢琴，键盘并排摆在一起，四位衣着华丽的女演员肩并肩地坐在前面弹奏。他总爱静静地观察，看看吸引他们的东西是什么。后来，他在接受采访时说道：“我绝对可以保证，问题的关键就在于色彩、灯光、线条，三者的合理搭配必能换来幕布升起时观众们热烈的掌声。”[11] 这话说得特别在理。在其职业生涯中，德雷夫斯一直秉持着这样的信念：人们的需求是有潜在逻辑的。

或许是成功来得太快了，又总有些客户想靠着拍马屁来赖账，德雷夫斯对自己的工作既骄傲无比又有几分不屑。[12] 面对现状他颇为不满，就在这时，新兴职业“工业设计”开始传到他的耳朵里，其创始人来自广告行业，比如沃尔特 · 多温 · 提格。德雷夫斯听说，最早收他做剧院学徒的诺曼 · 贝尔 · 格迪斯正在投身这个新兴的领域，而且提格也在 1926 年宣布彻底退出广告行业。[13] 提格最初做的是家居用品的广告设计，后来这些广告越来越没有新意，他意识到要想推销产品，首先要让产品具备满足用户需求的品质。水槽、熨斗、插销、水壶、洗衣板、门锁，它们必须要比人们需要的更加美观、更加实用才行。一开始，工业设计只是为了让包装上的产品更吸引人的眼球，而之后这个行业必将触及的问题就是，某个产品应该是什么样的，它应该向消费者讲述什么样的故事。

工业设计，以及生活品质可以重塑的理念，让德雷夫斯的目的更加明确，坚信一切会变得更好。在他的眼中，各种事物都充满了瑕疵，就像污秽的垃圾堆积成山，而从来没有人考虑怎样完善它们。[14] 在百老汇的时候，他牢骚满腹，而现在，他要寄希望于这个新的行业。他会盯着一把锁仔细查看生产厂家；洗澡时，他会翻看防滑垫上的标记，然后去查证。难道你不觉得这样很烦人吗？他会给厂家写信，告诉对方自己萌生的设计想法，然后大大地签上自己的名字。“贵公司的产品还有很大的改进空间，例如……”他甚至还总结了口号：“设计是无声的推销员。”[15] 可惜接招的人并不多。屡次的失败让德雷夫斯失望透顶，他决定去巴黎，后来一路辗转最终到了突尼斯，第一天晚上就玩轮盘赌输了个精光。[16] 他风度翩翩、衣着讲究，不过却突然之间迫切需要一份工作，于是他到美国运通公司做了导游。工作中他经常去市场，这里到处都是兜售地毯、针织品和香料的小贩，笼子里咕咕叫的小鸟，以及灰白木炭上嘶嘶作响的烤肉。这里就像迷宫一样，很多闲逛的游客一不小心就迷路了，只能花钱购物，顺便问问怎么才能走出去。这么多的摊贩，德雷夫斯知道该让游客买哪家，不买哪家。[17] 不过他依然希望自己有机会不再做迷宫里的向导，而是这座迷宫的设计师。

*

德雷夫斯非常善于把握时机：“一战”爆发时，美国正处在变革的边缘，设计行业开始兴起，而他也选择在这个时候跻身这个行业。1917年美国参战，这时距离1915年巴拿马太平洋国际博览会仅两年时间，这次博览会在旧金山举办，会上，亨利·福特首次提出了组建生产线的想法。福特身材瘦削、结实健壮、精力充沛，是一个性格偏执、有点自我膨胀的人。他的想法源于芝加哥的屠宰场，在这里，牛屠宰以后都吊在天花板上，从房间这头拉向那头，途中工人们一步步将其分解。他的生产线最初把汽车制造分解成84个独立的、可重复的步骤。在此之前，都是工人们围着汽车转，汽车从开始生产到全部完成都在原地一动不动。而现在换过来了，工人们都不动了，汽车会移到他们面前。这样就避免了不必要的忙乱，生产周期也缩短了，从原来的 12 小时减少到只有 90 分钟。这个速度是相当快的，如果参加博览会的来宾当场订购福特车，那他们离开的时候就可以直接提车走了。福特把这项技术推广到军事领域，亲自帮助其他制造商建设生产线，从而让美国在战争方面具备了前所未有的优势。机关枪年产量从 2 万支攀升到 22.5 万支，来复枪年产量增至 50 万支，子弹年产量超过 10 亿发。[18]

但是，武器产量的上升加速了战争的脚步，同时也导致经济大国发展停滞。各国的财政部部长都很清楚，战争一旦结束，经济立马复苏，全球将开始一场工业霸主的竞争。在这一点上，美国是有优势的。曾经为战争立下汗马功劳的工厂，现在要为百姓服务，为经济繁荣做贡献了。所以，美国人自然也要为机器生产的前景贴上正义的标签。理查德·巴赫，纽约大都会艺术博物馆的工业艺术策展人，就曾经在一次面向同僚的演讲中巧妙地讲到这种思潮："如果所有的产品都依赖手工制作，那很少有人能买得起。所以，给机器提供合理的平台，这是我们的使命。假如产品设计精良，而百姓无法享用，那么这些产品的生产体制就一定是不民主的，是错误的。"这次讲话就像是原始鱼类登陆时发出的耀眼光芒，而鱼骨就是某种机制的象征。在这种机制的推动下，无数后来的有识之士将会加入用户友好的世界中来。在巴赫看来，大规模生产即为民主，好的设计注定将是市场化社会的最终选择。

战争紧随机器时代的脚步而来。而奇怪的是，美国依然对自己的创造力流露出某种焦虑，这种焦虑在今天看来简直不可思议。这种焦虑源于美国制造商过分地依赖欧洲，总是希望对方来告诉他们应该生产什么。相比之下，法国人则认为自己是新美学的先驱，只有线条简洁、装饰简约才符合时代的要求。为了表明这一点，法国的文化泰斗们决定在 1925 年举办一场展览，名为"国际现代工业装饰艺术博览会"。这次展览无形之中将法国置于"工业艺术"新时代领导者的地位，同时汇集了世界各国的最新成就。除了德国，其他所有国家都受到了邀请。尽管德国的包豪斯建筑风格已经被公认为工业艺术的先驱，但经历过“一战”以后，德国已经成为世界的弃儿。几乎所有受邀国家都前来参展，只有两个例外：一个是内战即将爆发的中国，另一个就是美国。[19]

当时做出决定的是美国的高层领导。总统赫伯特·胡佛和商务部部长同时收到了去巴黎参会的邀请。胡佛面颊圆润，是个非常自信又极为务实的人。要想参展，就要马上开始准备。于是他询问了各方的意见，看美国是否应该去巴黎接受这次挑战。听取回应之后，他耸耸肩，摇摇头：“制造商给我的建议是，虽然我们能生产出大批具有艺术价值的产品，但他们并不认为我们能够提供多样化的、具有独特个性和美国艺术特色的设计，而这一切都是参展的基本条件。”[20]这种羞辱性的表达令人窒息，尤其是公开讲出来的时候。

这确实是大家忽略的一个关键问题：一位名不见经传的年轻设计师——勒·柯布西耶首次在国际舞台上亮相，他的作品展示在法国展区，充分体现了《新精神》(*L'Esprit Nouveau*)所宣扬的艺术风格。[21]他设计的“机器公寓”，墙面是干净的白色混凝土，家具风格非常简约，没有任何装饰。对此，勒·柯布西耶解释说：“装饰艺术是传统手工模式的最后一搏，坚持不了多长时间，而机器现象则截然相反。我们展区只会展出标准化的设计，它们都来自工业制造商，可以大规模地投入生产，确确实实符合当今时代的要求。”他的想法与彼得·贝伦斯不谋而合，彼得是包豪斯学派的鼻祖，也是公认的现代工业设计第一人。没过几年，包豪斯学派逐渐成为当时设计理念的主导者，它倡导极度简约的设计风格，体现了产品诞生的新方式，就像贝伦斯所说的“所有产品，敬请使用”。相比之下，美国没有伟大的理论家，也没有指导性的创作思想，就连最忠实的拥护者也怀疑美国设计的原创性。这种自我怀疑源于一种自我意识——在美国市场上，有“品位”的东西往往都是外来的。这一切将在短短几年内发生变化，大批量生产的商品不再是人们熟悉的、体现时尚的装饰品，而是家里会用到的新玩意。美国只能复制旧世界的遗产，这种观念遭到了新的消费群体的强烈反对，这个群体就是女性。

“一战”以后，美国的低收入移民开始转变为新的中产阶级。不断改善的未来前景令民众有了深深的错位感，而两性之间的感受程度又有所不同，男性开始忙着寻找新工作，发展新事业，而女性则要在两个冲突点之间寻找平衡。一方面，女性拥有的权利比以往更多：她们获得了选举权，并且为争取避孕权而斗争，因为只有这样才能在生育上占据主动；而另一方面，她们仍然脱离不了家庭的束缚，在那个家用电器尚未普及的时代，繁重的家务劳动是非常消耗精力的一件事情。那么，女性如何才能将更好的外界机遇和长期的家庭责任结合起来呢？

面对这种困境，家政学应运而生，其代表人物是新一代女性作家，比如《妇女之家》（*Ladies' Home Journal*）的记者克里斯汀·弗雷德里克。弗雷德里克和她的同僚，像玛丽·帕蒂森，针对长期繁重的家务劳动，提出了一个能让广大妇女重获自由的创意：创造更多的自由时间。对于当时涌现的第一批女权主义者来说，家政学的意义在于帮助大家提高家务劳动的效率，让女性有更多的时间追求“个性和独立”，只有这样她们才有可能更好地实现自我价值，更有影响力。在这方面，弗雷德里克·温斯洛·泰勒是公认的大师级人物，他提出了“科学管理”理论，倡导把控生产的各个环节，提高生产效率。亨利·福特就是他早期的追随者之一，另外还有克里斯汀·弗雷德里克。透过泰勒的理论，弗雷德里克找到了一种将职业女性同时代进步的广义概念相结合的方法。有了这种方法，我们的社会就能更好地衡量女性的劳动价值。弗雷德里克曾经听过泰勒一场长达三小时的演讲，这也是她第一次接触泰勒的理念，从那以后，她呼吁读者“放弃以往的做法”，规范每项家务的时长——从夹心蛋糕的搅拌（10 分钟）到打扫浴室（20 分钟），无一例外。[22] 许多其他作者和专栏作家也就这一领域做了深入探讨，玛丽·帕蒂森则有更新的补充，她强调了女性购买的工具的价值，以及她们在购买过程中所行使的权利。她称，女性要求改善工具是一种“道德责任”，是为了大家的共同利益，是在“塑造消费必将面临的未来环境”。[23] 女性处于消费前沿，她们花了钱，有了消费体验，从而对产品的操作性能提出要求。

美国女性开始意识到，她们的购买力就像一只无形的手，可以得到更好的产品；与此同时，商人们也发现，他们错过了一个更大的机会。1929 年，美国管理协会召开年会，会议的主题发言人是一名营销顾问，他在会上宣称：“过去，最好的东西都是手工制作的，批量生产的东西难登大雅之堂，机器做出的食物又便宜又难吃。如今，情况反过来了。”发言人接着还倡导与会者“把这种魅力带给大众”。在这次会议上，一家生产打字机的企业负责人说，1926 年的时候，他家的产品是一水儿的黑色，后来他们开始生产其他颜色的，仅三年之后，也就是 1929 年，黑色打字机就只占 2% 了。E. B. 弗伦奇在报告中提到，凯膳怡（KitchenAid）搅拌器经过重新设计之后，重量减少了一半，价格也降低了，外观也更漂亮了，其销售额翻了一番。[24] 人们越来越感觉到，产品光降价是不够的，还得让消费者对使用体验更加满意才行。

这种意识或许在亨利 · 福特身上得到了最好的印证，他曾经因为缺乏远见差点毁了自己的产业。18 年来，Model T 一成不变，原因就是福特以为消费者的品位会始终如一，唯一的改进就是逐年提高生产效率，从而降低汽车价格。还记得他那句很有名的话吗？“我福特只生产黑色的汽车。”这种做法好景不长：1921 年，福特占美国汽车市场 2/3 的份额；到 1926 年，由于通用汽车公司推出了很多不同颜色、不同配置的汽车，福特的市场份额下降了一半；而到 1927 年，福特的下滑速度更是惊人，生产线几乎全部停产，公司不得不重视起这个问题。[25] 福特花 1 800 万美元对生产线进行了改装，推出新的车型 Model A，包括轿车和敞篷车两种，颜色多样，有很多配置可选，比如后视镜和暖风。该型号上市之后销售相当火爆，如果说 Model T 造就了福特，那么 Model A 拯救了福特。

消费是社会进步的表现，美观是消费产生的动力，这些新理念蓬勃兴起的同时，隐患也随之而来。1929 年 10 月 29 日，制造业大亨齐聚一堂，就如何满足消费者对产品外观的需求展开讨论。就在同一天，道琼斯工业指数下降了 12 个百分点，敲响了经济大萧条的警钟。[26] 工业设计这个新兴的领域很有可能就此被扼杀在摇篮里。但事实恰恰相反。工业设计成了治愈市场低迷的良药，这在很大程度上要归功于德雷夫斯这样的人。

*

在突尼斯的集市上做了一个月的导游之后，德雷夫斯仍然觉得自己一事无成，失望透顶。其间他给很多厂家写信，指出其产品的不足，然后就回了巴黎，结果酒店里有一堆信件等着他。其中有几封电报的内容是一样的：呈请德雷夫斯先生入职梅西百货，对不足之处重新设计，不知您是否愿意？这个机会来得太意外了。德雷夫斯一文不名，除了那些找碴儿的信，他没有任何资质来胜任这个职位。梅西百货想要他，似乎是因为对方听说德雷夫斯一直想做的设计工作，其他人提都没提到过。当时，零售业出现了新一轮的繁荣景象，梅西百货独占鳌头，公司为德雷夫斯提供了回家的机票。[27]

终于，德雷夫斯回到了纽约，他的首要任务是参观梅西百货的 100 多家专柜。其商场规模庞大，代表了一种新的购物方式，对于从小生活在小卖部时代的消费者来说，这里是一种完全不同的体验。梅西百货的营销理念是让消费者拥有丰富的选择，这跟西尔斯厚厚的“商品目录”很像。一路走过，货架上摆满了各种不同厂家的同类商品。从小刀到电炉，德雷夫斯仔细把玩了 100 多件。跟原来一样，他一个也不喜欢。[28]

这样的挑剔背后，需要付出的还有很多。德雷夫斯发现，改进任何一件商品，都需要对其生产过程有深入的了解，把握其中足够多的细节，这样才能在决策形成过程中及时做出判断，着眼于更加重要的东西，而不是只考虑降低生产成本。一件商品光有漂亮的造型是不够的。[29]手里拿着百老汇客户偿还的欠款，一只脚已经踏入了新行业的门槛，这样的德雷夫斯拒绝了这份工作。后来，他在记者采访中解释说，梅西百货的负责人有点“本末倒置”了。[30]对生产企业、产品制作、改进产品所需成本、哪些地方要做出牺牲、哪些地方需要保留，他一无所知，根本什么也做不了。设计源于对产品制作和可行做法的了解，而不仅仅放在造型上。德雷夫斯或许是第一位明确表达这种观点并付诸实践的美国设计师。

拒绝了梅西百货的工作之后，德雷夫斯在第五大道开了一家工作室，里面只有一张借来的牌桌、两把折叠椅、一部电话和一株花 25 美分买来的植物。在这里，他每天看看窗外的风景，画一画自己想要重新设计的东西，仅此而已。[31]他还发布了招聘业务经理的信息。就在他坐在窗前等待的时候，一辆黑色的豪华轿车停在了楼下的大街上。车上下来一位优雅的女士，她顺着路边走到门口。门铃响了，片刻之后，德雷夫斯把她领进屋里，二人坐下来谈了一会儿。女士离开之后，德雷夫斯告诉秘书：“我要娶她。”几个月后，德雷夫斯和未婚妻多丽丝·马克斯到典当行买了一枚戒指，然后钻进一辆出租车，一路播着婚礼进行曲，来到位于市中心的市政大厅，举行了结婚宣誓仪式。[32]

他们顺应时代潮流，开始一起创业。德雷夫斯拥有设计天赋，而多丽丝则是一位精明能干的业务经理。但是，多丽丝出身于纽约近代贵族，她为人严谨、品味高雅，对德雷夫斯的眼界产生了影响。[33]她不喜欢那些虚有其表的东西，这一点也逐渐渗透到工作室的设计理念当中。德雷夫斯白手起家，匿名设计产品无数，包括各种钢笔、打蛋器、华夫饼烤盘、牙科椅、橡胶垫、幼儿围栏、课桌、剃须刀盒、乳霜标签、钢琴等，这些东西为 20 世纪 30 年代人们的日常生活注入了新鲜血液。[34]30 年代初，他已经开始潜心研究飞机的内部设计，并且成了工业设计这一新兴奇葩职业的代言人之一。1931年,《纽约客》杂志在一篇最早介绍工业设计师的文章中写道,“德雷夫斯在工作中没有表现出特别的机械才能,材料处理方面的资质也很一般”,但是,“他能够在很大程度上预测到产品的最终使用情况,感觉到用户使用体验的舒适程度,比如钢笔是用来写字的,而不是放在桌子上当摆设的”。这是用户友好型产品的核心理念,即尊重人们生活思维的复杂性,不管是对于智能手机、牙刷,还是无人驾驶汽车,这一点从未改变。

生活中有些细节只要稍做改变,就会有意想不到的神奇效果。说到这里的时候,德雷夫斯显得异常兴奋。花生酱罐口下方做成斜的,用勺子就能将花生酱挖得干干净净;剃须刷的把手比例合适,泡沫就不会粘到手上;烤箱的把手隔热性能好,就永远不会烫手。虽然这些例子我们现在听来已经司空见惯,但在当时却是很有创意的。有人竟然真的花时间去研究这些被大家长期忽略的细节,这真是太不可思议了。德雷夫斯所刻画的生活图景集合了无数的细节、烦恼和修正。在他看来,人们可以从日常生活的点点滴滴中获得舒适体验,这对社会进步是有促进意义的。他将家政学原理完全内化,即人们购买的产品是联系个人幸福追求和工业稳定增长的纽带。

德雷夫斯不仅宣扬产品设计等同于社会进步,还试图说服美国企业家,为什么他们应该关心这个问题。他要拿出的是提高销售额的法宝。大萧条时期,经济日渐惨淡,消费需求下降,制造商相互争抢,更加迫切地寻找刺激消费的新途径。[35] 克里斯汀·弗雷德里克本人是“消费工程学”最强烈的倡导者之一。正如历史学家杰夫里·L. 米克尔在其极具影响力的《美国设计》(*Design in the USA*)一书中所写:“这位新专家会预测人们‘消费习惯的变化’,通过让人们相信‘经济繁荣靠的是消费,而不是储蓄’,来创建‘人工淘汰’机制。”[36] 但是人们不会把钱花在已经拥有的东西上,制造商需要向消费者证明,它们的产品与以往不同,要比原来更好。这就是亨利·德雷夫斯即将步入的新时代,大家普遍认为，刺激消费或许能挽救这个国家，而唯一的方式就是生产出比以往更好的产品。

工业设计似乎成了美国大萧条时期一剂神奇的良药。在他最早接受的一次新闻采访中，德雷夫斯向杂志记者说起，有人曾找他设计一个更好用的苍蝇拍。起初德雷夫斯没有见他，不过最后还是请他来工作室，为他免费画了一张设计图。苍蝇拍上有同心环，就像射击用的靶子，这样一来，打苍蝇就成了游戏。几个月后，德雷夫斯收到了一张 1 000 美元的支票，对方为了表示感谢，付了专利费。这款苍蝇拍特别畅销。[37]当时德雷夫斯第一项反响热烈的设计是特普瑞特（Toperator）洗衣机，在西尔斯百货有售，样子有点像弗里茨·朗执导的电影《大都会》里的机器人，电影里蕴含的设计理念在如今我们周围的很多东西上都有体现。他避免洗衣机上出现难以清理的接缝，这恰好也是现代医疗器械在设计过程中重点关注的地方之一。此外，为了迎合消费者的心理习惯，德雷夫斯还把控制按钮全都放在一起，以便用户能够轻松了解其所有功能，这也是现代应用程序和产品界面设计的普遍要求。仅半年，西尔斯就卖出了两万台这款洗衣机。其他的设计师也有类似的成功经历，足以让制造商开始相信，设计师们有凭空创造消费需求的魔法。1934 年 2 月，大萧条接近顶峰，《财富》杂志上刊登了一篇关于德雷夫斯的文章，题为《新产品设计势不可当》。文中提到，德雷夫斯设计的支票填写机令推销员泪流满面，让维修员疲惫不堪。

有了这些成功的先例，人们又要进一步实现两个目标：产品外观现代化和运行方式合理化，二者相互依存。而在欧洲，包豪斯建筑学派就秉承了这一理念，用老话说就是“形式服务于功能”。然而，这种设计潮流存在一定不足，由于包豪斯学派最具标志性的设计成果都是面向精英阶层的，他们能够理解并欣赏其美学价值。而在美国，消费对象范围更广，市场导向更加明显。高大上的路数是行不通的，产品的外观要有所改变，消费者才会觉得的确有所改进。因此，从业不久的工业设计师们会特别关注产品的造型。如果你熟悉那个年代的设计，你就会了解，不管是飞机的不锈钢外壳，还是收音机的镀铬表面，都是熠熠发光的。这都是设计者刻意为之的，在这一点上，他们可以说是有点教条了。而像雷蒙德·洛威和诺曼·贝尔·格迪斯这样的设计师，他们魅力四射，又善于宣讲，想给自己的设计注入明显的进步精神。所以，他们摆脱了维多利亚时代沉重而古老的华丽风格，取而代之的是流线型金属外观，旨在唤起象征时代进步的速度感和效率感，比如飞机、火车头和汽车等。当时所有产品，从冰箱到卷笔刀，都无一例外地采用了这种风格，感觉好像一切都经历过风洞实验的洗礼一般。新的流线型美学为所有产品赋予了共同的隐喻。流线型的外观，减少了飞机飞行的阻力，同时也消除了家居用品的“销售阻力”。[38]

由于深受妻子的影响，德雷夫斯能够更加清醒地预测用户友好型环境将如何发展；他顺应日常生活的需求，直至今日，这依然是用户体验的实践原则之一。不仅如此，德雷夫斯看重市场，说明未来企业的命运将取决于它们对产品用户的了解程度。对他来说，风格是次要的，更重要的是要更好地解决最常见的问题，减轻企业源源不断的压力。历史学家拉塞尔·弗林查姆曾为亨利·德雷夫斯写了一本书，书中写道：“他开始定义一种方式，既能促进大型企业的发展，又允许他批评现状；既是对消费者的保护，又不会让消费者觉得高高在上。”德雷夫斯将设计描述为制造产品的公司和使用产品的消费者之间的转换行为。[39]“设计师对行业和公众的影响力在于他的双重角色，”拉塞尔写道，“他所设计的产品，不管是一个打蛋器还是一台电冰箱，都能让生产者和消费者同时感到满意。”[40]“更好的产品意味着更好的生活”，设计者只有把消费者的理想设计与商业动机结合起来，才能将这一信念弘扬到极致。直到今天，这种信念仍然是新产品研发中不言而喻的口号。想想这一章开头讲到的姆拉登·巴巴里克和博·吉莱斯皮的故事，他们历经多年的测试和修改，只为发明一个报警器。他们并不是只对解决问题本身感兴趣，也不是只想抓住一个商业契机，他们相信的是，商业发展、产品设计、社会进步，三者之间存在着错综复杂的关系，是无法分开的。

巴巴里克的设计过程是冷静、专业、理性而有序的。90 年前的情况与现在不同，当时工业设计刚刚兴起，曾一度掀起了热潮。为了了解客户的需求，德雷夫斯本人对工作极度热衷。为了给约翰迪尔（John Deere）制造拖拉机，他学着做农活、开联合收割机；为了制造缝纫机，他跟女学员一起去上缝纫课。这种方法形成了现代设计研究的雏形，它属于跨界行业，最终将涉及人类学、心理学和社会学等多个领域。不过德雷夫斯的设计也有其局限性。他没有将自己的设计初衷完整地展现出来，其实这一点非常明确，就是设计的出发点是人，而不是机器。几十年后，人们将这一理念概括为“以人为本的设计”。然而，以人为本并没有表面上那么简单，前提条件是要倡导机器与日常生活相契合。在这一方面，第二次世界大战起到了促进作用。

第三章

设计中的错误

第二次世界大战已经进入白热化阶段，不过南太平洋水域却难得的平静，美国舰艇横七竖八地躺在这里，占据了 300 英里的范围，船上的人日复一日地生活着，一切都是那么的安逸。乌云夹杂着雷声在天边翻滚，而阳光依然没有退去，潮湿的空气酷热难耐。然而，在指挥中心，长官们正在监视派出的飞机，其中一架出现了问题：一名飞行员失踪了，就在附近某个地方，由于燃料不足，迟迟未归。

1410 号飞行员发出呼叫，要求返回航空母舰。长官收到了请求，但是飞行员没有收到回复。所以他只能等待，其间他检查了设备，查看了燃油表。终于，接收器又有了动静，发出“滋滋啦啦”的声音，不过什么也听不清。“静电干扰了。”他说。过了一会儿，接收器的声音逐渐清晰起来，里面传出的指令是再等片刻，于是飞行员继续等待。燃油表显示，油量已经非常少了。

负责用舰艇雷达寻找失踪飞机的人完全靠直觉行动。他们的任务是找“种子”，即雷达显示器上不断移动的绿色扫描线的反射点。但是，监控区域内只要有其他物体发出噪声，包括干扰、云朵、飞鸟等，都会导致绿色扫描线移动。他们管这些声音形成的不稳定区域叫“草坪”，雷达屏幕上到处都是；他们要找的种子就是一个尖峰状的符号，位置要高出来一点。作为一名优秀的雷达指挥员，必须具备在第一时间根据闪烁区域的细微变化区分敌我飞机的能力。而今天，指挥员正在努力地搜寻，飞行员听不清无线电里的指示，所以他们只能一遍遍重复自己的信息，但双方又互相听不清楚。

“我们无法从雷达上获取你的位置，雷雨就要来了。”指挥员说。“雷雨在我北边，”飞行员说，“又有静电干扰了。”

30 多分钟过去了，飞行员发疯似的盯着燃油表，已经接近零了！此时此刻的舰艇上，一群人围在雷达控制台前。终于，有人在显示屏上一块模糊的区域中发现了一个凸起的种子——雷雨云。众人松了一口气。飞行员已经靠近，就在航母的另外一侧。执勤长官抓住麦克风。“现在距离舰艇 30 英里，”他喊道，“向 357 方向行驶。”飞行员一直在等的返航路线终于有了。30 英里的距离，他还是可以飞过去的，最后几英里可以采用滑行。“什么？”飞行员问。“你位于舰艇以南。”指挥官喊道，声音里开始流露出些许绝望，“357 方向。我再说一遍，357 方向。”飞行员回答道，“燃油不足。又听不到了。能听见我说的话吗？”

指挥官不停地喊话，用尽各种方式，大声说，小声说，一个字一个字地说，就像拿钥匙在生锈的锁孔里乱捅一气，希望碰巧走运，说不定哪下就捅开了。一个半小时过去了，他最终停了下来，已经精疲力竭。发生了什么，大家都很清楚。一架钢铝合金的飞机闪电般冲向了波涛汹涌的海面，激起了雪白的水花，然后一点点恢复平静，直到完全看不出痕迹。任何航空母舰都有人员牺牲，就像这艘一样。不过就像中尉后来所说的那样，这种无谓的牺牲会让人不得安宁，每当夜深人静的时候，逝者的灵魂就会在你耳边低语，在你身边萦绕。当天晚上，在军官室里，有人听到心灵受到伤害的副舰长粗暴地说道：“雷达，人看不见；无线电，又听不清。把人命交给这两样东西，简直是该死！”相信那样的机器能为人服务，这才该死呢。[1]

二战结束了，这位舰长的怒吼声久久回荡在整个美国军火库里。“一战”促使美国制造业以前所未有的规模迅速发展，而二战期间，技术创新层出不穷，制造业的发展势头似乎更加离奇。想想看：战争开始时，作战的都是双翼飞机；战争后期，世界上首批隐形飞机的印记已经在战场上空划过。技术飞速发展，最好的例子或许就是雷达。六年来，其救援范围几乎逐月扩展，从而使得轰炸机、坦克、炮弹和舰艇的活动区域也越来越大。然而，这些雷达并没有制造者形容得那么好，因为这些机器在使用过程中该如何理解，根本没有任何成文的说明。问题有可能出现在无线电上，无线电的发射频率是人耳无法分辨的，之前那位飞行员离安全着陆只有几分钟了，却发生了迷失航向的情况，原因就在于此。问题还有可能出现在雷达上，因为它们无法区分到底是信号还是干扰。当时，人类该如何了解机器，这方面的知识少得可怜。“理论上，我们的炸弹可以有的放矢，”一位空军心理专家说，“但在实际操作中，我们却错过了整座城市。”[2]你根本不用考虑如果机器出了问题到底会有怎样的后果，你只要统计一下伤亡人数，包括在交火点甚至在几英里以外牺牲的那些人，就完全能说明问题。

追究责任的时候，两大阵营相互指责。一边是士兵，他们叫嚣着：“有人设计出这些了不起的机器，可操作员得有三只手，得具备在黑暗的角落里洞察一切的能力。”[3]另一边则是这些机器的设计者，他们同样义愤填膺，将问题归咎于使用人员培训不当，或者是人为的暴力使用——他们觉得士兵们会在一怒之下拍打按钮、猛拉操纵杆。战争期间，这种争论一时演变成了一种表演，制造商向军方兜售它们研发的最新装备时，会把自己的科技人员推到前面做演示，以证明这些装备的使用效果完全能够实现它们的设计初衷。[4]可问题是，事实并非如此，因为使用者是在被动情况下操作设备的，其实际表现与那些技术人员的主动操作演示是不同的，这就跟30年后三里岛事件中发生的情况一样。

实际操作与实验结果之间存在差异，对战争造成了严重影响，导致死伤无数。更糟糕的是，与十年前相比，在这场战争中，大家“跟着感觉走”的情况要严重得多。刚才提到的飞行员海上失踪事件，其讲述者是哈佛大学心理学家S. S. 史蒂文斯。他觉得这件事情太可怕了。他曾经发表过一篇题为《机器不能单打独斗》的重要文章，文中提到：

> 在这场战斗中，正确的识别、距离的估算、信号的接收，都要靠人的眼睛或者耳朵，而有些信号已经达到了人类听觉或视觉的极限。如果没有良好的感官判断，有些东西雷达看不到，无线电听不到，声波测不到，枪也打不到。但矛盾点在于，工程师和发明家都希望用设备的自动化来减少这个过程中的人为因素，他们做得越多，操作人员的肌肉就绷得越紧，因为他们只有凭借自己的感官优势去看、去听、去判断、去行动，才能使他的装备在敌人面前占得先机。[5]

史蒂文斯指出，这些设备存在缺陷，人们在使用过程中，会将其不良影响发挥到极致。工程师可能会宣传说，假如天气状况理想，新式雷达能够探测到50英里之内的敌舰，那么很快就会有潜艇指挥官在雷雨天气里，尝试用该雷达透过水雾去侦察100英里外的一艘小船，因为该区域很可能有小船出没。

> 这个设备是为现代人准备的。人们在使用过程中，会为它添加新的作用，从而迅速扩大己方飞机、导弹、电磁波的活动范围，直到再次达到操作人员的感觉极限，而各种旋钮、仪表、装置、线圈，毫无生气、从不变通，从来不考虑人类的意志，这又会让操作人员格外恼火。

我们再看看今天的情况。只要动动手指，我们就能叫上一辆车，很快它就会出现在我们的视线里；再动动手指，我们就能调出跟别人的全部聊天记录。我们就像生活在别人设计的沙盒里，手机、电脑、汽车都能提供信息，眼前的世界变得简化了，人类也变得更聪明了。

历经150年的思想变迁，我们才拥有了如今用户友好的观念。这一过程代表了一种转变，这种转变与20世纪的立体主义、不确定性原则，以及任何其他范式的观念一样重要。但是，也许更重要的是，这些理念已经司空见惯，人们现在觉得它们好像一直存在。机器可以根据人的需要来设计，从而更好地为人类服务，更好地与人类的感觉和思维极限相契合，不管情况多么糟糕，人们一看就会用，这是二战时期形成的最重要的理念之一。战争的洗礼让人们认识到，不管是什么东西，都应该简单易用，别让人太费精力。假如超级计算机可以手持，儿童也能使用；假如核反应堆拥有轻松便捷的故障检测系统；假如一个按钮就能彻底改变“9 · 11”事件的结果；那么这些都是以我们的极限作为起点，以此类假设为依据而建立形成的，而不是想当然地认为，我们都是理想化的展示者，能够严格按照某位工程师的意愿来进行操作。

*

保罗 · 费茨，英俊潇洒，说话慢条斯理，带着田纳西口音。他头脑冷静，善于分析，却留着一头油光发亮的鬓发，就像猫王一样，既温文尔雅又特立独行。几十年后，他成了美国空军的重要研究人员之一，负责解决最棘手、最离奇的问题，比如人们为什么会看到UFO。不过，他从来没有停止过前进的脚步，现在也是如此。费茨从小生活在一个小镇，后来凭借自己的才能多年留居北方，先后就读于布朗大学研究生院和罗彻斯特大学，最终进入了位于俄亥俄州的赖特–帕特森空军基地，效力于航空医学实验室。战争刚一结束，上级就指派他查明飞机失事伤亡人数众多的原因。至于为什么找上他，还不清楚。当时，实验心理学还是新兴领域，能在该领域拿到博士学位更是稀罕，同时也赋予了他某种权威。大家觉得他应该了解人们的想法，而他真正的天赋就在于意识到自己没有这种能力。

当数千份有关飞机失事的报告堆在费茨的办公桌上时，他本可以轻松浏览一下，然后得出结论：问题都在飞行员身上，他们愚笨至极，根本不该开飞机。在那个年代，这样的结论合情合理。最初的事故报告上通常都会注明“飞行员失误”，并且几十年来不需要更多的解释。究其原因，并不是人们什么也不懂。能得出飞行员失误这个结论，本身就是一种进步。

“一战”前后，多位心理学家，比如雨果·芒斯特伯格、沃尔特·狄尔·斯科特，以及罗伯特·默恩斯·耶基斯，推翻了严格的行为主义。该理论的提出者是约翰·华生，他认为只要有合理的激励和惩罚，就可以教会一个人所有的东西，就像训练笼子里的小老鼠一样。相反，正如历史学家唐娜·哈拉维所写的那样，“耶基斯和他的自由主义者们主张研究人体、思想、精神和性格等各方面的特征，以确保‘人员’在工业领域中找到合适的位置……差异是这门新学科的基本课题。有关人事方面的研究将为招聘主管提供可靠的信息，为‘人员’提供有效的职业咨询”。他们把这个学科叫作人体工程学。[6]

芒斯特伯格曾就了解人类的独特能力发表过观点，几年之后，英国的实业家们就被工厂里不断发生的事故搞得晕头转向。为了应对这种情况，一些心理学家受芒斯特伯格理论的影响，不再主张对员工进行再培训，而是开始了解所有事故人员出现失误的原因。最后，他们得出结论，“事故高发”人群有鲜明的特征，他们笨手笨脚、过于自信，或者做什么都漫不经心。不过，在谈及“事故高发”人群时，心理学家只是将这个问题进行了重申。他们不再单纯地指责某个人，相反，在他们看来，应该承担责任的是某个特殊的群体。

人对不同的事物有不同的适应能力，人们在这方面的认识也在不断进步，但是在这其中也包含一种假设，即要想正确操作机器，就要找到合适的操作人员。保罗·费茨正在逐渐走向一种新的、不同的范式。[7]

他仔细研究了空军坠机数据，发现假如原因在于“事故高发”的飞行员，那么驾驶舱出了何种问题就会有随机性。这类人不管干什么都会掉链子。他们的本性决定了他们会面临风险，就算手要绞进齿轮里了，脑子也不知道在想什么。费茨看着堆积如山的报告，并没有感到烦躁。他发现了一种模式。而当他和人们谈及事故真实情况时，他感觉到的却是恐惧。

他发现这些事故往往让人哭笑不得：飞行员看错了仪表，导致飞机撞向地面；飞机从天而降，因为飞行员永远不知道哪个方向是上；飞机准备平稳着陆，而飞行员却不知道把起落架打开。还有一些人到现在也没搞清楚怎么回事：

> 上午 11 点左右，我们接到了警报。雷达显示大约有 35 架日军飞机向我们进攻。局面乱成一团，大家都在抢着登机。碰巧，我找到的飞机是新的，大约两天前刚运来的。我爬了进去，发现整个驾驶舱似乎都不一样了……我望向仪表盘，又看了看周围的仪表，汗水不禁从额头滑落下来。就在那时，日军投下了第一颗炸弹。我当时就想，虽然飞不起来，在地面上跑总可以吧，于是我就这么做了。在敌人的进攻下，我开着飞机，沿着跑道来来回回地跑着。[8]

这个倒霉的家伙“突突”地响着，就像电子游戏里的故障声。

阿尔方斯·查帕尼斯，耶鲁大学新毕业的博士，是费茨航空医学实验室的同事，也从事相同课题的研究。查帕尼斯开始亲自调研，坐到驾驶舱里，与相关人员交谈。同样，他发现飞行员都受过良好的培训，可问题是，这些飞机根本无法驾驶。他看到的不是“飞行员的失误”，而是“设计者的失误”，这是他第一次采用这个说法。这就是我们今天用户友好型设计的萌芽；而这种意识的打磨需要经历很长时间，就像三里岛事件发生 40 多年以后，该理念才在工业领域兴起。不过，它在查帕尼斯的工作中已经初现端倪。

不久，查帕尼斯就提出，B-17轰炸机采用四发驱动，是美国主要的战略轰炸机，起落架与襟翼的控制开关完全相同。两个开关紧挨着，看起来一模一样。飞机降落时，如果飞行员想升起襟翼，一不小心就会把起落架收起来。结果，根据空军报告，22个月的战争时间里，由于分不清襟翼和起落架开关所引起的坠机事件就有457起，这可是个相当惊人的数字。[9]对此，查帕尼斯提出了一个巧妙的解决方案：将飞机驾驶舱的旋钮设计成不同的形状，这样飞行员一摸就能知道是干什么的。当今，飞机起落架和襟翼的控制开关必须采用这样的设计，这是有明文规定的。不仅如此，我们身边的很多按钮都蕴含了这种创意，比如键盘、遥控器、汽车，甚至是智能手机上的数字按键，它们形状各异，你看一眼或者摸一下就能知道它们的功能。查帕尼斯还想出了另外两个解决办法，我们至今仍在采用。第一，受飞行员的启发，比如那个开着飞机在跑道上转圈的倒霉蛋，查帕尼斯将飞机上所有设备的位置做了明确规定。第二，确保控制装置的移动方向“自然合理”。比如想要左转，操纵杆就应向左拉。查帕尼斯后来写道，某些控制装置的移动方式应该遵循“心理自然规律”：如果你想把什么东西打开，按钮向上推就比较合理（至少对美国人来说的确如此）。[10]当然，向上意味着打开、左转意味着向左，人们并非生来就有这类意识，但它们由经验而来，就像母语一样，根植于我们的头脑当中，不知为何，也无从解释。

人的生理感觉也融入设计中来。史蒂文斯发现，如果人在讲话时强化辅音，弱化元音，别人就能听得更清楚，这是“心理物理学”领域最伟大的成就之一。仅凭这一发现，美国无线电的使用范围就扩大了一倍，使其在战争后期取得了重大优势。[11]后来，就连美国空军的标志也改头换面了，因为他们注意到，日军零式战斗机机翼上的太阳与美国P-47战斗机上的蓝圈白星太容易混淆了。通过测试飞行员对各种符号的识别速度，人们将大家熟悉的圆形、星形和条形纳为标志，至今仍在美国战斗机上使用。[12]（常见的交通标志也是经过类似测试确定的。[13]）史蒂文斯曾在文中写道："在战争的最后阶段，我们用上了新的耳机、麦克风、头盔、扩音器、氧气罩，它们在设计过程中都纳入了很多重要的人性化因素。"[14]最终，那个由于无线电失灵而落入太平洋的无名飞行员没有白白牺牲。

随着机器的功能越来越强大、越来越复杂，使用的范围也越来越广，设计行业逐渐出现了新的气象，所有这些创新都应运而生。各国交战时，战斗进行的速度越来越快，从看到目标到向它开火可能仅需要18秒，其间该目标飞行的距离可达5英里。[15]人们越来越需要在没有时间思考的情况下把状况搞清楚。这样的问题不光出现在战争当中。那时，很多汽车的按钮和仪表都一模一样，甚至连个标识都没有。[16]另外，查帕尼斯所主张的控制装置的设计要遵循心理自然规律，这其实将机器适应人的问题从物理层面转向了心理层面。设计工厂车间时，要确保操作人员能够看到所有的仪表，这一点至关重要。同样地，随着机器自动化程度越来越高，让用户一眼就能看出机器的用途及其工作原理，就显得越发重要。

与此同时，认为某项任务任何人都能胜任的想法显然是很荒谬的。一方面，军队通过征兵吸纳了具备不同能力、技巧和经验的人；另一方面，各种新的、专业化程度越来越高的装备不断走出工厂、投入战场。你不可能让越来越少的士兵去完成越来越专业化的任务，更何况美国军队本已庞大的规模还在不断扩大。要想改进美国的战斗设备，就要使其更加易于使用，能上手的人更多，而不是更少。其操作方法要具有普遍性，要有一整套明确的操作规程。这是人体工程学的开端，从此诞生了我们沿用至今的理念，即机器应该简单易用，甚至可以达到人人都会的程度。

当时人们普遍感觉，只要经过学习，人类就能有更好的表现。像保罗·费茨和阿尔方斯·查帕尼斯这样的人，他们想要推翻这种假设并不容易。可是迫于大环境的压力，他们只能寻求新的角度来看问题。两次世界大战和经济大萧条催生了设计行业的发展，因为在这几个时间段都出现了一些涉及利害关系的问题：如何激起人们对新产品的购买欲？怎样才能让糊里糊涂的飞行员保持清醒？所以，他们不得不转变思维方式。在美国，这种转变不可能仅靠几次培训课就能实现。这样做造成的人员牺牲太大。

“用户友好”中的“用户”用了将近一个世纪的时间才进入民众的视线，而战争加速了这一进程。只有在这样的利害关系作用下，“机器适应人”这种完全不同的范式才能迅速站稳脚跟。在通往用户友好型世界的曲折道路上，费茨和查帕尼斯铺下了最重要的一块砖。唐纳德·诺曼的职业生涯也是聚焦于此。这也让几代人学会思考我们同我们所造事物之间的关系。他们发现，虽然人类善于学习，却总是犯错。但是，假如你清楚错误发生的原因，在设计过程中就能将其规避。如果亨利·德雷夫斯没有重返设计行业，这种意识也许会永远封存，就像很多军事谜团一样。正是德雷夫斯看到了像费茨和查帕尼斯这样的人所做的努力——实现以人为中心的机器设计理念——与顺应人类意愿之间惊人的相似性，从而推动了新兴的设计产业的蓬勃发展。

*

如果没有美国政府，美国第一批工业设计师也许不会在战争时期涌现出来。雷蒙德·洛威曾为美军设计迷彩服和标志；沃尔特·多温·提格则为海军设计了火箭发射器；[17] 亨利·德雷夫斯曾做过军火承包商，因此与查帕尼斯和费茨产生了交集，同时也接触到了史蒂文斯开创的“人因工程学”。德雷夫斯公司提出，就像特普瑞特洗衣机上的常规按钮一样，飞机和舰艇上的雷达控制装置要放在一起，其排列顺序的设定要依据其重要性，而不能只图制造过程中的方便，从此拉开了高科技产品以人性化标准重新定位的序幕，并带来了用户友好型设计的社会风潮。[18]

不过战争时期，他最重要的设计项目还是坦克驾驶舱里的座椅。

德雷夫斯研究问题非常投入，而且往往还有点怪诞色彩，这次也不例外。跟平时一样，他温文尔雅，衣着讲究，然后一屁股坐进坦克里，开始学习驾驶。他发现，坦克驾驶员的座椅要方便其做出两种姿态：正常驾驶时，驾驶员身体前倾，头部伸出舱外；而战斗状态下，身体后仰，通过潜望镜进行观察。所以，这个座椅必须是活动的，要能向前抬起，对两种姿态起到支撑作用，这就需要画张草图，设计一下人在坦克里的位置。战后，德雷夫斯也一直痴迷于此类问题的研究。[19]“与人类的关系越密切的产品，其设计要求越高。所以，为什么不将人作为所有设计的出发点呢？甚至，为什么不能把人画进设计图里去呢？”不久之后，他就此发表了文章。[20]

德雷夫斯优雅的外表下是勇于竞争、充满激情的内心。每次见客户，他都是大步走进房间，坚信对方会接受自己的创意，公司一位合伙人问他，这种看似坚不可摧的自信从何而来。德雷夫斯异常坦率地说：“进门的时候我会跟自己说，‘你们都是浑蛋，你们都是浑蛋，你们都是浑蛋’。”[21]

德雷夫斯是所谓四大设计公司中最年轻的创始人，没有任何优势，其他三位分别是雷蒙德·洛威、沃尔特·多温·提格和诺曼·贝尔·格迪斯。其中居于领先地位的当属洛威或者提格，他们要比德雷夫斯大十多岁。战后，德雷夫斯决心开创一种新的工作方法，为这个行业注入新鲜血液，同时也给竞争对手施加压力，让他们迎头赶上。他的灵感来自经常出现在图纸当中的人体比例图形。那些人是谁？他们真的适合图纸上画的东西吗？在一次飞行汽车项目的研发中，德雷夫斯夫妇首次尝试确定人体体形的平均数值。他们主要从军队收集数据，同时也致电鞋店、百货公司和服装企业，获取所需信息。他们聘请了曾在二战中担任设计工程师的阿尔文·蒂利来做数据分析。

蒂利花了几十年的时间来完善普通男女（其人体形象名为乔和约

瑟芬）以及各类人体的相关图片，包括高矮胖瘦、残疾人、儿童，以及你能想到的各种各样的人。这些图片呈现了人体各部分的数值和运动幅度，详细地列出了周围事物所适合的比例，像椅子的高度、橱柜的深度等。此外，乔和约瑟芬的诞生代表着人们开始从新的角度来看待世界，在这个世界里，设计无处不在，都遵循着类似于列奥纳多·达·芬奇《维特鲁威人》中的“完美比例”。这并不是巧合。

德雷夫斯非常欣赏达·芬奇，称之为世界上最伟大的工业设计师。[22] 而维特鲁威人就是他推崇的人体典范。他看到了这幅画的本质。达·芬奇笔下的人体比例像钟表一样精准，人是一切事物的中心。乔和约瑟芬也一样。在其最有名的图像中，他们都端坐在椅子上，外形轮廓十分清晰。四肢长度及伸展距离都有刻度线标记，各个关节也用弧线精确标出了运动幅度。这些数据固然重要，不过与其同样重要的还有图像本身所呈现的事实。既然乔和约瑟芬在设计中占据主导地位，那居于非主导地位的是什么呢？真正的设计对象并没有在图像中出现。他们所展示的是一个抽象的世界，在这个世界里，人是第一位的，其他事物都围绕人而存在。[23] 乔和约瑟芬成了德雷夫斯办公室的吉祥物，墙上贴满了他们的图像，不仅起到了装饰作用，也为德雷夫斯做各类产品设计提供了造型和比例上的指导依据。当时，设计行业正处于战后无比繁荣的时期，他们恰在此时应运而生。20 世纪四五十年代，美国家庭经济上比较宽裕，有购买新产品的潜力，而美国制造业技术发展迅速，有生产新产品的能力。二者共同作用，为工业设计带来了新的压力。

大多数设计历史学家认为，工业设计的鼻祖不是亨利·德雷夫斯，而是像查尔斯·达尔文的祖父约西亚·韦奇伍德这样的人。18 世纪 60 年代，韦奇伍德开创了一种制作陶器的简单方法，工人经过培训之后，一天之内制作精美茶杯的数量由原来的几只上升到几千只，而且价格低廉，普通老百姓也能有贵族的享受。不过韦奇伍德的设计专注于在原有产品的基础上打造更好的版本，而非原始创新。而二战以后，德雷夫斯和同僚们则面临新的机遇：创造全新的产品，大家以前都没用过，也不知道其用途。

设计师成了消费需求和技术能力之间相互发生作用的媒介。正如德雷夫斯后来所写的那样："工业设计是从后门走入美国家庭的……厨房和洗衣间里的很多产品都是大规模生产的，其他房间则很少有这样的东西，全加起来也没这里多。"[24] 大规模生产可以带来新产品，这并不是关键，真正重要的是新产品可以带来新的生活理念。除了大规模生产，走进这扇"后门"的还有一种观念，即消费能够促进社会进步，带动设计发展。该观念的践行者就是像蕾和查尔斯·伊姆斯（Ray and Charles Eames）夫妇、迪特·拉姆斯这样的设计师，以及今日致力于该行业的人。有时，这些设计师也会收到改进原产品的工作邀请，但他们的大部分精力都倾注在研发前所未有的新产品上。如果一件产品从未出现过，你如何保证它一定好用呢？即使新产品成功问世，你又如何对它加以改进，让它能普遍应用于日常生活？

当今世界，德雷夫斯设计的东西已经所剩无几，但不要忘了，只要我们动动手指，就能找到他的痕迹。仔细观察一下，智能手机上的通话图标就与他有着密不可分的关系；门把手造型是德雷夫斯手下的设计师精心设计的；1953 年，500 型电话机问世，其采用的就是德雷夫斯工作室的人体工程学设计，这一设计后来得以推广，沿用至今。一端是话筒，另一端是听筒，电话机设计成这样，使用者单手就可抓握，而且两端之间的平面造型使其可以夹在头肩之间，双手就能完全解放出来。有了这两个细节设计，人们就可以边打电话，边做其他事情，电话和交流也就在日常生活中显得更加自然。耳机图标可能是德雷夫斯在电话方面做的最后一项设计。毕竟，什么能取代它呢？假如不用它显示"来电"，我们又能靠什么来表示呢？这个图标的含义司空见惯，已经超越了它所指代的对象。就是因为它所附属的产品，我们用起来非常自然，觉得该含义是理所当然的。

*

豪尔赫·路易斯·博尔赫斯曾经写过一个短篇故事，题为《关于科学的准确性》。全文虽然只有145个字，但却刻画了一个世界，或者更准确地说，是两个世界。故事中写道，帝国里，制图师痴迷于绘制地图，决心画一张最好的地图，“这是一张帝国地图，跟帝国面积一样大，各个地点都与实际情况完全吻合。”最终，那张地图被人们遗忘，逐渐残破不全，但是“直到今天，在西部沙漠地区，仍有那张地图的一些碎片，被动物和乞丐用来遮风挡雨”。[25]这里面就蕴含了一个相关的道理。在那个无名帝国里，人们痴迷于一张记录本国文明的地图，这体现了一个经久不衰的主题，设计师服务的目标是我们所生活的世界，而不是他们自己营造的理想世界。亨利·德雷夫斯就是这样一个例子。

从20世纪40年代起，他一直希望自己能成为行业领军人物，而乔和约瑟芬的确帮他实现了这一梦想。当时，人体工程学领域还没有其他权威的理论。1967年，德雷夫斯和蒂利的著作《人体度量》（*The Measure of Man*）出版，并流传至今。其后来的版本更名为《设计中的男女尺度》（*The Measure of Man and Woman*）。不过，德雷夫斯由于过于关注人体差异，忽略了一直以来让他立于不败之地的东西。当年，他觉察到苏城的观众不愿走进剧院是因为害怕弄脏奢华的红地毯。德雷夫斯讲述这个故事，强调的是心理因素的作用，而不是身体特征。1953年推出的霍尼韦尔圆形恒温器也是如此，该恒温器和贝尔500型电话机一样，也是他最著名的设计之一。那时的恒温器，读数器通常是线形的，还有一个小杠杆，使用者往往很难调准。而霍尼韦尔圆形恒温器中间有个放射状的调温盘，其外环能精确对应调温盘上标示的温度，调节温度时，你只需要转动外环就可以了。[26]因此，其整个造型将信息和交互结合在一起，其背后包含的不仅仅是人体工程学，还有清晰的认知，以及对现实世界中产品如何才能易于操作的直觉判断。要想创新，就要将问题重新梳理，将用户了解得更加透彻；完美的产品设计内容广泛，人体工程学只是其中一个元素。这项设计成了有史以来最大规模采用的技术之一，一点也不奇怪。（近 60 年后，智能家居公司 Nest 推出了一款带传感器和人工智能的恒温器，也采用了这种完美的设计。）至于该创意由何而来，德雷夫斯团队只将其归功于设计师们说不清道不明的灵感，以及产品目标用户的人体图像。德雷夫斯工作室过于注重人体工程学设计，往往无法让有潜力的发明者全情投入，也忽视了面对该问题的所有群体。德雷夫斯靠的是个人直觉，可他毕竟是单打独斗。

尽管如此，德雷夫斯已经迈出了一大步。大萧条时期，工业设计已然闪亮登场，成为重燃消费者购买激情的动力；二战以后，新技术飞速走进普通家庭，美国经济蓬勃发展，工业设计则发挥了重要的促进作用。自此，设计发展势在必行，究其原因不外乎两方面：一是刺激消费，二是开发技术。20 世纪 30 年代，美国制造商普遍认为，高雅的设计都在欧洲，他们只能引进模仿。而新的设计理念则帮助他们克服了这种不安全感。正如德雷夫斯后来所写的那样，“产品经过设计之后，使用更加方便，维护更加简单，造型、线条、颜色更加合理，是设计师令美国产品无与伦比，骄傲地立于全世界的产品市场”。[27] 要知道仅在几十年前，人们对美国的设计行业还没有什么信心，而现在德雷夫斯能说出这样的话，真的是意义非凡。

20 世纪 60 年代，德雷夫斯的设计大获成功，其中最具代表性的就是霍尼韦尔圆形恒温器和 500 型电话机。同事们都称他为美国工业设计的“意识先驱”。然而，十年之后，他的显赫地位开始动摇。我们的世界已不再一如从前。普通百姓对于新产品的需求程度开始下降；战后繁荣也已消失，不再需要更多的制造商加入研发全新产品的行业中来。像德雷夫斯这样的设计师，社会对他们的需求越来越少，其设计动力也越来越低。此外，随着行业的发展，他们越来越倾向于推出新的款式，以迎合消费者的奇思妙想。因此，源自 20 世纪 30 年代的四大设计公司的优势地位逐渐减弱了。到了70年代，仅在美国就有成百上千家公司在相互竞争，很多工业设计师都想走捷径，只做一些修饰性的设计，客户想要什么，他们就设计什么。面对这样的竞争，德雷夫斯和多丽丝所秉承的严谨作风、为工作室树立的谦逊信条，最终变成了一种软弱，一种无法应对变化的迟钝。原本蒸蒸日上的工作室沉寂了许多。德雷夫斯培养的接班人尼尔斯·迪夫里恩特曾经说过："很多东西太保守了，没有将设计潜力转化为产品的生命力。我想这或许就是我不满的根源，我们只是在解决问题，实际上我们并没有努力地再上一个台阶，赋予产品真正的生命力，使其具备卓越的品质。"[28]

1972年，德雷夫斯仍然希望得到媒体的关注，仍然常常会因为生活中的种种设计缺陷而不开心。就在这时，畅销杂志《纽约》的创始人之一米尔顿·格拉泽交给他一项任务，为市区街道设计更好的路标。德雷夫斯找到了好朋友、《工业设计》(*Industrial Design*)杂志的编辑拉尔夫·卡普兰，希望同他一起以文章的形式发表自己的设计。后来，德雷夫斯和多丽丝去了夏威夷度假，其间多次给卡普兰寄明信片，询问文章进展，卡普兰却一直在拖延。"我不知道他为什么这么着急。他说，'我们得抓紧，时间不多了'。"卡普兰告诉我，[29]"我说，'我们有大把的时间呢！'"卡普兰知道多丽丝得了肝癌，不过德雷夫斯没提过。当然，他也没有把自己和多丽丝的约定告诉任何人。1972年的一个晚上，多丽丝穿上了最好的晚礼服，德雷夫斯穿上了定制的棕色燕尾服。他们带着一瓶香槟和两个酒杯，走进车库里的棕色梅赛德斯，就像要去参加聚会。他们发动汽车，打开香槟，举杯，细细品味，然后悄然入睡，再也没有醒来。德雷夫斯离开了，离开了这个越来越不需要他的世界。

史蒂文斯首次界定了心理物理学，阿尔方斯·查帕尼斯创立了人体工程学，在这之后的70年里，这些学科不断演变、发展、分化，有了新的名字，应用于新的领域。这就有了后来的"人因工程""人机交互"，当然还有“认知心理学”。20 世纪 70 年代末，唐纳德 · 诺曼受命研究三里岛事故，从此成为认知心理学领域的主导人物。这些学科背后的理念缔造了我们今天所说的用户体验设计。唐纳德 · 诺曼用这个术语来指代一种思维转变，即从设计对象转向其周围的人和物。德雷夫斯觉察到这种新范式背后隐藏的东西：我们生活中的产品在设计过程中，必须考虑到我们的局限性、弱点和错误，能够为我们服务，否则我们就不会感到满足。

看到人类本来的样子，而不是他们该有的样子，这是 20 世纪一项伟大的意识转变，然而并没有得到足够的重视。这种世界观对启蒙运动时期人们坚信的“人类的推理无懈可击”观点进行了赤裸裸的驳斥，让我们不再认为人类的思维运作能像钟表齿轮一样精密。相反，我们将思维视作一个奇妙的装置，我们非常欣赏它，但也会常常误解它的内部运作。在这个时代里，“用户友好”一词首次出现，行为经济学也同时诞生，这并非偶然。直到 20 世纪 70 年代，行为经济学领域才出现了一系列震撼人心的研究，证实了我们的思维有多么浅显，我们在理解世界的征途上走了多少捷径。用户友好也好，行为经济学也罢，二者最重要的共同之处就在于，承认我们的思维永远是不完美的，正是这种不完美造就了真正的我们。由于接纳了人类的局限性，我们也逐渐认识到，机器要为人服务。唐纳德 · 诺曼在其早期文章中曾多次提到阿莫斯 · 特沃斯基和丹尼尔 · 卡尼曼的开创性著作，该著作为行为经济学奠定了基础。与此同时，现代神经学研究发现，我们的大脑也并非像钟表那样，各个部分功能齐备。相反，它是由很多独立单位经过进化和适应拼凑在一起而形成的。20 世纪 80 年代，人类被视为其所有弱点的总和，这一点也不奇怪。

用户友好只是我们周围的事物和我们的行为方式之间的相互契合而已。我们或许以为用户友好的世界就是创造用户友好的东西，而事实上，设计并不仅限于人工产品。就像我的搭档罗伯特 · 法布里坎特说的那样，这取决于我们的行为模式。在新产品的设计过程中，所有的细微差别都可以归结为两种基本策略：一是找出导致我们痛苦的原因并努力消除它；二是强化新产品的优势，使其简单易用，成为我们的第二天性。制作新产品，最可靠的材料不是铝或者碳纤维，而是行为。[30]

第四章
对智能机器的信任

2016 年是自动驾驶汽车进入主流媒体的突破之年。同年 1 月，我们开着奥迪 A7 向东驶过圣马特奥大桥，在车流中穿行。开车的是这台车的制造工程师之一，我坐在副驾驶座，另一位工程师坐在后座上，用笔记本电脑监控着汽车的运行状况。这里聚集了当地多个科技园区，随着下班高峰的到来，交通变得越来越拥堵。当天天气晴好，非常适合驾驶，半岛中部地区通常都是如此。我望着车窗外旧金山湾那平静的水面，淡淡的绿色与湛蓝的天空交相辉映。后座的工程师大声告诉我接下来会发生什么，我看到汽车中控台开始闪烁，同时开始倒计时："自动驾驶模式将于 5 分钟后启动。"作为首批体验无人驾驶的非奥迪公司人员，我紧盯着计时器，等待着未来科技的到来。

A7 标价从 6.8 万美元起，属高档车定位，但在硅谷人人持有股票期权的消费群体中，却没有足够的吸引力。我看着周围其他车辆里的司机，知道他们对前方将要发生的一切一无所知。5 分钟过去了，方向盘上有两个按钮开始闪烁，表示可以按下操作。该设计源自美国的核导弹系统，其中有一处需要同时转动两把钥匙，以免发生错误。工程师驾驶员按下两个按钮，挡风玻璃下沿有一排亮起的 LED（发光二极管）灯，从橙色变为蓝绿色。

就这样，汽车开始自动驾驶。

工程师双手离开方向盘，放在膝盖上，露出了开心的笑容，好像在说："尽情尖叫吧，我早就习惯了。"果不其然，我得承认，我是真的叫出声来。方向盘往后一缩，开始自己左右转动，沿着车道调整方向，其精准程度简直不可思议。前一刻，我还有点害怕，之后马上放下心来。这无异于用强大的事实说明，在这场人机接力赛中，具有划时代意义的事情发生了。

正在我们聊天的时候，前方一辆车突然急刹车，尾灯亮起。我本能地向前看去。我能感觉到汽车做出的决策是换道，开始往侧面打方向盘。而此时我用余光隐约感觉到左侧有一辆车正在驶进我们的盲区，会挡我们的路。我的第一反应就是爆粗口，可奥迪车却不急不慢地退回原来的车道，并缓缓刹车，以免追尾。坐在驾驶位的工程师仍然面带微笑，双手放在膝盖上。

整个过程原本特别惊险，甚至让人害怕，而汽车自己做出了决策，其速度之快，根本没有给你细想的时间。一切都那么平稳顺利，你无从质疑。汽车司机还在微笑着，表情没有任何变化，我问他刚才的情况，要是他该怎么处理。他又笑了笑，这次笑得比较走心，露出了两颗牙齿，好像在说他无法回答。根据法律规定，试车时，即使汽车自动行驶，驾驶员也要时刻保持警惕，随时准备接管。所以他要像个机器人一样，几乎一动不动地目视前方。法律的更新根本赶不上汽车性能的提升。（2019 年，欧版奥迪 A8 有了"交通拥堵驾驶系统"，允许一定条件下汽车自动驾驶，但由于美国联邦法律和各州法律之间存在冲突，该系统无法在美国推广。[1]）负责监控的工程师大声说道："前三分钟，你一定在想，太刺激了，这就是未来！之后你又会觉得好无聊啊。"我们都笑了。然而，能让驾驶员无聊，这本身就是一项壮举。无聊意味着放松，而不是恐惧，不管发生什么状况，即使从没经历过，也丝毫不紧张。

如今，有关无人驾驶汽车的新闻比比皆是，但人们往往忽略了汽车的行驶距离和行驶速度。市面上多款汽车具有一些自动化性能，比如自动泊车、事故预防转向，以及躲避障碍刹车等。仔细看看，你就会发现这些功能有时会让人非常尴尬。YouTube（油管）上有一段 2015 年的搞笑视频，点击量超过 700 万。视频中，在多米尼加共和国的一家汽车专卖店里，一伙人对沃尔沃进行功能测试，因为自 2011 年以来，沃尔沃一直宣传，其品牌汽车配备行人防撞系统。要真是这样的话，简直太神奇了。你可能看不清驾驶座上那位倒霉的司机，但我们可以想象得到，他准备猛踩油门的时候，眼睛睁得大大的，激动得汗毛都竖了起来。前方站着一个穿粉红衬衫的人。由于紧张，他身体前倾，既担心又兴奋。司机开始加速……汽车直直地撞向了粉红衬衫，他像个布娃娃一样倒在了引擎盖上。镜头一阵天旋地转，大家谁也顾不上了。原来这辆车的车主并没有购买该系统的服务包，所以汽车就直接撞上了这位勇敢而愚蠢的以身犯险者。[2]

2015 年底，自动驾驶汽车再度走红，特斯拉花了 2 500 美元进行软件更新，承诺为客户提供一项新的“自动驾驶”功能。网上出现了很多精彩视频，主要都是一些不成功的案例。其中一条题为“特斯拉自动驾驶，险些让我丧命！”，视频中看得出驾驶员相当紧张，应该是第一次慢慢地把手从方向盘上移开。他的恐惧是有理由的。汽车无法识别导向车道线，转向了迎面而来的车辆。万幸的是，他及时抓住了方向盘。[3]

无人驾驶汽车不会一蹴而就，它们会在不经意间来到我们身边，向我们诉说之前所有的设计，绝对算得上一项成就。它们的成功并不仅仅依赖于工程学，更依赖于我们人类。车上多了个新按钮，即使我们从来没有用过，也能猜出它的功能。我们信任它吗？里面肯定是包含技术因素的，功能猜对了，并不代表技术理解了。这就是那辆奥迪上市之前的很多年里，至少有几十款无人驾驶卡车和汽车穿梭于美国各地的原因。[4]更大的挑战在于运用这些技术制造让我们信任的东西。在那些吐槽特斯拉的视频中，驾驶员并不了解哪些功能是汽车没有的。技术人员和特斯拉粉丝们很快就开始指责上传视频的人。难道他们什么也不懂吗？60年前，美国空军就已经不再将飞机失事归咎于飞行员的失误，而60年后，我们却将汽车设计拙劣造成的问题归咎于驾驶员！特斯拉视频里的那些人，一个个心惊胆战，责任在他们身上？不！这是设计的问题。一件产品如果设计完善，就会变得很神奇，就算你从来没有用过，似乎也能知道它会如何运作。这个过程需要我们综合一系列的法则，包括之前见过的，从二战、三里岛，以及其他地方，当然还有从其他事物中总结出来的，等等。秘诀在于，我们会相信他人，机器只有达到类似的程度，我们才会信任它们。

*

如何让驾驶员信任我坐的这辆A7呢？负责这项研究的是布莱恩·莱斯罗普。大众集团有一间电子研究实验室，知道的人并不多，他是这里用户体验组的负责人。说起自己的工作，他的口吻平淡无奇，让我们想象不到他在未来生活的研究上倾注了多少精力。[5] 莱斯罗普是一名专业的心理学家，出生并成长于加利福尼亚，他身材魁梧，一头短发，一副军官形象。他讲话非常严谨，具有典型的科学家风范。同时，他还是发明家，与他人合作，申请了多项专利。这些专利对自动驾驶汽车具有决定性意义。

15年前，莱斯罗普在Monster求职网上找到了这份工作，不过他能为大众做点什么，就连招聘者也不甚了解。当时这里有15名工程师，莱斯罗普来到以后，大家都以为他是第16个。上班第一周，他们派给他一些焊电路板的活儿。莱斯罗普，这位跟阿尔方斯·查帕尼斯和唐纳德·诺曼一样的认知心理学家笑了笑，开始研究电路板。用他的话说，他来到了蛮荒的美国西部。“这里好坏并存。”他说，“坏的一面是没人会为你指引方向。好的一面也是没人会为你指引方向。”

最后，莱斯罗普开始致力于几款概念车的内部设计，概念车是大众对未来汽车的梦想和构思，会在车展上展出。他注意到，当时的汽车内部有很多设计可以说是荒谬至极。辉腾，大众顶级轿车，莱斯罗普第一次坐进去的时候，他数了一下，一共有70个不同的旋钮。于是，他开始思考，怎么才能把相应的功能合并到一起，去掉这些旋钮呢？他发现很多旋钮都是用来辅助驾驶的，作用并不大。他想，为什么不把它们一起放到触摸屏上呢？

当时是2010年前后，自动驾驶汽车刚开始出现。斯坦福大学的一个研究小组组装出了一辆自动驾驶奥迪车，参加传说中的派克峰（Pikes Peak）山道赛。人人都能看出，自动驾驶汽车的前景一片大好，他们不能在实验室里花费太长时间。碰巧，莱斯罗普关注的也是这个问题。他在NASA（美国航空航天局）小试牛刀，尝试研发飞行员头盔显示器。这项工作向现代世界提出了一个基础性的问题：如何实现飞机操控在人机之间的相互转换？

莱斯罗普已经知道，90%的飞机事故不是因为飞机故障，而是因为飞行员不明白飞机在做什么。他考虑了自动驾驶汽车会发生的各种状况，心想，天哪！“我发现，我们会遇到同样的问题，但是问题的数量要多出一万倍。”[6]在飞机上，你每飞行16小时，可能会遇到一点危险，但是在汽车里，你每秒钟都有可能撞车。不仅如此，你的司机朋友们并没有拿出大量精力来接受安全驾驶培训。没有人付钱，让他们保证别人的安全；也没有人付钱，让他们在高峰期不要忙着化妆打扮，或者阅读邮件。莱斯罗普心想，2010年，会有多少个有航空背景的人加入自动驾驶汽车行业呢？据他所知，他是唯一一个。

2016年，我们第一次见面时，他已经研究自动驾驶汽车多年，全球超过他的人寥寥可数。他选择这一领域，得益于另一位人因工程学家阿萨夫·德加尼的著作《驯服哈尔》(*Taming Hal*)，书名中的“哈尔”喻指斯坦利·库布里克的电影《2001太空漫游》中的那台杀人电脑。书的封面上还画着超级电脑哈尔9000醒目的红眼睛。在这本书里，德加尼利用各种物品，从闹钟到微波炉再到飞机，阐述了自动化的发展历史，以及我们在这方面所走的弯路。虽然闹钟与具备感知能力的人工智能似乎相去甚远，但德加尼却对哈尔 9000 的含义做了更加广泛的延伸。《2001 太空漫游》中有个片段，机组人员对哈尔的建议产生了怀疑，躲进隔音的房间，商量着要把哈尔关闭。哈尔的红眼睛一眨不眨地盯着他们，读取唇语。哈尔知道了机组人员的计划，决定先发制人。德加尼描述了驾驶舱和控制面板发生故障的具体细节，并同时说明我们如何才能创造出似乎永远不会有主见的机器。[7] 读过这本书后，莱斯罗普得出了自动驾驶汽车的“三加一”设计理念，该理念后来成为他事业上的指导思想。

之前，我们谈到过三里岛事件，导致这场灾难的就是控制面板，上面有无数个按钮，它们功能各异，到底有什么重要作用，使用者完全摸不着头脑。这就说明，要想对机器的运作模式建立心理模型，你需要为其设计一个易于操控的界面，每种行为所表达的含义要统一，并且运行良好，要有反馈。我们可以看到，即使最简单的页面也包含这些原则，上面的按钮，要通过点击提示或者大大的红点告诉用户它已经被按下了，它所指代的行为已经真的完成了。无论是核反应堆、手机应用，还是面包炉按钮，问题的关键永远是让用户知道该做什么，然后再告诉他们运行状况如何。这跟莱斯罗普的“三加一”理念是一样的。

自动驾驶汽车要秉承三项原则以及一个前提：第一个原则，我们需要知道汽车处于何种模式，是否在运行自动驾驶。这或许会让你想起有关界面设计最早的规律——大多数坠机事件都是由模式混乱造成的。最先发现这一点的是阿尔方斯·查帕尼斯和保罗·费茨，他们曾经调查过二战飞行员错把襟翼当成起落架的问题。第二个原则，莱斯罗普称之为“咖啡溢出”（coffee-spilling）原则：无人驾驶汽车接下来会怎么做，我们需要预先有所了解，以免感到突兀，甚至惊慌失措。第三个原则，我们需要知道汽车看到了什么，这也许是建立信任最重要的一点。最后，也就是莱斯罗普公式的“前提”：由于自动驾驶不单单涉及用户，还涉及人机交互，所以在汽车和驾驶员的控制权转换过程中，要有绝对清晰的过渡。

就拿这款奥迪 A7 来说吧，试车驾驶员开车上路，然后让电脑接手驾驶，短短几分钟内，所有这些原则全部完成。整个过程非常紧凑。汽车开始自动驾驶后，挡风玻璃边缘的灯亮起，变色，告诉我们控制权已经发生了转变，谁在驾驶非常清楚，控制权在人车之间的过渡也很清楚。后来，汽车变道时，会有倒数计时，表明它接下来的举动。整个过程中，控制台上的屏幕都会显示我们周围的所有车辆，这样我们就知道汽车像我们一样，能看到周围环境中的每一处细节。

未来几年里，人机合作将进一步发展，我们与机器之间的关系也必然会发生演变。机器不光要为人服务，还必须赢得我们的信任，这种信任的建立方式将是非常微妙的。

工业设计和品牌推广公司 fuseproject 的设计师曾经发明了一套为老年人肌肉赋能的衣服，让我们看看他们发现了什么。这是一套紧身连衣裤，大腿和背部安装了许多六角形“豆荚”，看上去就像是为进取号星舰船员设计的内衣。这些“豆荚”实际上是驱动器，其工作原理就好比额外为使用者增加了一组肌肉，当使用者需要在它们的帮助下完成某些动作，比如从椅子上站起来时，它们就会启动。[8]

这套服装还旨在解决一个更加广泛的问题，即发达国家的人口老龄化。未来的几十年里，越来越多的老年人将有可能独自生活，事实上，之后的情况也的确如此。然而，这个项目吸引投资者的地方在于人工智能的魔力：利用传感器探测使用者肌肉发出的电子信号，“豆荚”能够随时预知使用者的动作意图，且时间点几乎能与使用者的意向同步。服装原型出炉之后，设计师们开始亲自测试，这时问题出现了。“如果人一动，衣服就接手控制权，那么它所起的作用无异于加速人的衰老过程。”fuseproject 的创始人兼首席设计师伊夫·贝哈尔说，“它留给人们的控制权越来越少。”感觉就像一套衣服控制了你的动作，整个人成了提线木偶。更糟糕的是，假如衣服出错了，误以为你想做什么，并且采取了行动，整件事成了乌龙，又会怎么样呢？“如果出于某种原因，它做了你不希望它做的事情，你就不会再信任它了。”贝哈尔说。这套衣服可能会让人更加觉得，使用者正在失去对生活的主宰。不仅如此，它还会失去使用者选择它所必需的信任。这样一来，这项产品就完蛋了。

问题是，在没有屏幕引导的情况下，如何让使用者觉得一切尽在掌握。解决方法就是设计一种新的交互方式。当衣服探测到用户的动作意图时，相关驱动器就会发出轻微的嗡嗡声。这时，用户只需要将手放到驱动器上就可以了。比方说，人在坐姿状态下身体前倾，大腿的驱动器就会发出嗡嗡声。如果人把手放到大腿上，驱动器就会响两次，告诉你接下来的动作，然后启动。就像那辆奥迪，它会提示它要做什么，并要求你来确认，明确你的意图之后，它会再次提示。但是这样的设计只是给已有的行为配上级联式的反馈，比如站立之前，你会习惯性地将手放到腿上。行为成了设计素材，这就是个很好的例子。从中我们还会发现，仅仅根据我们的行为模式来重新调整机器还不行。无论为肌肉赋能的服装、自动驾驶汽车，还是人工智能助手，任何一项技术，只要让我们放弃自己原有的动作，都需要了解我们的习惯。这些设计必须把握怎样做比较合适、妥帖，或者起码让用户满意，只有这样，才能赢得用户的信任。虽然以礼相待似乎没那么重要，但在设计过程中必须要考虑，因为用户在使用过程中会真真切切地体验到。

*

20 世纪 90 年代中期，社会学家克利福德·纳斯发现了有史以来人机交互领域最奇怪的现象。近 20 年来，纳斯一直在研究我们对电脑的看法，不光是我们怎样使用它们，还包括我们的感受。他设计了一种新实验方法：他和同僚翻阅了社会学和心理学的历史资料，找到了一些关于人类交互方式的论文，仔细审视其他研究人员是如何将人与人之间的互动拆分开来进行研究的。然后他会考虑，假如将其中一人换成电脑，我们应如何观察其交互情况。[9]

纳斯对礼貌问题特别感兴趣。虽然乍一看，这是个很抽象的话题，但却是可以量化的。想象一下，你正在教人开车。你问学生你的表现如何。假如要测试礼貌程度，你只需要将对方的回答，直接与别人问你同样问题时你所给出的答案进行比较即可。这种差异可以用来大体衡量我们当面批评别人的时候自己的克制程度。纳斯想知道人类是否也会以同样的方式对待电脑，与生俱来的礼貌意识是否还能起作用。

结果证明，人们对自己熟悉的电脑真的会更好一些。首先，他让测试对象在电脑上执行一些简单的任务，之后让他们对电脑的软件设计进行评分，其中一组使用的是自己的电脑，另一组使用的是陌生的电脑。结果表明，使用陌生电脑的人在评估原始计算机程序时要严厉得多，而对自己的电脑则会宽容一些。所有测试对象都没有意识到这一点；事实上，他们说自己从来没有考虑过要对机器以礼相待的问题，可他们的表现完全一致。[10]

经过几十项实验，纳斯发现了很多奇怪的点：一项实验中，如果电脑不断地对他们表示赞扬，他们对电脑的态度也会更加积极。即使有人告诉他们，这种赞扬毫无意义，他们依然如此。另一项实验中，他让两组人分别佩戴蓝色和绿色袖章，给他们的电脑屏幕边框均为绿色，结果戴绿色袖章的小组对他们的体验评价更高。与他经常合作的巴伦·李维斯曾经在《纽约时报》上提到，“人人都觉得电脑是工具，是锤子和螺丝刀，毫无生命力可言。而克利福德却说，‘不，这些东西会说话，和你息息相关，带给你这样那样的感受’。”[11]

纳斯指出，我们的大脑经过进化，能够应对两种基本类型的体验：物质世界的和社会生活的。电脑是两种类型的全新结合，而一开始，我们会以为它们属于物质世界。但是它们会与我们互动，让我们参与其中，带给我们烦恼和愉快的体验，我们不得不将其视为社会活动者。这样一来，我们不禁会认为，它们会遵守文明社会的准则。[12]

与莱斯罗普交流，听他讲述多年以来的研究和对每一个细节的关注，人与电脑的关系似乎已经复杂到了滑稽的程度。但事实证明，我们可以采取一种更基本的方式来构建对机器的期望。这种方式我们更加熟悉，也更容易把握：我们对机器的期望和对现实人类的期望，二者可以达到惊人的一致。

想想看，开车途中，遇到红灯，这时你拿出手机查看信息。我们都知道这样不对，但大多数人还是会这样做。如果是一个人，你不会考虑太多，可假如身边有朋友在，她会及时提醒你："小心看路！"或许你会抗议，觉得自己看着呢，心里有数。而你的朋友却并不知晓，她会觉得很危险，因为她预测不到你接下来的行动，也不知道你已经获取了她所观察到的所有信息：有什么人在过马路，红灯变了多长时间，刚刚旁边有车停下，等等。不管他们有多了解对方，当人们面临共同危险时，总会不断地确认谁知道什么，下一步要做什么。

机器也一样。汽车也需要告诉驾驶员和乘客它觉察到了什么。为了解决这个问题，奥迪 A7 将自己"看到"的周围环境用地图的形式呈现给你：画面简洁直观，道路上的其他车辆都会显示轮廓。这样的信息似乎没什么特别的，毕竟，上面的内容非常粗略，你只要往窗外一看就能看到。可事实上，这是在告诉你，你看到的，汽车也看到了，然后它会告知你它要做什么。屏幕上会显示汽车的下一步操作，比如左转，还有倒计时。听起来很简单，信息量虽然不大，却能让你觉得你在坐车，而不是被车挟持。你会从中获得安全感，就好比你坐在车里，环顾四周，发现驾驶员双手握着方向盘，目视前方，你马上就会放下心来。驾驶员会通过打转向灯来确保盲区安全。我们会不断观察周围的人，看他们是否看到了我们的意图，猜测他们是否了解我们所掌握的信息。假如对方是一辆正在自动行驶的汽车，或是一台旨在为我们提供帮助的机器，我们的期待也会如此。我们与之交流，就好比跟信任之人对话。

20 世纪伟大的语言哲学家保罗·格莱斯定义了这一领域，在他看来，人机对话秉承着不言而喻的合作规则。他把这些规则做了整理，总结起来就是诚实、简洁、切题、明确。[13] 这几点也同样体现了以礼相待。讲礼貌意味着双方要遵循对话规范，不加题，不跑题；了解自己的交谈对象，把握对方的认知内容。把自己的观点强加给对方，误解对方的身份都是不礼貌的。这些规则恰好与唐纳德·诺曼提出的设计原则，以及布莱恩·莱斯罗普设计自动驾驶汽车奥迪 A7 的指导原则不谋而合。

我们可以顺着这个思路来看一看以往最差的软件之一：Clippy，一款具有动画效果的 Office 助手，每次你使用 Word，它就会弹出来。Clippy 不清楚自己的位置，也不知道你的意图。只要你打上"亲爱的"，它就会跳出来说："你在写信，需要帮忙吗？"不管你之前回复多少次"no"，它还是会跳出来。如果你问它问题，它的回答也是风马牛不相及；就算你换个问法，它也只会重复同样的答案。Clippy 从来不知道你是谁，你怎么工作，你有什么喜好。最糟糕的是，尽管 Clippy 一点用都没有，它却一直在扬扬得意地微笑，让你觉得自己受到了嘲弄。Clippy 是非常不礼貌的，不礼貌的机器比不能用的机器更加令人讨厌。人要跟电脑对话，就要信任这台机器，那么其设计过程就要符合这样的逻辑：机器不光要迎合人的需求，还要纳入我们的社会结构。事物该如何表现，有一定的文化属性。正如克利福德·纳斯一直倡导的那样，"人们希望电脑的表现能够跟人一样，如果技术无法按照社会约定俗成的方式回应人们的要求，人们就会气愤不已"。[14]

不管是对话原则还是界面设计原则，目标都是以容易遵守的方式来交流。所有互动都建立在反馈的基础上，这样双方才能知道达成了一致。有的时候，比如核反应堆的控制面板上，这种反馈就是一组指示灯，告诉我们刚刚完成的操作的确符合我们的意图；在社交活动中，我们的交流对象会无意识地通过肢体语言提醒我们交流是否顺畅，这就是反馈的形式。无论我们是与人交流还是与机器交流，我们的目标都是形成对世界的共同理解。这就是隐藏在礼貌对话原则和用户友好型机器运作原则背后的重点。

*

在我试驾奥迪自动驾驶汽车几个月后，在一个空旷的停车场上，大众汽车的用户体验研究人员想看一看，面对自动驾驶汽车，行人会有什么样的反应。按照以往的判断，人们肯定会害怕。年轻的项目负责人埃里克·格拉泽指出："除非你亲自站到有自动驾驶汽车的马路上，否则你体会不到他们的感受。"为了完成实验，他们连夜搭建了简易的十字路口，有停车标志、人行横道和行车道，外面还搭上了大大的帐篷，来控制光线。路口不远处停着一辆奥迪 A7，车窗贴了深色车膜，没人能发现车里没有司机。参与实验者只要觉得安全，就可以过马路。

当时，在这群研究自动驾驶汽车的高手中，很少有人深入思考过这个问题。极端情况下，你能想象到一些可怕的场景，比方说，汽车行驶很不稳定，人们屏住呼吸，一口气冲过十字路口。但是奇怪的事情发生了。"我以为人们会很保守，"格拉泽说，"可他们真的很大胆。"他们看到自动驾驶汽车以后，轻轻松松地走到前面。真不明白他们的心怎么这么大，可能是因为汽车上有很多外部显示区域，其中一个会告诉行人汽车在做什么。那是一个 LED 窗口，上面的图标会提示人们可以通过。一排 LED 灯会显示行人的通过情况，表明汽车能够看到他们，就像你可能会与司机对视，来确保对方看到了你。结果，尽管格拉泽花了数百小时精心设计所有细节，却没有引起任何人的注意。相反，人们对这辆车很信任，因为汽车的表现，让人们感受到了尊重，被社会所认可。那一刹那，人们能够看到汽车会在适当的距离逐渐停下来，就像有人驾驶一样。汽车会在停车前减速，说明它看到了你，不会突然加速。不管谁在车里，那人一定不是个会开车撞人的疯子。"这辆车的驾驶行为实际上是自身的人机交互，"格拉泽说，"事实证明，汽车的个性要靠设计来实现。"[15]

我们身边所有事物的行为方式都会遵循一种文化，这是普遍事实，而汽车恰好就是一个例子。这种观点提供了两个选项。一是不惧危险，忽视它的存在，就像特斯拉一再表现的那样。飞速前进、打破常规，意味着更容易取得技术进步，不过这种进步只是一种错觉，因为不管什么东西，第一次尝试就失败了，人们以后就再也不会选择它了，这是人的天性。二是，我们可以认识到，我们能舒适地面对未来的关键在于将我们在不加思考的情况下使用各种设备的细微差别进行映射。比如，我们意识到，一辆汽车停靠路边的方式是一个完全独立的界面。我们可以通过观察人类把东西做得更加人性化。仪表盘光是好用、易读还不行。虽然我们不需要仪表盘个性十足，但它也要有自己的风格特点。它可以是简洁的、信息丰富的，抑或是功能强大的，具体要视情况而定。“我们正在推进这项技术，”格拉泽告诉我，“我们会填补这项空白。不过在这个过程中，我们需要支持。”之后他给我举了个例子。

回到实验室，几位工程师和项目经理要展示一个新的理念。“现在我们要给你看一些特别的东西！”格拉泽宣布。他非常年轻，与很多其他面无表情的德国人相比，他看上去像个实习生：稚嫩、认真，穿着牛仔裤，下巴上的胡子有可能是从大学高年级开始蓄的，已经好几年没有剃过了。就像他的老板布莱恩·莱斯罗普一样，他似乎已经为这份事业规划了很多年。在卡内基–梅隆大学读书期间，他参与设计了一个带有日程安排功能的机器人：帮你拿零食的时候，它会检测你选的食物，并试图劝你做出更健康的选择——“又是饼干，嗯？”它有个 LED 显示屏，能够做出微微皱眉的表情来表示自己的判断。格拉泽面对的是同样的挑战：怎样才能制造出一个不会让人崩溃的智能机器人？

车库的一边有个大大的东西，体积跟长沙发差不多，上面蒙着黑布。一位助手轻轻地卷起黑布：哇！仪表盘和方向盘的模拟器。“这是我花了一整晚搞出来的设计原型。”格拉泽红着眼睛说，一副疲倦不堪的样子。这个方向盘历时一年半的时间才开发出来，几个小时前刚刚安装在模拟器上。这不仅是一款新设计，也是从全新的角度喻指了我们同汽车之间的关系。该隐喻经过了几十年的时间才来到这里，来到这个实验室。

20多年来，NASA的研究人员一直在酝酿一个想法，自动运行的机器和想要接管机器的人类，二者之间的交互类似于马背上的人拉着缰绳。[16]缰绳拉紧，控制权就到了人的手里；缰绳放松，马就凭自己的感觉走。通过观察马的耳朵、姿态、行走动作，你能看出你在驾驭它。你很确定，不管你是否有控制权，马都有自我保护意识，不会让你陷入险境，比如掉落悬崖。问题在于人和飞机如何才能如此优雅地交接控制权呢？莱斯罗普想，能不能制造出不会被迫发生灾难的机器呢？换句话说，能像马一样运行的机器。你骑在马上，就算完全放开缰绳，马也能感觉到你做了什么，然后利用自己的眼睛和本能前进。莱斯罗普发现这个比喻不那么恰当，但它映射了我们需要发明的东西。马有眼睛、耳朵、触觉，车也同样需要：通过安装感应器来观察你的眼睛，看你是否精力集中，判断你是否手握方向盘，或者脚踩踏板。[17]

经过多年研究，工程师们刚刚展示的方向盘终于诞生了。我坐在临时驾驶座上测试了一下。起初，感觉它跟普通方向盘没什么两样。不过当我把手拿开时，它向后退了七八英寸，刚好退到我能触及范围的边缘，这样我就知道驾驶汽车的不是我了。但有一个地方没退：方向盘的中间部分，大概是因为娱乐设备的控制按钮都在这里。它想表达的是：这些功能归你来管，但驾驶功能现在已经归汽车管了。当然，假如我想接管控制权，我仍然可以拉回方向盘，就像拉紧放松的缰绳一样。但是，这七八英寸的距离设计精准，足以让人明确知晓，目前掌握驾驶权的是汽车。

*

在布莱恩·莱斯罗普入职大众汽车集团时，多数人以为，让汽车开启自动驾驶，只要按一下按钮就可以。“我的看法很直接，这是不对的。”

莱斯罗普说。[18] 当然，人们追求操作简单，恨不得一键完成，这本身含义深刻，根植于我们的文化当中。像亨利·德雷夫斯和沃尔特·多温·提格这样的设计师群体，为我们带来了电动洗衣机和厨房电器，让我们觉得这种理想状态是有可能的。提格曾在埃德温·兰德手下工作，他设计了第一台宝丽来相机，将烦琐的胶片冲洗过程巧妙地进行压缩，任何人都能轻松完成，只需一键操作。今天，亚马逊一键购物、雀巢咖啡机，甚至还有姆拉登·巴巴里克的帮助按钮就继承了这种传统。我们希望人机交互力求简洁，通过按钮来实现。但这种想法正慢慢让位于别的东西。

当我们按下按钮时，我们向机器发出明确的指示，允许它们代替我们行事。但从机器的角度来看，指示器是它唯一知道该如何处理的东西，除此以外，一个按钮代表什么？能说明我们需要什么？如果机器像马一样，能感知你的行为，从而判断出你是否仍然掌握控制权呢？如果汽车能感知到你身体前倾或者没有注意某种情况，从而判断出需要它来接管呢？

莱斯罗普想要设计一个世界，一个机器不需要明确指令就能接管控制权的世界。可以肯定的是，这样的世界里，不会有像哈尔 9000 那样拥有自己的思想、会杀人的机器人。更确切地说，存在于这个世界的，是能感知你需求的计算机，而且其感知速度甚至会超越这个想法在你头脑中形成的速度。这是一种憧憬，触摸按钮就是我们的工作。说到底，按钮是什么，不过是一种近似于促使人与人之间、人与自然界之间关系更加和谐的事物。未来，人机控制权的相互转换方式将融入我们的肢体语言，就如同几千年来发生在人与人之间的情况一样。莱斯罗普坚信，触摸按钮的世界即将终结。脸书能分析出我们喜欢读什么，亚马逊能预测我们会买什么，跟它们一样，我们操作起来总是很顺手的机器也会感知到我们需要什么。[19]

不管是奥迪方向盘也好，还是马的隐喻也罢，都是人们假借我们已知如何使用的东西，对事物未来发展的设想。你可能会觉得奇怪，毕竟，在西方，骑过马的人要比开过车的人少得多。但是，这个比喻的强大之处并不在于我们非得亲自去体验。利用缰绳来驾驭马儿，我们一想就能明白，而且我们看过无数电影和电视节目，这种情节也不止一次出现。所以，就算没骑过马，你也能知道缰绳啥样，怎么发挥作用，这足以证明这个隐喻是十分有效的。

对莱斯罗普来说，接下来就要搞清楚，如何赋予机器合理的直觉，了解你的意图，就像马一样。要判断你开车时精力是否集中，汽车就要观察你有没有目视前方、姿态是否保持警觉，感受你有没有手握方向盘，脚踩踏板。只有这些条件都确定以后，汽车才会将控制权给你。如果你的手拿开了、腿伸远了，或者你走神了，汽车就知道该由它来接管了。[20] 我们的汽车已经在悄无声息地朝着这个方向发展，接管一切。如今，许多自适应巡航控制系统会在你睡着的时候自己停下来。它们一直在看着我们。

当我们知道一台机器能感知我们的需求时，我们会觉得很安全，只有这样，我们才会信任它。同时，我们还必须准确地预测这台机器能做什么。对此，我们得建立正确的心理模型。当我们的心理模型与现实不符时，即事情没有严格按照我们的想象推进、反馈回路无法帮助我们理解时，可怕的事情就会发生。我们看到，那些驾驶员不了解特斯拉的自动驾驶功能，他们就录制一些负面视频，比如那条“特斯拉自动驾驶，险些让我丧命！”。或许最尴尬的就是特斯拉将这项新功能称为自动驾驶。通过这样做，特斯拉将自动驾驶汽车该做什么置于用户的头脑当中。他们邀请用户就“自动驾驶”提供自己的想法，然后将其付诸实践。因此当特斯拉的自动驾驶功能与用户的想象存在差距时，悲剧发生了。

5月7日，约书亚·布朗坐在他心爱的特斯拉 Model S 的方向盘前，汽车正在自动驾驶。他是一名退伍海军，曾经效力于海豹六队，负责拆除简易爆炸装置。他是个不怕死的技术狂人，是特斯拉的理想客户。他买这辆车，是因为他觉得特斯拉正在挑战人类的极限。迎面车道上驶来一辆卡车，在布朗前方左转，他似乎没有注意到。而他的特斯拉也没有。这是在佛罗里达，天气温暖，万里无云，阳光照耀下的天空一片洁白，而对面的卡车也是白色，特斯拉没有分辨出来。布朗也没有。特斯拉根本没有刹车，直接向卡车撞去，冲进了卡车车底，车顶被剐掉，布朗当场死亡。[21]

事故发生仅几周之后，我从大众公司的宣传车队借了一辆奥迪 SUV（运动型多用途汽车），该款车型采用了奥迪最新的驾驶辅助技术。这或许是市场上奥迪此类车的最后几代之一，类似于我之前看到的原型，之后奥迪就开始推出自动驾驶汽车。这辆 SUV 和约书亚 · 布朗开的特斯拉有着天壤之别。它采用了相同的基本配置，即用于识别车道标线和周围车辆的雷达和摄像头，这样在你启动巡航控制系统后，汽车就能保持在车道内行驶，如果是在公路上，它还会在必要时刹车，与其他车辆保持适当距离。与特斯拉不同的是，这辆奥迪不允许驾驶员的手离开方向盘太久，最多也就几秒钟的时间，否则汽车会持续发出响声，而且响声越来越大。不仅如此，虽然我能感觉到汽车自己在车道上行驶，但并不是一直处于无人驾驶状态。当我把车大约保持在车道中间位置的时候，它什么也不做，只有靠近分道线时，我才感觉到方向盘开始自动转向，慢慢把车拉回来。这次互动体验棒极了，从中我获取了很多信息。自动驾驶汽车能够随时行驶在车道标线中间位置，但它没有，而是让我始终处于专注驾驶的状态。我的心理模型与约书亚 · 布朗对他的 Model S 所建立的心理模型大相径庭。我的奥迪 SUV 一直在提醒我，你在开车，你得集中精力。但我注意到，这辆车监控着周围的一切，它在这方面做得非常好。在高速公路上，一辆拖挂卡车开始转向我的盲点，我的车立刻侧身让过，从而避免了剐擦，然后迅速刹车，让卡车先过。显然，这辆车能在多种环境下自动驾驶：它会看路，会看周围车辆，能应对危险状况。但它并没有把这些功能完全发挥出来。它没有让我手离方向盘，因为它并不能应对所有的情况。我们也是一样。

约书亚·布朗去世一年多以后，NTSB（美国国家运输安全委员会）发布了事故报告。从报告上看，根据特斯拉的设计，其自动驾驶功能使用起来实际上有很大的余地，在行驶过程中，布朗应该始终保持专注。[22]换句话说，问题出在驾驶员身上，有力回应了二战期间保罗·费茨调查的所有由"飞行员失误"导致的飞机失事，以及那些指责飞行员的工程师。情况跟原来一样，因为到最后我们都知道要指责用户，这是最令人欣慰的做法，因为这意味着至少我们需要做出改变。让我们来看看近期的两个例子：在亚利桑那州，一辆优步无人驾驶汽车在夜间驾驶时撞死了一名行人；在夏威夷，一次例行演习中，一名倒霉的员工向数万人发出了核导弹警报。

2018 年 3 月 18 日晚，在亚利桑那州坦佩市，一辆优步无人驾驶汽车以每小时 40 英里的速度撞死了过马路的伊莱恩·赫兹伯格，在这之前，优步曾花了几年时间在开阔路段测试其无人驾驶汽车。[23]一周后，坦佩警察局局长表示，她怀疑责任不在优步。[24]第二天，我从手机上看到了这样的新闻标题：无人驾驶车事故遇难女性有可能是个无家可归者。结论很明显：也许是死者的错，无家可归者就容易这样。这种说法本来或许还站得住脚，不过很快出现了视频。视频中清楚地显示赫兹伯格过马路时，汽车开了过来，车头灯的强光打在她身上，而车根本没有减速，直接撞向了她。接下来的一段时间里，优步暂停了无人驾驶汽车服务，后来又悄悄恢复了。

在夏威夷，一个外泄的屏幕截图表明，员工只要在下拉菜单中选择一项，就能在全州范围内发送核攻击警报。设计界一片哗然。唐纳德·诺曼曾在推文中指出，这个界面少了一项关键功能——确认指令是否真的符合用户意图。[25]然而，它的提示语却异常温和："确定发送警报？"该员工点了"是"。（想象一下，如果弹出的菜单能提示用户："确定想要告诉成千上万的人，他们的家人将在几分钟内化为乌有吗？”或者其他有类似效果的语言，结果又会怎样呢？）后来有人说，发生这个错误只是因为涉事员工在演习过程中，误以为这只是一次测试。[26]这样的系统显然太可怕了，几天后，政府似乎只能被迫将其重新设计一下了。但是，由于要追究个人责任，这个说法也就不了了之。

每当出现问题，我们都会归咎于人，这样我们心里会舒服一些。NTSB 调查约书亚 · 布朗的死亡事故之后，也持这样的观点：他的特斯拉发出过指令，而他一直在往前开。显然，他过于相信这辆车的性能，没有意识到它的局限性。但是为什么这辆特斯拉会让驾驶员的信任感超越其实际性能呢？我们要求新技术不仅要达到它们承诺的标准，还要具备我们想象的能力。就算我们以前从来没用过，我们也要求它们按照我们预想的方式来运行。可是实现这一目标意味着我们必须对机器加以设计，以保证机器不会与我们的想象力相差太远。否则，一切将陷入混乱。

智能助手的出现，让这个问题得以及时解决，像亚马逊的 Alexa、苹果的 Siri，以及谷歌的 Assistant。它们都具备理解和回应我们人类语言的功能，因此用户认为，确实可以利用它们来完成一些常识性的工作。然而，很多事情是超出它们能力范围的。跟朋友说，“明天 6 点老地方一起吃晚饭”，大家都明白你的意思。把同样的话告诉你的智能助手，它甚至不知道帮你在日程表上安排时间。虽然它们一直在模仿与人交流，但它们的能力根本达不到。这些小工具可以模仿语言，可是相比我们人类能用语言做的事情，它们还差得远。口头语言是我们最灵活的交流方式，能够清楚地表达我们的所思所想。与人类相比，无论机器理解语言的能力有多强，它们仍然要依赖一系列特性和功能的支持。因此，智能助手的能力范围就处于一个模糊的灰色地带。与之交流仍然要有一个奇怪的翻译过程，不管你想说什么，开口之前都得好好想一想：“嗯，这玩意儿能做什么？我怎么才能把话说清楚？”太烦人了。无奈之下，我们只能逆向组织语言来适应机器。

现在，这些机器常常会提前设置一些玩笑式的话语，巧妙地避免了直接告诉用户：“对不起，我不太明白；说实话，大部分内容我都听不懂。”不过，这些助手已经能做很多事了。比如，Alexa 自称拥有 5 万多项“技能”，包括播放你喜欢的歌曲、帮你完成购物等。可我们如何发现并记住它们能做什么，仍然是设计中的突出问题。今天，唯一的方式就是……阅读每周发来的电子邮件。研究表明，所有购买语音助手的人中，只有 3% 会在两周后定期使用，这样看来也就不奇怪了。[27] 如果你有智能音箱，它可能是你买过的最贵的厨房定时器，而且以后你也不会用它干别的，因为不管它还能做什么，你都很难发现，也不可能记住。对于这一挑战，通常有两种解决方案。一是以设计为主导，简单粗暴：不断强化这些助手的功能，使其最终做到有求必应。可是“等待产品完善”好像说不过去。如果用户没有建立良好的心理模型，了解这个工具能做什么、在他们的生活中扮演怎样的角色，智能助手就永远无法实现自己的承诺。

功能可见性元素是指产品的物理细节，它通过设计实现，提示我们该如何使用。例如门把手精美的曲线造型，提示你把手的拉动方向；按钮上的凹痕，提示你该按哪里。这个概念是由众多设计师推广开来的，其中最著名的或许就是唐纳德·诺曼了。阿尔方斯·查帕尼斯曾将飞机驾驶舱的旋钮和手柄根据功能设计成不同的形状，也预示了这一理念。如今，智能手机和计算机的按钮都通过屏幕来显示，功能可见性也就通过图标、斜面、提示窗口和菜单的形式来体现。[28] 未来世界里，机器感知我们的需求，由我们认为理所当然的隐喻支配，功能可见性必然会进入心理层面。当按钮从我们周围消失的时候，我们的心理模型会告诉我们机器能做什么。如果一辆车有自动驾驶功能，我们对自动驾驶又有一定的认识，我们就已经在期待它按照我们的想法去运行。同样，如果是智能助手，我们也会期待它能完成我们想象中人工智能该做的事情。但是，这些设备往往达不到要求，因为功能可见性元素以往都是一些看得见摸得着的按钮和图标，而现在却由我们对机器运行方式的设想来决定。未来几十年，创建这样的模式将是最大的设计挑战之一。

机器承担的越来越多：我们懒了，汽车让机器来开；我们有事，故事让机器给孩子讲；我们想躺在沙发上看网飞，购物让机器来做。可矛盾点在于，这些琐事原本是要我们亲自上手的，而现在全部由机器代劳，久而久之，我们的能力会不会退化？我们会不会丧失一些人类的基本技能？可以肯定地说，这种担心不是没有理由，我们将在第九章详细来谈。不过，我们或许能乐观一点。布莱恩·莱斯罗普和埃里克·格拉泽在研究无人驾驶汽车路遇行人的表现时了解到，汽车的刹车模式不能太过突兀，这比其他任何交互都重要得多。这个想法源于一次哥伦比亚大学之行，当时我坐在学校的研究实验室里，头上戴着虚拟现实头盔。带我来的是博士后研究员萨米尔·赛普鲁，一位印度移民，本科学习计算机程序专业，到美国进行人脑研究。他第一次离家是去孟买读大学，一路走到现在，每一步都深深影响着他。电影《黑客帝国》给了他灵感。他说："我能感觉到胳膊上汗毛直竖。"在他看来，我们在某种程度上已经进入了'矩阵'所预测的世界，只不过没有那么可怕的幻想而已。有了这些新设备，好比我在实验室里戴的那个，我们似乎已经接受了无缝植入新世界的想法。"矩阵并不遥远，只是没有那个后脑插管而已。"赛普鲁笑着说。[29]

这项模拟能够说明两件事情：一是人工智能可以学习驾驶；二是学习的时候，我们可以教它我们所希望的驾驶方式。赛普鲁认为，所有在硅谷试驾的无人驾驶汽车都有一个问题，虽然它们能学习驾驶，但学习的方式往往不尽如人意。也许它们会刹车过猛，或者变道太快；它们追求效率，但它们的反应、数据处理和警觉意识都远远超越我们，所以出现状况的时候，我们会从乘客席上弹起来，整个人陷入蒙圈，不知道接下来会怎样。

当然，赛普鲁可能有些夸张了。那天傍晚，夕阳在旧金山湾洒下斑驳的光芒，我坐在奥迪车里，它的表现是那样冷静、礼貌，相当出色，没有任何突兀的感觉。汽车的驾驶技术很让人放心，在这方面，工程师们已经尽了最大努力。不过，让汽车彬彬有礼，只是赛普鲁的第一步。他希望汽车能够回应乘客的感受：当你心情烦躁或者赶时间的时候，它会加快速度；当你想要放松的时候，它会选择风景优美的路线。他比莱斯罗普“马”的隐喻更胜一筹。莱斯罗普关注的是，汽车如何感受到你是否精力集中，然后在你走神的时候接管控制权，而赛普鲁则希望汽车像一位礼貌有加的管家，你支付他高额报酬，他能猜到你的突发奇想，你连手指都不用动一下。“假如你有一台机器，事情比你做得好，但行为方式跟你不同，你会怎么样呢？”他问，“你正在创造一种新的生物，你们之间是什么关系？”

那我想问，假如从某种程度上讲，压力和不断改变环境的动力正是人类的本质，又如何呢？我们真的希望生活在一个完全没有摩擦的世界里吗？我们还没有感觉到任何不适，房间温度就已经调整好了。这样一来，我们就会越来越像漂浮的大脑，困在矩阵空间当中，不知道何为真实，不是吗？而且，到时候机器会支配我们的欲望，而不仅仅是揣度，对不对？

赛普鲁并不赞同。“十万年前，树枝间沙沙作响，我们就会紧张。”他说。这种声音有可能演变为悲惨的场景：我们成为老虎的美餐，或者临近部落的战利品。死亡和流血随时可能降临。赛普鲁说，现在，类似的恐惧更有可能发生在我们的聊天室里，当我们坐在办公桌前，和同事们谈论下一步的裁员问题时。“我们的生活会更加舒适，我们会从别的地方寻找动力。”

他拿出的证据是 iPhone，以及改变世界的触屏。施乐帕克研究中心的计算机专家们大约早在 iPhone 问世前 30 年，就已经想到要发明一种不带键盘的设备，你只要在上面点击，就能达到自己的目的。其理念在于，假如我们更自然地使用双手，那么我们目标实现过程中的障碍就会更少。我们不需要去研究如何使用电脑，我们一上手，电脑就能了解我们的意图。

有了 iPhone，赛普鲁说：“你更接近自己想做的事情，也更接近作为人类的意义。”

第五章
隐喻的作用

人不会为自己创造一门新语言，起码明智之人不会。

——法官约瑟夫·斯托瑞在最高法院关于现代美国专利法的一项裁决中的判词

GP 区皮坦普拉是德里最古老的贫民窟之一，3 万居民住的都是棚屋。搭建棚屋的砖块是捡来的，地面是泥土的。这里的外来人口都来自印度农村。要是一个男孩打电话给住在这里的姨妈、表兄或者发小，对方就会告诉他，可以到这里来住，这里地方不大，也就几十户人家，住的都是来自同一个村子的远亲和熟人。共同的方言和习俗把他们聚在一起，他们会互相帮助找工作，比如人力车司机、零工、勤杂工、女佣、厨师、美容师等，服务对象都是印度的中产阶级，他们自信、有教养，住在附近煤烟斑驳的高楼大厦里。

雷努卡 14 岁嫁到这个贫民窟，婚结得很仓促。之前，她的姐姐跟爱人私奔，父母为此受了刺激，赶紧给她找了婆家。她身材矮小，黑黑的眼睛，有四个孩子，人们经常将她和她 16 岁的大女儿错认成姐妹。她觉得，她人生中最美好的时光是多年前的事了。那时她还是个小女孩，幸运地进入了一家公立寄宿学校读书认字。“虽然上学不多，但那是支撑我活下去的理由。”她通过翻译告诉我。[1]受教育让她多少能独立一些，手机就是最好的例证。她识字，可以用北印度语发信息；她能用手机听歌，跟别人联系，找一些家庭厨师的零活儿。这在当地很不一般，因为那里的多数女性都不会用手机，手机都是丈夫拿着。尽管如此，对于女性这个角色，对于她做梦也想不到的生活，雷努卡依然愤懑不已。她的脾气很暴躁，丈夫是拉人力车的，每天赚上几百卢比，还没有雷努卡赚得多，脾气更是好不到哪儿去。

我是通过我的翻译认识她的。我的翻译是咨询公司 Dalberg Design 的设计研究员，该公司是我的合作伙伴罗伯特·法布里坎特在 2014 年创办的。他们受一批手机运营商的委托开展研究，这些运营商希望向发展中国家推广互联网。他们不明白，有了互联网，贫困人群似乎能颇为获益，可他们为什么几乎不用呢？手机运营商本以为答案是互联网使用过程中存在种种技术问题，需要它们一一排查，可 Dalberg Design 很快发现了其他问题。像雷努卡这样的女性，甚至一些肯尼亚人和印度尼西亚人都存在一种障碍：并不是互联网不行，而是大家不知道互联网是什么东西。

在西方，我们相信，既然技术能改变我们的生活，那么在其他国家也能发挥同样的作用。想想马克·扎克伯格，2013 年 8 月，他宣布要注资几十亿美元推出一个新的 Internet.org 平台，向全世界提供互联网接入服务。[2] 2017 年，只要登录该组织网站，你就会看到雪域草原上的人们笑逐颜开，非洲人民兴高采烈地拿着智能手机。还有一张图片，图上一架回旋镖形状的无人驾驶飞机高高地盘旋在耀眼的城市上空，它的作用是向该城市的居民传输互联网信号。最终，一年后，该组织开始沉寂，这在很大程度上是由于当地移动电话运营商的抵制，以及人们对脸书的意图疑虑重重。[3] 但 Internet.org 更深层的失败之处在于，它认为推广互联网只是个管线建设问题，只要管线铺开了，人们就会使用，就像自来水和电一样。可对雷努卡来说，事实并非如此。

她多少知道她的手机能上网。她能想到借助互联网可以找工作、获取正式的公民身份材料，以及办理政务服务事宜。但是在她看来，互联网只适合那些有文化的人，而不适合她，部分原因就在于她想象不出互联网是如何运作的。对此，她没有心理模型。她认识手机上的地球图标，但不明白什么意思。她猜，这个图标连着“外面的世界”。在调查过程中，研究员碰到了几十位有同样说辞的女性。其中一位跟雷努卡一样，也是厨师，她会用手机上网查询菜单，可她根本不知道这就是互联网。另一位女性认识“www”，可至于URL（网址）是什么，如何运作，她一无所知。[4]

在西方，网络如何来到我们身边，大家都觉得不值一提。其中包含的所有隐喻都理所当然。可要是拿到桌面上来讲，诸多问题就会一下子突显出来，就好比一望无际的地平线上几座摩天大楼拔地而起。“万维网”一词不禁会让人联想到一张大大的蜘蛛网，覆盖在这个地球上。该网络是怎样连接起来的？通过超链接，就好比链条的一个个链环，连接你想访问的所有元素。如果找不到正确的链接，你可以借助搜索引擎。这些隐喻虽不及使用说明书，但却帮我们形成了互联网逻辑的一些基本常识：如何上网导航、使用浏览器等。这又是两个隐喻，分别源自航海和图书馆，从这两个领域诞生了坐标和文件归档的概念。这些隐喻不仅有助于解释互联网是什么，还有助于说明它会成为什么。万维网演变成了一个数字世界，企业、家庭，以及代表我们自己的数字符号都在里面。没有这一核心要义，脸书当然也就不会存在。20世纪90年代初期，在西方社会，有关“信息高速公路”的解释经常出现在新闻里。具体内容，或者说其中包含的隐喻，我们不太记得了。原因就在于这个话题进行得太慢、太落后了。我们在使用过程中已经了解了网络是什么。最后，我们根本不需要这些隐喻了。正如设计理论家克劳斯·克里彭多夫所写的那样：“隐喻在反复使用中消亡，却留下了它们通过语言所表达的现实。”[5]

但是，对GP区皮坦普拉的那些女性来说，网络就是在某一天突然降临的，没有任何解释。往好了说，它莫名其妙，往差了说，它甚至有点可怕。这里的女性有这样的感受一点也不奇怪。研究员问雷努卡，她所了解的网络是什么，并请她展示一下。雷努卡点了手机上的图标，然后急忙将手机拿开，她承认自己有些不安，因为她觉得有什么东西从身边经过。研究员问另一位女性以前见过网络没有，她说她记得邻村的老师给她看过一次。“他们打开网络，给我看了奈尼塔尔的图片。那里很美，有山，都是大山，不像我们这里的小山丘。”她对研究员说，“他们说，我可以把自己的照片放到网上，全世界的人都能看到。”至于为什么会有人想看，为什么会有人以数字的方式了解别人，她完全不明白。[6]

*

1979年，语言学家乔治·莱考夫与哲学家马克·约翰逊开始合作研究隐喻。在《我们赖以生存的隐喻》(*Metaphors We Live By*)一书中，两位作者大胆提出，没有隐喻，人类将无法利用思维，也无法运行“不要想这个句子”的大脑指令。而且，我们的隐喻必然会根植于我们最基本的心理模型当中，是我们对现实世界的物理概念。因此，我们会有本体隐喻，比如“up”喻指“有意识的”，由此衍生出了多种表达，像“I’m up already”(我已经醒了)，“she’s an early riser”(她起得很早)，或者相反，“he sank into a coma”(他陷入了昏迷)。这些表达的出现都是将“意识”这个概念与人们最初的生理直觉相关联的结果，这种直觉就是人睡觉时要躺下，醒来后要站起来。[7]

透过雷努卡的眼睛，我们还能发现莱考夫和约翰逊的另一观点：隐喻为我们提供了推理脉络，我们由此来解释事物运作的根本逻辑。[8]比方说，假如你运用隐喻“时间就是金钱”，那你不仅仅是将二者进行比较，你其实是在假设时间的运行规则：如果时间像金钱，那么它就应该像钱一样，可以存起来，或者进行合理的投资；也可以被浪费、被偷，或者被借走。[9]恰当的隐喻应该类似于说明书，不过效果要更好，因为它会让你了解事物应有的运行方式，即使你从未听说过，也完全没有问题。

想想收件箱和信息流的隐喻。电子邮箱套用了你对邮箱的理解，每一封投到你邮箱里的信件，你说什么也会扫上一眼，原因很简单，它们都是寄给你的。你的电子邮箱也包含同样的逻辑。而 Instagram 的“feed”（信息流）和推特的“stream”（数据流）则是完全不同的隐喻。[10] 就算你人不在，信息流也会不断更新，你睡着了，它依然会在黑暗中嘀嘀作响。将信息称为“流”，就意味着，如果我们想“喝”，随时都可以，但不是说，我们必须全部“喝”完。即使信息流是根据你的喜好专门定制的，也无须你的个人关注。这是共享资源。

你可能不喜欢查看电子邮件，而上社交媒体却轻松自在，一个原因就是其中包含的隐喻是不一样的。在社交媒体上，我们可以愉快地向朋友发送未经请求的信息，而同样的情况，采用电子邮件的形式，却让人觉得很不合适，这是为什么呢？不同的隐喻都被预设了独有的礼仪。收件箱是私人的，而信息流不是。想象一下，把所有的规则列出来要花多长时间！多亏有了隐喻，我们根本不需要这么做。

正因如此，隐喻能够将某个特定领域的思想，比如只有其设计工程师知道的联网计算机的内部工作方式，传递给一个新的群体。隐喻剥离了专业和复杂的东西，把我们的注意力集中在我们需要理解的少数事情上，以及我们共享的理念上。互联网就像一张信息网，由链接相互接合，这种说法告诉了你网络的用途——连接知识领域，同时也暗示你要做什么，甚至你要创造什么。隐喻在我们的体验中根深蒂固，它们似乎已经浸入我们的思维：时间就是金钱，人生是一段旅程，身体就是机器。然而，我们生活中的种种隐喻都是设计出来的。

2000 年，丰田推出了普锐斯，这是世界上第一款面向大众市场的混合动力汽车，其燃油效率是普通车款的三倍。这项创新颠覆了整个行业。从销售情况来看，普锐斯很受欢迎。它有自己的优势，比如汽油价格连续几十年走低之后将开始攀升。排队购车的时间长达一年之久，就连丰田公司也很惊讶。[11] 20 世纪 90 年代，SUV 为底特律带来了巨大财富，如今这款车型也同样震惊了这座城市。2004 年，福特不失时机地推出了一款混合动力 SUV。之后又有了混合动力轿车 Fusion。这两款车都不怎么样，原因很简单，对于混动汽车的性能，消费大众尚不了解。这类车提速相对较慢，而且车内增添了很多新的装置，这让驾驶员感到非常头疼，因为广告帮他们建立了这样的心理模型：这是一款油耗更低的新车，仅此而已。他们并不知道这类车的驾驶方式有哪些不同，而这些新装置却帮不上什么忙。其中有一个显示汽车电池充电的模拟表盘特别差劲，很容易让人产生误解。这样的设计是很合理的：混合动力车的驾驶员刹车时，车轮转速下降，与此同时，传动装置还会回收旋转轴的动能，以此来给汽车电池充电；然后，驾驶员再次加速的时候，电池又给汽车提供动力。[12]

鉴于电池至关重要，福特的工程师们认为，混合动力汽车的驾驶员需要了解电池的充电情况。所以，只要驾驶员刹车，电量表的指针就会向右指向绿色区域，显示电池正在充电。没想到，这种反馈带来了灾难性的后果。由于急于让电池充电，驾驶员会猛踩刹车，盯着充电指针冲向绿色区域。可是，对于混合动力汽车来说，缓慢制动能有效转移旋转轴的动能，充电效果才是最好的。福特公司原本希望通过电量表来显示汽车节省的能源，结果却适得其反。

福特的工程师们还不知道该如何告知消费者，汽车在加速或制动时，其反应方式会略有差异，这种差异会造成节能效果的不同。研究表明，当时购买混合动力汽车的消费者主要有两种人。一种是觉得购买混合动力汽车能省不少事，另一种则是“里程狂”，他们追踪自己花在汽油上的每一分钱，探讨汽车在公路上加速和远距离滑行的技巧。那么，在汽车上设计一个仪表盘，告诉你不要用力刹车，不要打开空调，或许这才是明智之举？团队中有人则持怀疑态度：汽车文化就是让驾驶员掌控一切。没有人买车是为了自己被车牵着鼻子走的。对于福特的动力研发来说，这个项目仍然毫无突破，因此大家可以相对自由地追求一些创新的甚至是异想天开的东西。团队聘请了 IDEO 设计咨询公司，该公司开始召集“里程狂”，看看有哪些心态值得在仪表盘设计中加以考虑。

问题很简单：如果一个人不是“里程狂”，那你如何让他意识到，省油不光看车，还要看他的驾驶习惯？一位“里程狂”碰巧又是超级马拉松运动员，是她最终给了我们灵感。她解释了生活中一位好教练的作用。优秀的教练不会喋喋不休，因为说到底，成绩的提高还要靠运动员自己。优秀的教练还会知道你需要做什么，并给你足够的信息去完成，但仅此而已。这个隐喻催生了新的设计原则，这些设计原则又反过来催生了几十项设计成果。这些原则就是：提供帮助但不要过分强调。给出足够的指令信息，但不能过多。

在无数可能的想法当中，有一项得以采纳。那就是当驾驶员开得好时，整个仪表都会发出绿光。该设计的原材料就是绿色，就像制作烧水壶的不锈钢，或者制作儿童玩具的塑料一样。绿色还包含另一项隐喻，绿色意味着前进，永不止步！可绿色也意味着生态环保、草木繁盛。然而，最后当仪表盘即将浮出水面的时候，负责设计所有这些原型的计算机科学家戴夫·沃森却仍感到有些不足。[13]

选择绿色是理所当然的，绿色蕴含了多种意义，但仍然不足以引起人们的关注。沃森走访了众多用户，发现问题在于，工程师们认为他们能为用户解决问题，而用户却不这么想。沃森希望让他们了解这款车，而了解汽车与了解汽车的内部运作是两码事。要想让别人了解某个事物，你首先要让他对其有足够的关注。于是，沃森想到了：树。这就好像，如果你开车开得好，你就在帮助一棵树成长。不过，随着时间的推移，树会长大、生叶、落叶。

最后，一点点绿色变成了茂盛的枝丫，长出了树叶。树叶茂密，数也数不清，覆盖了仪表盘上的一块区域。如果你开车太猛，几片树叶就会消失；如果你开得更加稳健，树叶就会多长出几片。从教练到绿光再到树叶，隐喻不断变换。这个解决方案的美妙之处在于将大量信息输入一个简单的图像当中。这是一种反馈机制，有助于促进人们做出更好的行为。把车开好，你种下的小树就会不断生长，谁愿意让小树死掉呢？

第一批试驾者中，有一位跟我们讲到，他的女儿会在身后一直看着，他猛踩油门，女儿就会看到树叶消失：“爸爸，几片树叶被你弄掉了。”这项隐喻让用户关注这株虚拟植物的生长。设计咨询公司 Smart Design 的丹·福尔摩萨也是参与改进仪表盘的设计师之一，他的表弟很早就买了新款 Fusion，表弟告诉他，该设计很有效果。福尔摩萨问他树叶功能还开着吗？他觉得表弟很有可能已经关掉了。设计师们担心，血气方刚的美国男性有可能不喜欢让一棵纤细的植物来评判他们的驾驶。因此，设计师们不得不做出让步，将这项功能设为可开关的。“我已经离不开这些树叶了！”表弟说话低沉，带着新泽西口音，“以前我都开着旧车带孩子去麦当劳得来速（免下车取餐服务），可现在我发现这样做会掉叶子。所以，我们现在都是停下车，进餐厅吃饭。”一位福特工程师告诉我，当司机们开始在网上秀仪表盘的时候，他就知道，树叶的隐喻起作用了。

在仪表盘的开发过程中，隐喻同时在多个层面上发挥作用。对于驾驶员来说，隐喻帮助他们了解如何驾驶汽车，以及他们的行为应该如何改变。隐喻帮助他们以一种反直觉的方式来看待汽车及其内在逻辑。树叶的隐喻后来在福特多款车型中出现，形式越来越微妙，最终都跟老款有点像了。然而，事实上，该隐喻的消失也许正是其成功的标志。今天，你会发现，当你高效驾驶时，很多汽车的仪表盘都会闪绿光。至此，福特首款混动汽车上存在的问题想法——驾驶员应该尽快给汽车电池充电，就排除了。汽车成了驾驶教练，这种心理模型仍然运用在汽车上，只不过采用的方式更微妙了，即通过“绿色”来奖励驾驶行为。这样一来，就节省了大量燃油。

隐喻将永远是用户友好型世界最有效的切入口之一，具有让我们熟悉外来感受的独特能力，为我们提供心理模型，帮助我们了解事物的运作方式。我们再来看最后一个典型事例——IDEO 于 20 世纪 90 年代设计的除颤仪。当时，研究表明，30 万美国心脏病死亡病例中有 1/3 是可以避免的，只要在心脏病发作后的几分钟内进行除颤即可。最直接的办法就是在机场、办公室等场所的急救箱旁边安装此类设备，这样周围的人就可以立即实施救援。不过，这个常识性的方案也带来了一个常见的问题：专业设备要便于新手使用。面对这些设备，周围的人必须看一眼就会用，无须事先进行培训。所以，IDEO 设计师想到了一项隐喻。他们把这个新玩意儿设计成一本书，书脊朝外，这样用户就本能地知道拿住哪里，怎么开始。书的封面上有一系列步骤，编号从 1 到 3，每一步旁边都有一个按钮。[14] 就像你在日常设计中发现的许多其他隐喻一样，该隐喻也会引导用户往下进行，其间无须加以思考。

20 世纪最具影响力和普遍性的创意之一就是桌面隐喻。正是它将小型计算机转化成了个人电脑：从黑屏上冷冷泛光的命令行到几乎遍布世界每一张办公桌上的操作系统。正是它使计算机成了现代知识经济的黏合剂。故事是这样的：史蒂夫·乔布斯到施乐帕克研究中心参观，在那里看到了未来，之后或多或少地窃取了该中心的创意。但这个故事里漏洞颇多，一开始就明显有问题：起初，史蒂夫·乔布斯为什么会认为这里有东西可以窃取？

*

1978 年，比尔·阿特金森来到苹果公司，之前乔布斯说服他放弃了加州大学圣迭戈分校的神经科学博士学位。他曾经设计过制作老鼠大脑三维图的电脑程序，并由此小有名气。这在当时已经比较先进了，可乔布斯却嗤之以鼻："你这些东西起码要落后两年。想想看，你踏上冲浪板，滑行在海浪前沿，那多带劲呀！可要是总跟在海浪后面游泳，就没意思了。"阿特金森想做那个冲浪者。两周后，他进入了苹果，很快就与乔布斯形影不离，两人在工作上很有默契。后来他成为 Apple II 的后续产品 Apple Lisa 的明星工程师。[15]

乔布斯激励员工的主要方式不光是吓唬，还有反复无常。后者更可怕，也更具吸引力。布鲁斯·霍恩曾经参与拖放式文件移动法的研发，他回忆说："史蒂夫今天夸你很棒，明天又骂你白痴。"[16] 对于乔布斯的愤怒，阿特金森似乎视而不见，完全沉浸在工作当中。同事们会说，乔布斯在利用阿特金森，利用他的才干和斗志。但阿特金森基本没注意到，他就是个工作狂。他耸耸肩，说："好东西就该物尽其用。"

在 Apple Lisa 的研发过程中，阿特金森一直关注施乐帕克研究中心关于 Smalltalk 操作系统原型的一系列学术论文。同样保持关注的还有杰夫·拉斯金，苹果公司的另一位技术大咖。1980 年冬天，乔布斯将苹果带到了人们热切期待的公开发行股票的风口浪尖。整个硅谷的投资者都追随着他，生怕错过良机。所有人都在乔布斯的股掌之间——包括施乐，其出价 100 万美元，却只买到了苹果 0.1% 的股份，这意味着这家年轻的公司市值已达 10 亿美元，这太惊人了。是拉斯金说服乔布斯关注施乐的 Smalltalk。而乔布斯这位商界斯文加利式的人物想的是：我要告诉施乐，想买我们的股票，就必须把 Smalltalk 拿来。[17]

阿特金森的执着让他忽略了自己的软权力，还好他身边有乔布斯。一次，他们吃饭的时候，阿特金森抱怨一位同事拒绝设计一款苹果计算机通用的鼠标，第二天，那个人的办公桌就空了。公司开始招聘其他人填补这个空缺。面试的时候，求职者一坐下就脱口而出："我会做鼠标。"阿特金森很快如愿以偿。从那以后，苹果的新款计算机都配备了鼠标，其点击功能操作十分简单，这可是前所未有的。只是客户点击的实际软件还尚待开发。

我见到阿特金森是在他位于硅谷的家，这里风景秀丽却略显荒凉，旁边有条小路，附近还有几座波希米亚风格的房子，外墙采用了香柏木瓦，房前停着几辆特斯拉。阿特金森家很宽敞，不过有点简陋。他在主客厅测试虚拟现实设备。客厅很大，铺着蓝色地毯，中间只有一把廉价的旋转式办公椅，这样方便他全情投入，畅通无阻地探索虚拟空间。我们坐在楼下的图像室聊天，没多会儿，苹果的另一位创始人安迪·赫茨菲尔德就来了。阿特金森喜欢赫茨菲尔德在身边，因为对方能随时帮他核对事实，是他们生活中的学问大咖。早年在苹果研发 Lisa 的时候，阿特金森会整天跟同事讨论一些细节问题，然后整夜编程，完成他所认为的最佳方案。“我从不知道他是在什么时候睡着的。”赫茨菲尔德小声说。[18]

今天，当你听了这个故事，你可能会把 Smalltalk 团队想象成一群有着伟大创意的书呆子，可是你却没有看到他们的愿景。不过他们知道自己得到了什么，也知道应该去捍卫它们。阿黛尔 · 戈德堡，Smalltalk 的主要开发人员之一，她听说乔布斯来了，正在大楼里听人介绍公司的研发情况，顿时气得满脸通红，眼泪流了下来。[19] 她跟公司领导说，看来他们要把 Smalltalk 贡献出去了。结果的确如此。戈德堡来到会议室，手里拿着一张黄色光盘，脸上的红色还没有褪去。他们把光盘放进电脑，开始演示。阿特金森能够觉察出施乐的工程师都很不情愿，因为他们对自己的成果讲述得很潦草。尽管如此，阿特金森还是挤到了最前面，向团队连珠炮似的询问屏幕上的每一个细节，他与 Smalltalk 团队负责人之一拉里 · 泰斯勒距离很近，近到对方都能感觉到他的呼吸。

Smalltalk 诞生于一个看似很滑稽的宏大愿景，它既像是道格拉斯 · 恩格尔巴特传奇的幻游中的产物，又带有几分弥漫在北加州空气中的乌托邦哲学色彩。艾伦 · 凯受儿童心理学新发现的启发，想要开创一种全新的教学法，让儿童长大以后能够解决新世界的各种问题。电脑将变成一个“安全而隐蔽的环境，儿童可以尝试任何一种角色，不会带来任何社会性或身体上的伤害”。一种数字沙盘能够连接这个世界的所有信息，儿童创建电脑程序就像堆沙堡一样容易。[20]

Smalltalk 演示只有一小时，比尔 · 阿特金森压根儿没听明白。事实上，阿特金森那天看到的最重要的东西不是这些（施乐曾在之前发表的论文中介绍过桌面的隐喻），而是他自以为看到的。当 Smalltalk 的工程师展示如何点击他们设计的窗口时，阿特金森以为，他们已经能够让电脑模拟窗口层叠，就像现实中桌子上的一摞纸一样。其实他们并没有。

但他深受启发，开始研发一种新的技术，后来被赫茨菲尔德称为麦金塔电脑之魂。后来，在车上，他告诉乔布斯，只要六个月，Lisa 就能实现他们所看到的一切。结果，这一步走了三年。

原因就是这些窗口。在 Smalltalk 中，一个窗口被选中并提前显示，实际上都要重新绘制，而且略带绘制痕迹。而当时极度兴奋的阿特金森竟然上当了，这反而成了他最大的贡献。他开始针对实现这一点进行逆向研究，并找到了一种方法，让计算机能够理解视野之外的“隐藏”区域，并迅速重新绘制它们。原始的图形界面已经多少有了点桌面的意思，而这种效果使其真的像个桌面了，你可以移动和点击上面的文件和文件夹，用起来特别令人满意。也许，这让苹果的工程师们第一次意识到，忠实地模仿物理世界的行为方式，而且模仿得足够巧妙，就会让数字世界变得更容易理解，甚至会达到神奇的效果。

阿特金森在 Lisa 上的研究成果最终还应用到了低端同系列产品麦金塔电脑上。“桌面隐喻”的逻辑出现以后，苹果的工程师们就顺藤摸瓜，不断为数字世界顺应物理世界的直观性寻找新喻义、新方法。隐喻交织成网，范围越来越广。苹果麦金塔电脑团队的布鲁斯·霍恩十几岁时曾就职于施乐帕克研究中心，参与过 Smalltalk 的研发工作。他在施乐的一位上司拉里·泰斯勒，也就是为阿特金森演示 Smalltalk 的那个人，曾经痴迷于“模式混乱”问题，这个问题在人机交互领域由来已久，让很多飞机驾驶员感到困惑。[21] 如果牵扯到电脑界面，那模式问题会严重到让人绝望的地步：刚刚点击的是文本编辑模式还是文本删除模式，你还记得吗？所以他坚持认为，用户必须能在屏幕上直接操作，就像在现实生活中一样。你能点击进入某个文档，进行文字编辑。为了延伸这一理念，让效果更加直观，霍恩又创设了拖放文件功能。与此同时，苏珊·卡雷设计了最初的麦金塔电脑图标：垃圾桶、文件夹、手形符号，所有这些都能与激发了他们灵感的外部世界产生对应的关系，通过屏幕带来了巨大的经济效益。

麦金塔操作系统的用户数量不断上升，表明隐喻不仅可以解释创意，还可以激发创意。[22]起初，桌面隐喻没有得到大家的广泛关注，可是慢慢地，工程师们挖掘的隐喻越来越多，比如直接操作，以及窗口扩大和缩小的物理现象等。最后，隐喻在其自己缜密的逻辑宇宙中开花结果。隐喻不但能告诉我们事情的运作方式，还能引导我们找到创造目标。正因如此，莱斯罗普才会发现，通过马的隐喻，我们可以创建一种新的驾驶范式。同样的例子还有福特的仪表盘。一位长跑运动员说，优秀的教练善于鼓励，但不会唠叨个没完。受此启发，福特研发了一款显示器，只会在恰当的时机给出恰当的信息，即仪表盘发光并呈现树叶图案。隐喻为人类进步做出了重要的贡献，激励着我们创造新事物；不仅如此，每当我们拿到这些新产品的时候，也是它们在帮助我们理解其运作方式。

*

2018 年 8 月 2 日，苹果成为全球第一家市值超过 1 万亿美元的上市公司。可我要说，这个抽象的数字并不能充分说明苹果的影响力。全球数亿人每天醒来第一眼看到的就是苹果公司的产品。该公司的供应链十分广泛，从刚果民主共和国的矿藏中开采微量的稀土矿石，将其嵌入地球上最先进的计算机里，然后再将整件产品运送到蒙古国的大草原上。然而，苹果的崛起不过是仰仗三个界面：麦金塔操作系统、iPod 点击式转盘，以及 iPhone 的触摸屏。其他的东西都是为了抵制竞争对手和抄袭者而发明的。

在用户友好的世界里，界面造就帝国：IBM，凭借其打孔卡大型计算机称王称霸，直至 20 世纪 70 年代；然后是图形用户界面，将苹果和微软从小公司变成了佼佼者（2019 年 4 月，微软成为全球第三家市值过万亿美元的公司，仅次于亚马逊）。要知道，20 世纪 90 年代末，苹果曾濒临倒闭，而史蒂夫·乔布斯重返苹果后的几年里，拯救公司的主要功臣就是 iPod 的点击式转盘，有了它，原本冗长的文件列表浏览起来就有趣多了（这些文件名以固定的格式排列在下拉菜单中，这种菜单是比尔·阿特金森为 Lisa 设计的）。iPhone 问世之前的另一帝国是黑莓，其通信设备都会附带一个键盘。甚至连亚马逊也是从“一键下单”的界面概念发展起来的。单是这项专利的价值就令人瞠目结舌：通过授权苹果推出 iTunes Store，亚马逊获得了数十亿美元的收入。不过，对亚马逊来说，这项专利的价值还远不止于此。一键下单去掉了网购所有的支付步骤，用户可以跳过购物车直接购买，这为亚马逊带来了决定性的优势。研究显示，用户使用该功能的比率平均达到 70%，对网上零售商来说，这一挑战始终榜上有名。一键下单让冲动型网购真的冲动起来。据估计，一键下单带来的销售额增长高达亚马逊销售总额的 5%。鉴于亚马逊的营运利润率不超过 2%，这个数字已经相当惊人。此外，它还帮亚马逊拢住了用户，这样一来，亚马逊就能悄悄地在其数据库中建立用户档案，其业务范围也不光是书了，网站可以向用户销售和推荐各种商品。[23] 如果没有脸书的点赞按钮，亚马逊的一键下单绝对算得上有史以来最重要的按钮，没有之一。

苹果的两大创新——图形用户界面和触摸屏，二者紧密联系，纽带则是更深层次的隐喻。麦金塔操作系统还是比较符合用户友好特征的，它试图借用我们在物理世界中的直觉，创建极为自然的交互方式，因此用户使用起来简单直观。它主要依靠的就是桌面隐喻。触摸屏与其说是一种新的隐喻，不如说是一件更好的输入设备。首先，当世界纳入屏幕时，你的手就由鼠标指针来代替。然后，当屏幕能够感觉你的触摸时，鼠标指针又消失了。iPhone 并非由麦金塔电脑突破而来，二者的实践意义也不一样，它真正具备了在数字空间中直接进行对象操作的能力。拉里·泰斯勒自打从施乐帕克研究中心来到苹果以后，就一直致力于这方面的研究。

如果说 iPhone 与台式电脑有着相同的逻辑，听起来可能有些奇怪，如果你从小没有接触过配鼠标的设备，尤其会有这种感觉。但事实的确如此：你点击程序图标将其打开的方式，如何在主界面上拖动程序，程序自身的想法，能够发送邮件或日程安排或新闻，后退按钮和关闭按钮，等等，这些都能说明问题，只不过我们没有特别关注过而已。桌面的隐喻，我们已经很少提及，因为我们不再需要用它来解释我们应该如何使用一台现代计算机。

这就是隐喻的作用方式。一旦其内在逻辑显现出来，我们就会忘记它们的存在。没有人记得，在汽车方向盘之前，还有舵柄这种东西，而且在那个年代，船只司空见惯，汽车前所未有，人们能联想到舵柄的比喻，也是自然而然。[24] 而汽车一旦普及，这个隐喻也就淡出了人们的视线。在消化新技术的过程中，我们爬上了隐喻搭建的梯子，每上一级，就有望再进一步。我们先前的设想让我们对新技术的运行方式有了信心。时间久了，我们发现自己离起点越来越远，最终将其远远甩在身后，就如源自舵柄的方向盘，或者如教西方人学会了使用万维网的各种各样的隐喻一样。[25]

技术进步的故事也是隐喻的作用发挥至极限，进而实现突破的故事。如今，这样的例子在我们身边比比皆是。除了研究像雷努卡这样的印度女性对互联网的看法之外，Dalberg 的设计师们还去了肯尼亚。这次，他们有了完全不一样的发现。印度女性对互联网几乎毫无概念，而他们见到的肯尼亚女性都是脸书的忠实用户。其中一个决定性的因素就是脸书为自己设定了一个隐喻：它就像人们保存在手机上的联系人列表；它建立在消息收发功能的基础上，类似于他们使用多年的 SMS（短信息服务）。不过这项隐喻也有局限性。肯尼亚女性不会像我们那样“上网”，打开浏览器看新闻或者办理银行业务。她们想“上网搜索”时，不会打开谷歌，而是在脸书 feed 上发帖子询问。[26] 对她们来说，脸书就是互联网的全部。因此，虽然在肯尼亚人看来，脸书是一项关于知识和社会的隐喻，但这项隐喻并不能解释互联网能做什么，是怎么运作的。

我们在手机上还能看到另一个隐喻作用消失的例子，其始作俑者是苹果。2005年前后，苹果公司因为其拟物化设计在设计界饱受诟病。“拟物化”（skeuomorphs）一词在《牛津英语词典》中的定义是“模仿现实物体的图形用户界面元素”。起初，这种设计非常有效，但几十年来，它在开发过程中过分追求细节，有些毫无意义。之前，有那么一段时间，一个文件夹图标要设计得跟真的文件夹一样，你才会一眼看出它的功能。而到了2005年前后，这些细节就更夸张了：为了了解日历的运行方式，就让所有麦金塔电脑上的日历看上去都像用皮革装订起来的；为了告知用户，可以通过iBooks购买图书，就设计出数字形式的木质书架；这大可不必。

设计界对拟物化的偏见源自包豪斯学派。现代设计萌芽之初，包豪斯学派宣布摒弃传统，谴责以华丽的装饰来连接新旧世界的做法，例如巴黎地铁入口的新艺术风格金属创作，用铜打造了复杂绚丽的藤蔓造型。包豪斯学派的起始理念是，材料的运用要充分发挥其性能，不能滥用。马塞尔·布劳耶设计了著名的俱乐部钢管椅。今天，这种椅子随处可见，其悬臂式钢管框架设计新颖，不仅起到支撑作用，而且钢管还做了镀铬处理，强调只有金属才能达到这样的效果。在计算机领域，忠于现实世界曾经是确保产品用户友好的必要特征，如今却已经沦落为一种不诚实的举动。假如屏幕上的东西看起来是金属或木头材质，而现实中并非如此，这种做法可取吗？

工业设计师乔纳森·伊夫曾经受过专业培训，一开始他并不注重材质的呈现，先后设计了糖果色的iMac和iPhone，但后来他却坚持要忠于真实材质，这一点也不奇怪。2013年，伊夫接手苹果公司的软件设计，为iPhone的操作系统带来了一种全新的语言。当时，很多人觉得，这足以说明伊夫品位不凡，超越了公司里的那些空想主义者，比如斯科特·福斯特尔。福斯特尔负责iOS多年，一直对两年前去世的史蒂夫·乔布斯的个人品位深信不疑。但实际情况是，苹果最初所采用的隐喻，虽然曾一度引导人们向数字世界快速前进，可现在已经变得无关紧要了。大多数人有了 iPhone 以后，就把原来摆在桌子上的日历丢掉了，如果你也是这样的话，那么 iPhone 里的日历就不用非得跟真的一样了。设计中的隐喻运用规则是“模仿—成功—停止模仿”。经过多年的模仿之后，苹果已经成功了。

不管是创造隐喻的公司，还是生活中存在隐喻的大众，都是有风险存在的。当苹果的视觉隐喻开始模糊的时候，其潜在隐喻也开始瓦解，这让我们的数字生活更加混乱。2008 年，苹果推出了应用商店（App Store），它会发展到什么程度，当时无人知晓。起初，里面大约有 500 个应用程序，包括很多游戏，像《古惑狼》（*Crash Bandicoot*）和《奥兰多》（*Rolando*），以及一些其他应用，像易贝和《纽约时报》等，现在看起来都特别有年代感。[27] 在之后的几年里，我们看到，所谓的应用程序经济出现了爆炸式的增长，移动技术突然占据了主导地位。从来没有人问过，为什么用户会买应用商店的账，这些最初的设想又如何带来了后来的局面。这一切的背后都有一项隐喻。

19 世纪末之前，商店的运作模式跟现在有很大差别。商品都在柜台后面，要么放在货架上，要么摆在玻璃下。在巴黎和伦敦，大街上的购物者通常都是上流人士，他们想看什么东西，就得让店主帮他们拿。店主会给顾客做产品介绍。19 世纪末 20 世纪初，情况发生了改变，这要得益于像哈利·戈登·塞尔福里奇这样的先驱。从芝加哥的马歇尔·菲尔德百货公司（Marshall Field’s）开始，塞尔福里奇在全球率先尝试了一种全新的零售概念：商品不再摆到柜台后面，而是放在货架上，购物者可以随心所欲地拿过来看，根本不需要店主参与。商品孤军奋战，全程自我推销。[28]

百年之后，这成了全球商场标准化的运营模式。2001 年苹果专卖店开业时，里面的软件也是这样卖的，盒装，并排摆在一起。到应用商店出现的时候，它很像那些开放的货架，这是有道理的。不过在智能手机上以这样的形式销售应用程序，难免会让人觉得，你在这里买的应用程序与你在商店买的盒装软件十分相似。它们也是独立的产品，有其专门用途，比如微软的 Word。

随着应用程序经济的增长，这种联想开始瓦解。如果你想跟朋友一起吃饭，你要给他们发信息，找好餐厅，再发信息，定好时间，预订桌位，跟大家说好，再标到日历上。到时还可能会再次拿起手机，打电话叫车。整个过程中，你要记住所有的重要细节。你要知道什么时候用什么程序。可如果细节越来越多，而且不断更改，或者大家对餐厅的意见不统一，你就要不停地拿着手机点来点去，很快你就烦了。要是约饭的所有步骤都能一键完成，那该有多好！

之所以会有这样的挫败感，唯一的原因就是，催生应用程序经济的隐喻是错误的。我们使用的所有应用程序都是基于互联网及其无限的网络连接。但我们购买应用程序时，起主导作用的是商店的隐喻，假设它们都是独立产品，我们每次只用一个，互不干扰。这两种范式相互冲突，而且它们往往与手机理应实现的最终目的不符。有了手机，我们想做什么，想联系谁，都应该轻而易举才对。于是，手机给我们带来了步骤组合的负担。要解决这些问题，需要为智能手机的运行方式寻找新的隐喻，只要有人找到这项隐喻，我们的数字生活就会面貌一新。想象一下，假如没有应用程序，智能手机的运行基础是我们关心的各种关系，也就是说，我们无须通过打开应用程序来联系某人，而是单凭手机就能与自己关爱的人保持联系，这些拉近距离的工具只在我们有需要的时候，顺应人与人之间的关系而出现。谁会知道，假如智能手机的主导隐喻是人际关系而不是应用程序，我们的数字生活会变得多么轻松、多么惬意呢？

当下，我们期待改变，期待更加美好的未来。2018 年，苹果推出了“快捷指令”，通过这项功能，语音助手 Siri 可以直接在应用程序中执行某些任务，不需要再有任何的点击和滑动。[29] 虽然有点创可贴的意思，但却是进步的标志。那时，谷歌一款名为灯笼海棠（Fuchsia）的操作系统，虽然尚在实验阶段，但其早期原型已经曝光。该系统的运行基础并非各种应用程序，而是一系列“故事”。这是一项新的隐喻，一个故事就是一组任务，通过算法串联在一起，形成一项单一的行为，比如“和妮可约会”。[30] 该系统原型将何去何从，目前尚不明了，但它仍然证明，接下来，我们的移动生活不会因为一款新手机或者新应用而重新定义，能实现这一点的将是一项新隐喻。

*

乔治·莱考夫和马克·约翰逊首次出版作品时，他们的隐喻理念熠熠生辉，无懈可击；他们列举的几百个例子似乎渗透到了我们语言运用的方方面面。之后的十年间，他们在这方面的研究越走越远：如果隐喻根植于我们身体与周围世界的互动方式，如果身体由大脑的不同部分来代表和调节，那么隐喻岂不是在我们的大脑结构中也有体现？这些大脑通路有可能通过我们学着将事件与感觉联系起来的简单方式而形成。例如，当你还是个孩子的时候，也许你会把爱和妈妈的拥抱联系在一起，也许你是通过温暖、宠溺和依偎的感觉来感知爱。因此，“做一个温暖的人”可能与我们首先联想到的身体上的温暖有关。

从表面来看，“基础认知”或“具身认知”理论很简单。但是，众多追随者认为，该理论实际上是对西方思想的蔑视，而西方思想历经了400年的沉淀，哲学家勒内·笛卡儿就是其奠基人之一。在《方法论》（*Discourse on Method*）中，笛卡儿将精神和肉体论证为相互独立的实体。他在第四部分提出了著名的哲学命题——“我思故我在”。人们通常将其视作格言来理解：你会思考，说明你的存在。不过，根据这样的逻辑，巨蟒剧团（Monty Python）对“我饮故我在”的诠释也同样意味深长。 而笛卡儿的言论更加大胆。试想一下，假如你是脱离身体的大脑，漂浮在营养液中，通过连接线向你的身体输入关于“现实世界”的虚假信息，并且这是你感官信息的唯一来源，你能知道自己被骗了吗？[31]

笛卡儿的结论是你不能，不过即使你周围的世界只是一种幻觉，你仍然具有理性。然后，笛卡儿迅速得出结论，即使世界只是幻觉，你仍有理性，那么精神就独立于真实世界之外。相反，莱考夫和约翰逊认为，我们头脑中的思想并非来自纯粹的心理官能，没有身体的感觉做基础，我们的思想也就无从产生。如果不借助某种隐喻，我们似乎就无法思考，其部分原因在于，某种想法在大脑中浮现，是经由代表身体的神经通路而产生。隐喻反映了构建思维的更深层次的组织。

自从实验心理学家首次提出具身认知的概念以来，他们已经拿出了相当有力的证据，证明莱考夫和约翰逊可能是对的。[32] 一项实验表明，手捧热咖啡时，人们更有可能觉得对方值得信赖。所以，对某人“热乎”起来似乎并不只是一项抽象的隐喻。因为它就在我们大脑的某个位置，可以解释为：身体上的温暖能够改变我们情感上的判断。另外一些研究也为其他不同的隐喻提供了相似的证据：某项实验中，参与者思考未来的时候，身体会微微前倾；回忆过去的时候，身体会稍稍后仰。潜在的隐喻就是，未来尚在前方。另一项实验中，参与者要在书写板上填写调查问卷，所用书写板更重的人，其答案也更严肃。重要的事情是很有分量的。[33]

尽管这些发现背后的科学和实验方法仍然颇有争议，但设计师们从该领域诞生之初，就一直在实践着具身认知的隐喻理念。亨利·德雷夫斯设计的早期畅销品中，有一款大本钟闹钟，1931 年获得专利，闹钟的底座重量加大，让人感觉更加可靠，质量更好。东西越重，质量越好，我们还是有这种想法的。说起车门的声音和感觉，我们就很熟悉了。比如一辆宾利，开关车门时，你会感觉到车门的分量和声音，就像一扇严丝合缝的石头拱门。可要是换了起亚，你就会觉得车门轻多了，听上去就很廉价。虽然宾利车身更重，材质更好，可车门也没必要做得很沉，毕竟车门由铰链支撑。我们本可以通过调节铰链让车门感觉轻巧一些。然而宾利并没有这么做，因为设计师们研究了很长时间，最终确定宾利需要重量，其中有重要的隐喻意义，能让客户愿意掏更多的钱来购买。设计师们从未停止在现实世界中寻找隐喻的脚步，这些隐喻不仅关系到我们如何理解产品，还关系到我们的使用感受。这些隐喻的运用方式揭示了用户友好设计原则的另一个角度，体现了美感在其他功能上的应用途径。

2010 年前后，菲利帕·马瑟西尔是吉列的产品设计师，负责为女性设计一次性刮毛刀。一开始，她先深入了解了日常生活中各种工具的使用方法，结果发现，手法不同，刮毛的感觉就不同。她在麻省理工学院读博士，工作台就设在学院的媒体实验室里，我们在这里聊天的时候，她说："我一直在想，如何能通过人体工程学来创造不同的体验。如果我给刮毛刀设计一个刀柄，就像刷墙用的刷子，那你用起来就好比在脸上画画。可如果你用化妆棉做眼部清洁，握法就要非常精细。"[34] 最后，她的团队最终设计出了维纳斯娇点（Venus Snap）女士刮毛刀，上面没有刀柄，取而代之的是一个半美元大小的贝壳状凸舌，两侧边缘处都有便于抓握的橡胶。刮毛时，用食指和拇指将其捏住，就像拿棉签一样。这种设计包含一项隐喻：你拿着刮毛刀滑过皮肤，就好像小心翼翼地拨开外层，露出里面更好的自己。

在吉列工作期间，马瑟西尔还关注另外一个问题。设计过程中，很多设计师都会依赖文字来塑造形象。有一次，她要设计一种看上去"多汁"的东西，为了完成这项任务，她收集了几十张可能会让人联想到这个词的图片，包括芦荟、瓶口流出的枫糖浆等。然后，她试着到她的设计中去唤起这些形状。这种做法在设计中很普遍，通过创建情绪板来检视事物的外观和感受，然后尝试将其转化为塑造形象的隐喻和文字。"设计师们对抽象的情感体验，比如信任和好奇，会有一种隐性认知。"她解释说，"他们以某种方式将其转化为一种定性特征，比如物体的半径，这正是 CAD（计算机辅助设计）工具对我们的要求。"

她在麻省理工学院做研究的时候，一直在考虑这个问题。起初，她发现动画家拥有非凡的能力，不管什么事物，在他们手下只需寥寥几笔，就被赋予了人性。比如《美女与野兽》（*Beauty and Beast*），里面的人物包括一个圆滚滚的茶壶太太和一个性格傲慢的大肚子座钟。马瑟西尔想编辑一个程序，能够自动做出这样的效果。她先设计了几十种瓶子，有的又圆又重，有的又尖又细。之后，她将其发到网上，邀请网友描述他们的感受，是愤怒、愉快、厌恶，或者恐惧等。再然后，她根据这些情绪总结出一系列物理特征，比如物体的光滑程度、角度大小、重心偏上还是偏下等，并将其输入一个三维设计程序，可以在程序中加以调整。最终，马瑟西尔开发出了一种新的三维设计程序，由电脑来完成情绪翻译。你只要拖动一下滑块，就可以指定设计风格更悲伤一些，那么电脑上的样本肯定就会出现底部粗重下沉的效果。如果你告诉电脑，设计中要添加更多的惊喜或者快乐元素，电脑就会做出相应的调整。我们对面的墙上有几个小架子，上面摆放着各种各样的瓶子，这些瓶子都是通过该程序设计，然后 3D 打印出来的。它们的大小跟玩具茶壶差不多，瓶口都有塞子。有些瓶子圆鼓鼓的，很普通，也有一些棱角分明，造型独特。它们呈纵横两个方向排列：横向代表输入程序的是积极情绪还是消极情绪；纵向则代表该情绪的强弱程度。其中在右上部分，紧挨着“惊喜”标签，有一个瓶子，瓶口塞子向前伸出，而瓶身却向后紧缩，给人一种急切的感觉，好像在说：“他干吗了？！”

马瑟西尔的成果代表了一种梦想，即美感和美学的模糊逻辑有可能通过某种算法来表达，这将成为 21 世纪的定义性隐喻。（正如历史学家尤瓦尔·赫拉利所写的那样，“每种动物，包括智人，都是在数百万年的进化中，通过自然选择而形成的生化算法的组合……非生化算法永远无法复制或超越的东西，生化算法能够做到，这种想法毫无理由”。）[35] 可以肯定的是，这个梦想无比疯狂，任何优秀的设计师在创造美时所借鉴的东西都与其品位和个人经验的诸多细节有着密不可分的关系，不是随意就能想到的。但是我们对于生活中产品设计的理解，仍然有一定的准则。马瑟西尔的瓶子，不管是悲伤而萎靡，抑或凶狠而尖锐，其背后都有一项最古老的隐喻：拟人化，为事物赋予人类的姿态和偏见，这样一来，它们就可以向我们传达事物本应表达的含义。拟人无处不在，无时不在，有的比较微妙，有的比较明显：史蒂夫·乔布斯要求第一台麦金塔电脑的屏幕和外壳稍稍向上倾斜，就像有人仰起脸在跟你打招呼。汽车的情绪设计主要体现在“fascia”上，这个术语的字面意思是“脸”（face），指的就是车头格栅和前灯的设计特色。2019 款法拉利 GTC4Lusso 的前灯感觉就像斜着眼睛的杀手，格栅面积更大，犹如一张咆哮的大嘴。2008 款大众甲壳虫，前灯像两只圆睁的小狗眼睛，引擎盖的线条让人感觉汽车在开口微笑。[36]

但是，拟人化只是设计师利用隐喻创造美的方式之一。就像马瑟西尔设计刮毛刀时所展现的那样，设计师会不断接受各种不同的影响，所以刮毛刀柄的曲线造型采用了芦荟的形状，电脑里的字体也包括了伦敦街头朋克文化海报上的文字风格。这些参照物经过模仿、重组、融合，有的已经很难识别了，可只要它们以正确的方式相结合，就能造就一款标志性的产品，向我们传递其自身以及其他事物的历史。当你拿起戴森真空吸尘器时，你会看到里面电机和配件的夸张轮廓。不过你还会看到一种“后现代”设计哲学，20 世纪 80 年代，詹姆斯·戴森首次获得成功时，这种设计哲学在建筑行业掀起了一场风波。在现代主义盛行的时代，产品的外观干净简洁，内部的运行组件都是看不到的。而后现代理念一改往日的风格，将产品内部完全展示出来。其巅峰作品是位于巴黎的蓬皮杜艺术中心，设计者为理查德·罗杰斯和伦佐·皮亚诺，该艺术中心的空调管道都露在外面，与自动扶梯交叉分布。整座建筑的造型设计将其内部的运行机制展现得一览无余。同样，戴森真空吸尘器外露的管线，电机外壳奇特的造型，也是想告诉消费者公司在工程研发上的热情。其透明尘筒是真空吸尘器的历史首创，同样也是为了向你展示机器的工作成果。让你看到吸取的灰尘，其实就是创建了反馈回路，这可是前所未有的。如果你用过戴森，那你一定了解那种惊讶于自己吸了那么多灰尘的满足感，而且这会让你想要继续吸下去。在高科技产品的设计过程中，设计师们有意识地提出了更加严格的要求，若非如此，就不会有上述效果。

在本章当中，我们追踪了通过隐喻阐释事物运行原理的不同方式，证实了隐喻和隐喻思维在发明新事物的过程中发挥的必要作用。要想为事物赋予美感，隐喻同样重要。在用户友好的设计世界里，美是一种工具，能够将产品从易用变为想用。美具有吸引力，带给我们触摸产品、拥有产品，然后使用产品的冲动。不过美还具有关联性，必然会借鉴我们在别处所发现的美的事物。从这种意义上讲，设计类似于一种套利交易：在一处发现美，在另一处传递美。你所看到的每一件产品背后都有一位设计师，如果他很优秀，那他就会拥有一种直觉，将你之前见过的东西取为素材，由此设计出来的产品你就会喜欢。当设计师的视野与我们的所见重合时，我们就会发出“美”的感叹。

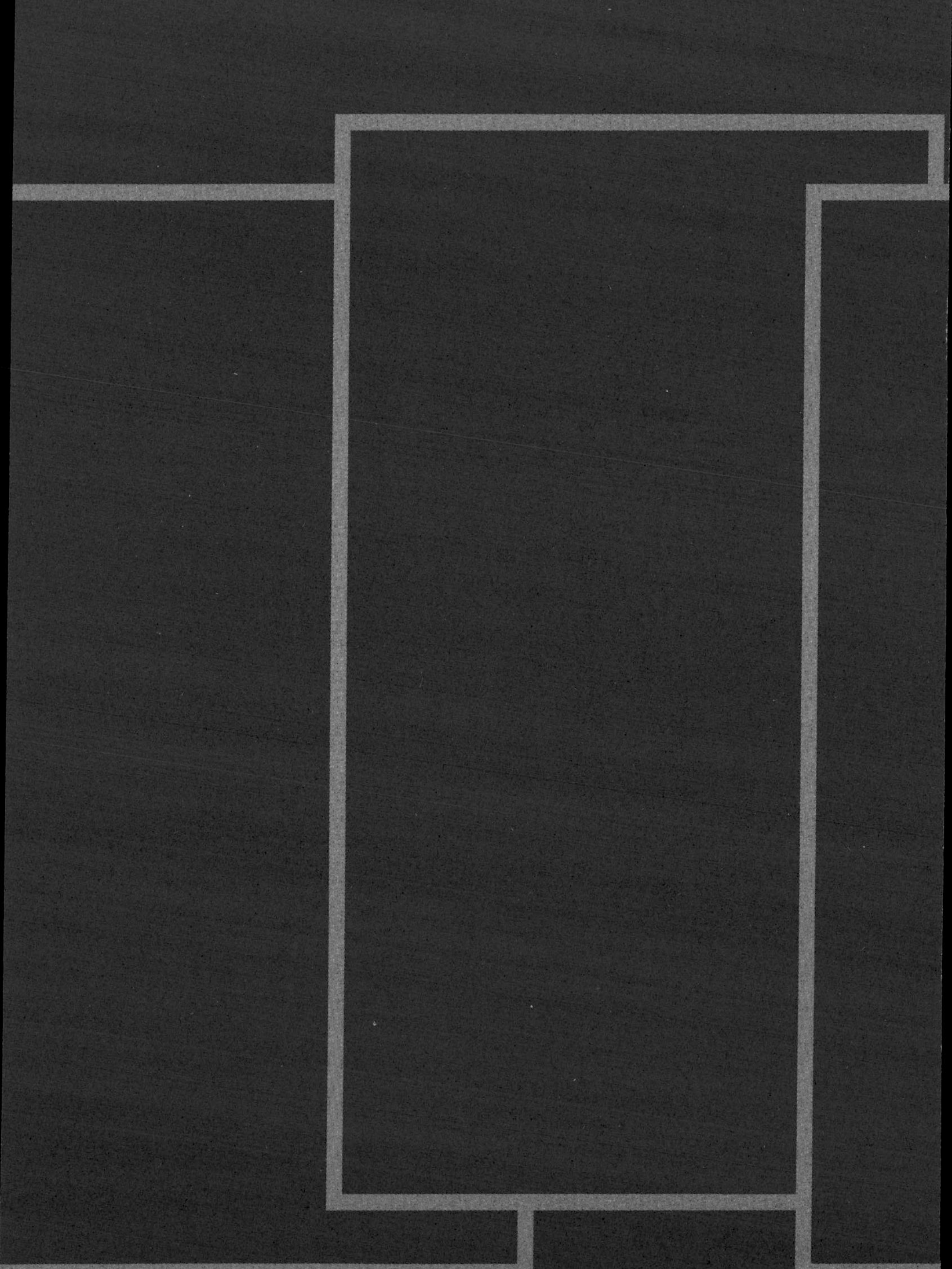

第二部分

让人想用的设计

第六章

工业化的同理心

《辛普森一家》里有一集很经典——“兄弟，你在哪里？”那集的男主角名叫赫布·鲍威尔，由丹尼·德维托配音。剧中的赫布与霍默·辛普森有着惊人的相似之处，赫布在孤儿院长大，不一样的童年塑造了他独特的个性，助他实现了非凡的成功，他创建了自己的汽车公司——鲍威尔汽车公司。[1]可成功依然填补不了他的空虚。“我是个没有根的人。我什么也没有，只有孤独。”赫布面带忧伤，向他的高管们坦承。后来，他接到了霍默的电话，电话里得知，原来二人是失散多年的兄弟，赫布是父亲阿贝和情人，也就是一名狂欢宴会上妓女的孩子。接着镜头一转，霍默开车拉着全家人第一次去见赫布。伴随着尖利的刹车声，霍默的车在赫布的宅第前停了下来。“天哪，这家伙可真有钱！”霍默嚷嚷道。

后来，霍默跟着赫布参观他的汽车工厂时，赫布让他选辆车。霍默接着就问他的厂里哪辆车最大，但油头滑脑的工厂经理搪塞道：“美国人不怎么喜欢大车，所以我们也不生产。”听到这，赫布有些恼火：“怪不得我们会在市场竞争中输得这么惨！原来你根本不听消费者的诉求，而是在向他们灌输你自己的想法！”赫布当机立断，决定委任霍默代替公司里学识渊博的常春藤名校毕业生，来设计公司的下一辆车。很快，霍默摇身一变，成了鲍威尔汽车公司产品部的暴君，他不断提出各种过分的要求，只为抚平他之前生活里经历的种种不顺。

汽车终于设计好了，赫布召开新闻发布会，向基层消费者展示这款新车。发布会之前，赫布从没看过这辆车，因为他更想和公众一起在发布会上感受这款车的惊艳。遮尘布揭开了。在场的人都倒吸了一口凉气，一个巨型怪物出现在他们眼前："怪物"带有尾翼和超大的杯座，能装下快易店（Kwik-E-Mart）里最大号的苏打水。车内没有后座，由气泡状的玻璃罩取而代之，这是为孩子们设计的，还配有"内置固定装置与可选奶嘴"。车有三个喇叭，以免"你感觉要疯的时候，一个也找不到"。引擎盖上还有装饰，一个卷卷的圆顶礼帽。这辆车定价 82 000 美元。"我这是造的什么孽？！"赫布号啕大哭，跪倒在地。"我要完了！"霍默还在硬挺着，坐在驾驶座上，挤出笑脸，按着喇叭，车上播放着 *La Cucaracha*（墨西哥民歌）。

这集呼应了《辛普森一家》的主旋律——用剧情反映现实，本集就讽刺了福特公司的设计灾难——Edsel。在当时的福特公司，亨利·福特的继任者，那些温文尔雅的高管吹嘘自己做了世界上最先进的市场调研，为这款"未来之车"设计了消费者想要的所有功能。汽车经销商接到了威胁般的命令——若在 1957 年 9 月 4 日"电子日"之前把防尘罩从汽车取下，则会被罚款。[2] 可真到了那天，人们看到了车，惊得嘴巴都张大了。但实际上，并没有人会关心在方向盘中间新设计的按钮换挡器，或者汽车变速时会变色的车速表，这样的创新并不合大众的胃口。Edsel 的失败反映了汽车行业和消费者需求之间存在的落差。民意调查显示，积极进取的美国青年男性渴望拥有一辆专为他们这一代设计的运动型轿车。但要明确人们真正想要的设计，仅有民意调查还不够，所以 Edsel 的设计师们就从自己所了解的大概情况，一下子跨越到了他们想要研发的具体细节。

20 世纪 50 年代，亨利·德雷夫斯的影响力仍然势头不减，像他这样的设计师本就该致力于找出获取商业利润与满足用户需求之间的弥合点。不过，就算是他也没有采取任何实质性的行动，因为他当时还没有预见到这一点。如此一来，这个重要的问题便遗留了下来：世界需要有远见卓识的天才，他们很清楚这个世界究竟需要什么，如果没有他们的帮助，你怎么才能理解你应该发明什么、为谁而发明，又为什么要发明呢？同理心一直是设计过程的核心，这个概念模糊又奇怪，但在设计这个可被任何人理解、复制并重新应用的过程中，同理心尚未被行业所接受。

设计思维、以用户为中心的设计和用户体验，这些都属于工业化同理心的形式表现。这些形式推动着未来的创新者去沉浸在他人的生活里，去体验与你生活息息相关的各类产品：从过去十年里谷歌邮箱的各种排列和新功能，到录像机上的回放按钮，只因 TiVo（一种数字录像设备）的设计人员看到人们对着电视问，“他们刚刚说什么了？”有些东西设计巧妙，虽然我们已经司空见惯，但其背后都是设计者的心血。比如你家孩子用的宽型软柄牙刷就源于一位设计师的悉心观察，他注意到孩子不像父母那样用手指拿牙刷。

工业化的同理心建立在这样一种观念上，即那些想要成为创新者的人，比如那些心怀善意但固执己见的 Edsel 设计师，甚至迷之自信地认为人人都跟他一样的霍默，都被自己的观点所束缚，需要将其摆脱。这种思维定式还没有完全转变过来。20 世纪 50 年代的红色恐慌、60 年代的反主流文化，加上我们自身对进步怀有的莫大恐惧，这些因素结合在一起，造成的直接结果便是停滞的思维定式。最终，这些影响催生了 IDEO 设计公司及其竞争对手 Frog 和 Smart Design，它们开创了一种理解用户的新方法。这是工程和设计历史上一个相对沉默的时期，它和其他任何一个时期一样重要，但由于没有什么技术上的突破，该段历史一直不为人知。但在这个时期，一个情感要素出现了。

*

那是 1952 年，鲍勃·麦克基姆刚从斯坦福大学机械工程专业毕业，当时正值朝鲜战争的白热化阶段。麦克基姆一生追求和平，毕业后的他决定在劳伦斯利弗莫尔国家实验室就职，以远离战场。[3]可他在实验室的任务是设计保护核弹的板条箱，这违背了他的初衷，令他十分不快。所以他做了相关登记，说明自己出于道义拒服兵役，然后找到了一份工作，为氢聚变绝密实验设计设备。征兵期结束之后，麦克基姆前往纽约的普拉特学院学习工业设计，然后在美国一家顶尖的工业设计公司就职。[4]“洛威太程式化了，他的设计只不过是在装点门面。提格，我很喜欢。不过最有品位、最有学识的设计师当属德雷夫斯。”现年 90 岁的麦克基姆这么告诉我，当时我们正在他位于圣克鲁斯的艺术工作室喝着茶，退休后他喜欢在这里制作青铜人像。他还学了演奏大号。他解释说：“要吹这玩意儿，你的肺活量必须要大。”那时德雷夫斯正处于事业的巅峰，他在巴黎剧院楼上有一间豪华的办公室，从厨房的一角可以看到他在广场酒店的公寓，站在办公室可俯瞰著名的普利策喷泉，喷泉顶上有一座罗马女神波莫纳（Pomona）的青铜雕塑。他曾经拒绝了梅西百货的家居用品外观设计的邀请，从那以后，他一直在宣扬一种理念，这种理念深深影响了麦克基姆。德雷夫斯曾经倡导，设计师要想真正创造出有价值的东西，就必须全身心地投入产品制造中。麦克基姆一直希望，仅凭产品的外观也能了解其内部的工作原理，如此一来，该产品的设计就能讲述它自己的故事。

但在麦克基姆开始与德雷夫斯工作后不久，这位上司所鼓吹的“哲学”逐渐变成了一种虚饰。尽管德雷夫斯跟其他同事表达的方式不同，但他们的工作方式差不了多少。这些设计师根本就不了解产品的制造过程。生产商甚至不让他们制作设计师版本的产品原型，因为他们的收费实在太高。因此，他们只能把自己的设计图纸交给别人来制作成模型。在麦克基姆看来，德雷夫斯和其他设计师并无两样，只是接受委托为别人的发明设计完美的方案。[5]所以，一年后，麦克基姆辞职了，与他年轻的妻子一起搬到了西部，做一些零工来维持生计，并计划在斯坦福大学进修更多的课程。在一次参观中，他看到了约翰·阿诺德开设的“释放创造力”课程的传单，后者几个月前也曾到过斯坦福。麦克基姆跑去见他，希望能跟他多学点东西。可没想到的是，阿诺德却反过来问麦克基姆能否到斯坦福大学来教学。

就这样，两人在最好的时间点遇见了彼此，一拍即合。麦克基姆对德雷夫斯的工作室越来越失望，与此同时，阿诺德则一直寻求让学生富有智慧且有独创性的教学方法。阿诺德的教学探索始于 1951 年春，当时他给麻省理工学院的工程系学生上课，要求学生想象外星人在另一个星球上的生活。“现在是 2951 年，太空旅行已经很成熟，银河系贸易流通频繁。”他这么告诉学生。阿诺德解释说，人类的贸易机构在银河系搜寻商业伙伴时，发现了 33 光年之外大角星 4 号（Arcturus IV）上的甲烷星人（Methanians）。[6] 人类计划制造一些甲烷星人想买的产品。

阿诺德精心设定了甲烷星人的局限性，学生们必须跳出自己的日常生活思维，去想象一种不同的生活，以及那种生活可能需要什么。（“你认为现在的人类设计师会考虑到人类的局限性吗？”阿诺德问道。）大角星 4 号拥有尚未开发的消费群体，为新产品提供了广阔天地。这里的居民友好而天真，但却固守着 19 世纪的技术。他们的星球本身就是一块巨大的石头，蕴藏着核时代人们所能想象到的最有价值的资源：铀和铂。但他们的需求却和这宝贵的资源没有半点关系。甲烷星人属于类人，身材瘦长，面貌像鸟，躯干呈卵形。他们身体虚弱，行动异常缓慢。[7]

了解了这些特点后，学生们在接下来的几周里开始讨论：卵生的甲烷星人是否会认为卵形汽车过于粗俗，还有，应不应该要求反应迟钝的甲烷星人适应新技术的速度。[8] 学生们发明的东西非常精妙：一种需要两只手才能打开的钻头，这样缓慢移动的甲烷星人就不会伤害到自己；还有一种带吸力的汽车座椅，这样司机在转弯时便无须用他们脆弱的四肢来支撑。[9] 即便如此，阿诺德身边那些刻板的教授还是把这门课看作是麻省理工学院学位课程之外的一种消遣。[10] 当然，阿诺德不这么看。阿诺德身材高挑、相貌平平、秃顶，他的外表实在令人过目难忘，与他强烈的感性性格极为不符。麦克基姆记得二人走在路上，即使阿诺德一根接一根地抽着烟，麦克基姆也要小跑着才能跟上阿诺德的步伐。学生们常说，在阿诺德的学术研讨会上，即使圆桌周围坐了一圈人，桌子似乎也会向阿诺德倾斜，其他人不由自主地就抬起头来。阿诺德希望在他的教导下，下一代人能够有意识地避免随波逐流。

威廉·怀特在《财富》杂志发表的系列文章明确表达了类似的担忧："趋同思维"和"组织人"日趋严重地威胁着美国个人主义，"组织人"每天早上穿着一尘不染的灰色西装，到庞大的灰色办公楼工作，其创造的价值与其他"灰色西装"并无两样。[11] 人们越发担心美国和俄罗斯会陷入核战争，怀特则对共产主义表达了更深层次的恐惧：这种威胁并非来自国外，而是国内。

怀特的思想吸引了诸多知识分子，阿诺德就是其中之一。正如他在题为《创意产品设计》的宣言中所写，"预测代表了一种无畏精神，要敢于为自认为正确的东西而奋斗，要敢于冒险，要勇于与众不同。"[12] 但要教会人们预测这个世界可能需要什么，唯一的方法是打破他们的预期。威廉·克兰西近期就约翰·阿诺德的《创造工程学》(*Creative Engineering*)一书发表了一篇书评，其中写道："我们的文化环境、同龄人以及我们在行为、外表、言谈、与环境的关系等方面的规范，让我们变得盲目，限制了我们的创新。"[13] 而阿诺德一直在寻找新的工具来解放人们的思想。阿诺德的前卫理念立即引起了人们的注意："大角星4号"课程使阿诺德一跃登上了《生活》杂志的封面，封面上还有他在课堂上使用的一件教具——一个甲烷星人的三指手。但是阿诺德对趋同性的恐惧最终还是遭到了非议。麻省理工学院的高级教员们抱怨说，这种宣传不合时宜。在受够了旁人的窃窃私语后，阿诺德于 1957 年躲到斯坦福大学攻读工程学。斯坦福工程学院倡导学生要怀有不同的抱负。

当时硅谷还未出现，但工程学院的院长早为其播下了种子，他鼓励毕业生在新兴的半导体行业开创自己的事业。反主流文化发展势头大好，反过来培育了企业精神，而这些影响滋养了阿诺德的激进想法。他开设了斯坦福大学最早的产品设计课程，如“设计哲学”和“如何质疑”等，但好景不长，阿诺德随后在意大利度假时心脏病突发，不幸离世。

麦克基姆是阿诺德聘请的第一批教授之一，负责热门的产品设计课程。随即他开始寻找释放创造力的新方法。他尝试服用墨司卡林（迷幻药）来寻找灵感，就像道格拉斯·恩格尔巴特等许多现代计算机先驱一样。他来到了伊莎兰学院——或许如今这里因电视剧《广告狂人》（*Mad Men*）而颇有名气，剧中的唐纳德·德雷柏在这里实现了临终顿悟。伊莎兰学院的创立者是两名斯坦福大学毕业生，位于大苏尔（Big Sur）的海边峭壁上，后来由其中一人接管。（在这两个毕业生到来之前，周末会有同性恋者在这里举办的温泉聚会，持枪的夜班警卫叫亨特·S. 汤普森。）学院的新使命恰好对了执着于创新的约翰·阿诺德的胃口。麦克基姆告诉我：“是恐惧造成了你的从众心理，所以我们很想知道如果你能摆脱它，将会发生什么。”“若你摆脱了从众心理，人类能释放多少潜力？若你消除了恐惧，你的创造力会开花结果吗？”[14]

麦克基姆原本或许会同情斯坦福大学的学生，他们白天要执行纠察任务，晚上还得闯入工程系，去破坏他们认为可能会助长越南战争的一切。但同阿诺德一样，麦克基姆依然认为真正的敌人在内而不在外。从伊莎兰学院回来没多久，麦克基姆便说服同事尝试新的做事方法。首先是围坐疗法，即一个人坐在中间，周围坐着他认识的人，有十几个或者更多，围坐者轮流表达对这个人的真正感受。有时这会发展成相当可怕的情况，比如一个学生会把女朋友拉来和他一同坐到地板上。你会想知道人们内心深处究竟隐藏着什么。整个 20 世纪 60 年代，麦克基姆都在认真思考是什么让那些尖子生鹤立鸡群，又是什么让某些项目脱颖而出，而另一些项目却举步维艰。并且在他回顾自己的十年教学经历时，他开始意识到，尖子生在解决问题时表现出来的创造力，不如在发现问题时表现出来的多。

戴维·凯利是麦克基姆“需要发现”项目中的佼佼者。他回忆说，他曾经设想实现性病的自我检测——拒绝害羞、追求健康；然后他去医院询问医生和护士对这个想法有什么意见，却引来他们一阵大笑，说这样的产品会因为误诊而造成很多不必要的麻烦。由此他得到了教训：你想象的解决方案与需解决问题的规模并不匹配。不过还是有位医生邀请我参观了他们的地下室，那里的文件到处都是，从地板一直堆到了天花板。他说：“如果你想解决真正的问题，那就到这儿来吧。如果我们把病人的档案放错了，我们就再也找不到了。”凯利说：“那时我意识到，与别人谈话也需要创造性。”“我必须真切地感受到一个人需要什么。”[15] 凯利说他后来能取得成功，关键就在于他相信麦克基姆及其理念——找到一个有趣的问题比找到一个有趣的解决方案更为重要。

针对此，凯利提议建立一个归档系统，他也因此一跃成为20世纪最具影响力的设计师之一。但他的杰出并不在于他设计了多少产品，尽管他确实在苹果第一款鼠标设计上发挥了关键作用。相反，他的影响力来自他1978年毕业后创办的设计公司，该公司在1991年发展为IDEO设计咨询公司。与其他公司相比，IDEO的卓越之处在于将行业同理心传播到了全球的董事会会议室里。此举意义重大。2018年，麦肯锡咨询公司分析了来自300家上市公司的10万多项高管级别的设计决策；分析得出，五年内，设计思维流程完善的公司比同行业收入高出32%，股东回报率高出56%。[16] 弗吉尼亚大学教授珍妮·利德卡花了7年时间深入研究了50个设计项目，她在2018年得出了类似的结论，但她更能理解其中的原因。珍妮教授的结论与约翰·阿诺德一直以来的期许有着惊人的相似之处：“到目前为止，大多数高管多少听说过设计思维的工具——人种志研究，强调重组问题和实验，发挥多个团队的职能等，但他们没怎么尝试过。但人们有些不理解，设计思维是以何等微妙的方式躲过了人类的某些倾向（比如囿于现状）或对特定行为规范的依赖（‘我们这儿就是这样做事的’），这种依赖严重阻碍了想象力的发挥。”[17] 今天，从 IBM 到芬兰政府，我们能在多个机构的工作流程中发现设计思维和行业同理心。IBM 誓言要成为全球最大的设计师汇集地，而芬兰政府则借助设计方法来彻底改造其社会项目的方方面面，从托儿所到福利事业都适用。

就像约翰·阿诺德在“大角星 4 号”课堂上阐述的，个人经验有时是盲目的。所以阿诺德寻找新的方法来解放思想的局限性，即个人偏见。现在，麦克基姆也开始相信，要解放思想就要放眼世界，理解他人的需要。这些思想是在某种决策流程出现后才传播开来的，该流程可根据工业节奏重塑新时代的理想，能抚慰现代公司因担心自己落伍而带来的危机感。这是 IDEO 的成就，而戴维·凯利是其最优秀、最有激情的推销员。不过 IDEO 想要塑造的企业灵魂是简·富尔顿·苏瑞这样的卓越人物，她给出的不是设计本身，而是指引设计的精神，而她在设计业内也因此被忽视。

*

苏瑞大学毕业后先是来到英国公共安全办公室工作，她的一个首要任务就是弄明白为什么有那么多人被割草机割掉了手和脚。政府当时保留了大量事故记录供苏瑞仔细研究，小小的方形电脑屏幕上闪烁着绿色的文字，可是却没有记录说：“割草机从脚上碾过。”数据记录与真实情况之间存在差距，很难推断当时究竟发生了什么。[18]

如果这类可用性研究已经完成，那通常是在实验室中进行的，用户需要启动割草机并重演推割草机的动作。苏瑞明白，要想弄清楚究竟发生了什么，她必须先和这些人聊一聊。于是她找到了他们。“当时那儿并不算野外吧，”她说，“但也挺荒凉的。”从某种程度上讲，苏瑞一直在为这项工作做准备。她小时候有个老虎面具，她记得自己当时还想，戴上面具之后，别人从外面看到的和自己在里面感受到的，有什么不一样呢？这样的思考对她成人后的设计研究事业产生了重要影响。她还记得跟兄弟姐妹们到康沃尔海滩玩耍，那里的沙石都是黄褐色的，他们好说歹说，当地农民终于让他们在那里露营。那时她只是个腼腆的小女孩，但她发现只要跟这些农民聊聊他们关心的事情，比如他们的宝贝奶牛或不灵光的拖拉机，他们就会主动地提供营地，根本不需要和他们提要求。苏瑞由此意识到，如果你主动问，别人还是很乐意透露自己的事情的。但这么做需要一种非凡的勇气。现在的她已然是个举止得体的成年人了，有着娇小的身材和腼腆的性格。她会去敲开人家的门，说明自己是政府安全办公室的，然后彬彬有礼地请他们回想生命中最糟糕的时刻。

在她收集信息的过程中，那些不幸者袒露，他们当时俯身去处理卡住的刀片，同时用另一只手放在割草机上保持平衡，然后不小心抓到了连接刀片的杠杆。他们给她看了出事的割草机，手柄就一根杆而已，很像是真空吸尘器。正因为它们的造型类似吸尘器，人们自然就像使用吸尘器一样使用它们，在草地上来回地推，而正确的方法是沿直线往前推。割草机来回移动，一不小心，他们的脚就被绞进去了。听了这些故事以后苏瑞发现，原来产品在设计中存在各种错误。重点是，这些产品都在说着一种用户听不懂的语言。就像一个人使用链锯，他以为自己抓的是把手，可当他差点把自己的手锯掉时才发现，那个长得像把手的东西根本就不该拿在手里——那是护手器。

可以肯定的是，苏瑞并没有得出任何设计的新想法。德雷夫斯与多温·提格用他们的整个职业生涯来告诉客户如何解读他们的产品，这些产品的造型和细节都非常巧妙，厨房用品一看就是做饭用的，新款吸尘器会比同类产品更好用一些。保罗·菲茨目睹了所有那些因操作复杂而导致的飞机事故，在“飞行员操作失误”的掩盖下，产品设计方一直无法总结出事故的真正原因。但苏瑞看到了未来的时代——计算机开始悄然走进我们的日常生活。她还预见到，当面向特定群体的专业产品，比如割草机以及后来的计算机，进入消费市场时会发生什么。你或许希望专业人员精通技术，受过高质量的培训，非常熟悉自己使用的工具及其运作方式。苏瑞发现，对普通人来说，在哪儿都不如在家有底气，可他们在家里的表现一点也不像专业人士：他们不按说明书来；他们做事的时候漫不经心；至于工具怎么用，他们总是自以为是。

苏瑞开始将她关于割草机、链锯和树篱修剪机的发现纳入政府标准。也就是那时候她意识到，要想真正实现机器的改进，还要好多年的时间，这么下去，将会有更多辛勤劳作的人被机器割下手来。在设计这些产品时，用户最好在场，这样你就能告诉工程师不要把链锯涂得像儿童玩具一样鲜艳，因为它不是用来吸引儿童使用的。苏瑞试着加入设计师队伍，但她申请的设计公司对她没什么兴趣。“你看，设计团队里没有像我这样的人，”她说，“我敢肯定，我当时给人留下的印象并不深刻，因为我没有立即想出好点子，对当时陷入瓶颈的设计师我也帮不上什么忙。”

这一切本可以有所不同。毕竟德雷夫斯一直在说，过去曾为了解用户做了不少努力，比如针对艾奥瓦州苏城的 RKO 剧院所做的调查。经过调研，他发现农民们不来 RKO 剧院，是因为害怕弄脏鲜艳的毛绒地毯。提格在这方面也不甘落后，他曾炫耀自己的设计师团队开着货运卡车进行越野驾驶，目的是更好地理解驾驶空间怎样设计比较合理。但是他们都没有把这些想法转化为系统化的流程，因为在他们眼里，设计是一种个人灵感的行为。尽管德雷夫斯已经把人体数据加在乔和约瑟芬身上，但他和提格都没想到要把产品的设计思路明确出来。他们认为自己去设身处地地想象另一个人的问题，这是创造力，而不是同理心。阿诺德进行设计教育实验之前的几十年里，有关创造力的教学一直毫无头绪。

到 20 世纪 70 年代，有几十家设计公司确立的目标非常务实，它们不求像提格和德雷夫斯那样成功，只要能实现他们成就的一小部分就满足了，所以这些公司十分乐意摒弃所谓高尚的意识形态。所以在接下来的 20 年里，设计行业不断发展，众多小型公司占了上风。到 20 世纪 80 年代，又有成千上万的人加入设计师行列，分得的羹越来越少，在“设计”概念上的投资也越来越少。“我记得我大学毕业的时候就有这么一家公司，早上开始一项设计，晚上就能完成，” Smart Design 的联合创始人丹·福尔摩萨回忆道，“整件产品，只在外观上稍加修饰就算成功了。”[19] 就算是行业内的顶尖设计师，往往收到的要求只是为成品加个漂亮外壳，就像麦克基姆在德雷夫斯办公室的那段短暂工作经历一样。所以说，是巧妙的创意带来了生意不假，但让产品一直流行下去的是款式。

而与此同时，福尔摩萨等人也感觉到了形势的变化。自 20 世纪 20 年代设计行业诞生以来，一直有两种设计思维相互竞争着。一种是通过解决用户的问题来改善用户生活的理想；另一种仅仅是为了激起消费者的消费欲望，以保持资本主义的繁荣。一种是相信商业会带来进步，另一种是希望通过吸引消费者来刺激他们的需求。到 20 世纪 80 年代，设计的钟摆偏向了后者。此时此刻，多亏了新生一代和新的机遇——半导体行业的迅速发展，它将释放一场自 20 世纪 50 年代以来最大规模的新技术浪潮。这解释了为什么像 IDEO、Smart 和 Frog 这样的世界著名设计公司能在硅谷的项目中大放异彩，占据大额度市场。正是在那里，新时代关于自我发现的流行理念与新颖的、以人为中心的设计过程相融合，这样的设计过程与其产品一起借着硅谷的浪潮走向了世界。这些新流程、新产品开创了一种新的设计感受力——产品外观不如使用体验重要。

*

苏瑞在英国求职时遭遇的冷漠无情令她大失所望，她去了加州伯克利，当时她的男朋友正在那里攻读博士学位。在一个熟人的介绍下，她认识了一家小型设计工作室的老板比尔·莫格里奇。莫格里奇也是一位英国移民，他身材高大，彬彬有礼，知识渊博，他的职业生涯始于设计医疗设备，不过他一生都致力于字体设计。那时的他已然可以说是历史的创造者，他刚刚设计出世界上第一台笔记本电脑——Grid Compass，近 20 年内该产品一直是航天飞机上的标配。莫格里奇用平和的语调娓娓讲述了这台电脑曾经多么的令人失望。

该项目启动时，莫格里奇甚至不确定能否设计出这样的东西，电脑真的能做成便携式的，满足客户的需要吗？为了求证这个可能性，莫格里奇收集了制造计算机所需的所有原始部件——硬盘驱动器、软盘驱动器、处理器和显示器，他把这些都放在公文包里，整天随身带着。公文包很重，但这个设想可行。不过问题不只在于减轻重量，还要缩小体积，显示器太占地方了。或许是从公文包得到了灵感，莫格里奇无意间设计出了如今通用的翻盖款式，这样一来，显示屏可以在携带时关闭，在使用时打开。这种设计十分精妙，一方面保护了屏幕，同时还能让用户调整观看角度。然而，当莫格里奇打开第一个设计原型，着手完善细节时，他惊讶地发现自己的设计对整个产品来说似乎无足轻重。[20] 里面的软件简直一团糟：混乱，难用，说不清道不明。莫格里奇意识到，不能将软件与笔记本电脑分离开来。这是一种集软硬件于一体的体验，是一个庞大的互动网络。[21]

两人见面时，苏瑞向莫格里奇展示了有关她工作内容的幻灯片，上面有事故现场重演的照片，有她对摩托车灯、电动器械和检票闸机的设计建议等。之后，莫格里奇也给她看了他目前使用的图表：德雷夫斯的乔和约瑟芬图纸。IDEO 位于旧金山的办公室宽敞明亮，我与苏瑞曾在那里聊天，她告诉我："莫格里奇设计电脑时用了很多德雷夫斯的图纸。""但对我来说，这些图纸都不可行，因为所有这些关于人的姿态和使用动作的图像都是在框定人的行为。我感兴趣的是真实情况到底如何，什么时候人们不会那样坐着，什么时候人们会跷起二郎腿。要想得到这些事实经验，必须亲眼看到人们使用产品时，理论与实际之间的差别。”最后，莫格里奇问道：“现在你有什么打算？”苏瑞一怔，脱口而出：“我想在你这儿工作！”英雄所见略同。后来，莫格里奇联系到了一位经常与他共事的设计师——戴维·凯利，以及另一位设计师迈克·纳托尔。他们各有一家小型公司。1991 年，三家公司合并，取名为 IDEO。

那时的硅谷，个人电脑早已取代了大型计算机，新市场也随之出现。这些设计工作室最大、最重要的客户是苹果公司，它为整个行业带来了翻天覆地的变化：1980 年，戴维·凯利和原来的同事设计出了第一款苹果鼠标；Frog Design 很快在加利福尼亚北部开设了第一家办事处，20 世纪 80 年代的苹果电脑机箱主要由该公司负责设计，包括“白雪公主”设计语言，该设计语言奠定了苹果 10 年的产品基调（Smart Design 也发挥了重要作用）。但与此同时，新类型客户提出的要求带来了传统工业设计工作之外的问题，要棘手得多。IDEO 的现任首席执行官，同时也是莫格里奇雇用的第一批设计师之一的蒂姆·布朗说：“我们面临的挑战不仅是设想现在的产品是怎样的，还要去想象它在未来是什么样子。”

过去几十年里，德雷夫斯和业界同行乘着席卷全球的制造业浪潮，推出了大量新产品。在一场硅谷革命后，如今的 IDEO 和新一代的设计工作室将显示屏和电子设备送到了他们自己都没去过的地方。有时候，这些新产品也在我们自己家里，比如录像机和个人电脑。不过更多时候是在一些不知名的商务场所里，比如呼叫中心、仓库和办公室。以往一成不变的东西，如今千变万化，这都是软件的功劳，可正是这些软件带来了新的问题。“我们的工作是让复杂的产品易操作。”布朗说，“未来我们可能会设计些简单的产品。”这些产品有记忆功能，能够记忆用户的行为，以及用户过去的状态，当然，通常也就是几秒钟之前的吧。“从那时起，产品从单纯的产品变成了一种记录仪。它们不单是一件工艺品了。你必须进入人们的生活，才能理解他们的经历和对产品的需求。”

但要怎么做呢？20世纪90年代，由建筑学转行成为计算机程序员的艾伦·库珀提出了“用户画像”概念，即通过真实数据汇总形成的用户虚拟代表。用户画像及其代表的需求和日常生活，可以实实在在地贴在墙上，这样设计师就可以站在目标用户的角度上来思考问题。这个想法很接近乔和约瑟芬的理念，后者的测量数据也是旨在体现大多数人的特征。[22] 当莫格里奇第一次雇用苏瑞时，他正在为施乐公司做一个项目，并且已经拟好了项目背景和用户画像：一个叫斯特拉的人物，已经在使用一款想象中的未来产品了。

“他问我，‘你要不要来做？’”苏瑞说。她想了想，“我说我宁愿看看人们的过去。”苏瑞认为，你对未来的想象，并非基于贴在墙上的用户画像，而是基于现有的真实情况，以及现实世界的种种不足。她还记得自己研究机器事故时挨家挨户地敲门，寻访那些受害者：在这些可怕的割草机和链锯事故背后，有一个共同原因——在人们看来，机器的生产与设计完全不同，根本就是两码事。结果，不同往往意味着脱离，脱离就意味着谁赢谁输的紧张竞争关系。“如果某个群体的定位与设计师区别开来，那我不想成为其中的一员。”苏瑞说，“如果我们成功了，我们可以雇用更多的人，但我不想单独设一个部门。”她建议让公司里的所有人都学习她的思维方式。

她发现上一代设计师不怎么喜欢外出。艺术学校是鼓励这么做的，那里选拔的都是害羞内敛、有创造力的学生，他们就喜欢坐在工作台上做些花里胡哨的漂亮东西。而外出去观察人们的行为，研究他们日常生活里那些烦琐的细节，会让他们心生厌恶。苏瑞的特有天赋就是以诗人的方式去留心生活：看看某个被遗漏的细节会揭示什么信息，甚至是什么样的生活方式。一次，她在英国一处建筑工地看到两个男孩，他们骑坐在锅炉房门上，自此她深有感触，开启了一个新项目，并根据研究成果写了《无意的行为》（*Thoughtless Acts*）一书。在昏暗的地下室里，这个房门是唯一能动的东西，两个男孩骑在上面晃着，发出的声音回响在这个庞大的混凝土迷宫里。也许他们需要一个游乐场，也许他们需要一栋新的公寓大楼，一种可以随着他们的成长而改变的住所。这是一种需要，虽然没有得到满足，但找到了解决的出路。你必须足够细心、相当敏感才能看到它。苏瑞开始收集更多这样的生活细节快照，人们在自己周围的世界感受着自己的存在。[23] 仙人掌的茎片被用作布告牌，葡萄酒软木塞非常适合做临时门挡。关键是，这生活中每一个微小的修改都指向一个被忽视的问题——人们需要的东西、他们生活的环境和他们的行为方式并不匹配。

蒂姆·布朗想起了自己认识到这一点的时刻。苏瑞带领团队参加了一个厨房电器制造商的项目，以更好地了解用户的需求。他们采访了一位用户，请她详细地介绍了她烹饪用的所有器具。然而，当她打开橱柜时，里面几乎没有新鲜的食物，都是半加工的速热食品。人们对自己生活的描述与其实际生活之间有一种奇怪的脱节。他们真正的生活并不像告诉别人的那般。“他们没有撒谎，”布朗说，“但他们对自己的所作所为有不同的心理模型。这就是以用户为中心的设计技巧：显性需求和隐性需求的对比。人们通常会告诉你他们想要什么，但不会告诉你他们需要什么。”整个设计思维过程是为了避免生产出像霍默的“完美汽车”那样的产品：随心所欲、不受欢迎，却恰好满足了某个人的需求。设计中亟待解决的最重要问题是那些用户尚未表露出来的问题，而亟待提问的最重要问题是那些用户从未想过要问自己的问题。

IDEO 的企业文化要求全体员工研究用户行为，不仅如此，该公司的工作方式还包括两种构成要素：把设计原型（无论多么原始）尽快呈现在用户面前，要告诉自己设计过程中不存在“设计师”。两大信条都来自滋养了这家年轻公司的环境。硅谷弥漫着自组织的黑客风气，莫格里奇和凯利都受到了影响，他们认为办公室应该是完全平等、没有任何等级制度的。“他之前和戴维·凯利就是这样合作的。所有人只是团队成员，我喜欢这样的工作关系。”苏瑞说，“文化里的一些东西早就模糊了界限。”凯利于 1977 年在斯坦福大学师从麦克基姆学习设计，那个时候 DIY（自己动手制作）企业家精神就已经占据了主导地位。学生们的课桌密密麻麻地排列在一起，他们不禁想知道其他人在做什么。而凯利复制了 IDEO 的开放式设计。每个人都知道其他人的问题，不同的建议就这么自由地在开放的办公空间内流动。莫格里奇甚至提出，所有职员的工资可大致相等，并且让大家知晓，自己也不例外。

凯利还坚持他从麦克基姆身上学到的一种态度：失败不是坏事。麦克基姆在德雷夫斯的办公室工作时，从没做出过设计原型。可在斯坦福大学，他宣扬的精神却恰恰相反：要确保设计有效，就得先做出设计原型，看用户使用时会碰到哪些问题，然后再修复，再观察，再修复，直到最终完善。设计不是纸上谈兵。莫格里奇已经习惯了修补设计和制作原型，苏瑞也是如此。她回到伦敦后，在当地城市交通管理局工作，她用硬纸板复制了全尺寸的地铁转门，观察人们是如何穿过它们的。无论手头上有什么，都能用来制作原型——从简单的纸板到较为先进的设计模型。往深里说，这成了一种将用户反馈整合到每一步设计流程的方式。

一开始，客户很不理解 IDEO 的这一特殊流程。早期的客户会说，我们直接谈设计吧。但不管怎样，凯利、莫格里奇和苏瑞还是坚持实施了这种新工作方式。他们把设计藏了起来，到最后才透露成果，不禁让人惊喜万分，尽管这其中隐含着一种微妙的隐喻：这就是这种方式本该有的样子，因为我们靠的不是猜测。IDEO 工作方式背后的设想如今已成为实践的标准，这是世界发展变化的最好标志。如今，苏瑞坚持将创新植根于个人体验的细微差别，并且这已经演变成一条箴言：如果你为所有人设计，你就不是为任何人设计。

凯利继续扩展了斯坦福大学的设计课程，并于 2004 年在斯坦福参与创立了哈素 · 普拉特纳设计学院（Hasso Plattner Institute of Design），即所谓的 d.school，其设计课程以 IDEO 的设计方法为基础。之后的几年里，全球几乎所有的大型科技公司，甚至是无数旨在更具创新性的企业，它们内部的数字设计机构所采用的工作流程，都认可无等级的小团队协作模式，初期的目的主要是发现用户未满足的需求。所有这些过程都包含在一个更大更普遍的框架当中——观察、建立原型、测试，并不断重复，在这里，观察等同于创建。今天，你可以发现 IDEO 在多个领域的影响力，比如盖茨基金会，它把以人为本的设计作为推动发展中国家创新进步的主要方式；颇负盛名的梅奥诊所里有一整层楼专供设计师与医生一起工作，这样他们就能相互配合，第一时间对新的服务方式进行检验；[24] 福特的首席执行官扬言，计划将福特这一汽车巨头改造成以经验为导向、以用户为中心的公司，以增强其在自动驾驶汽车时代的竞争力；还有芬兰，一家政府注资的设计机构推出了一项激进的基本收入实验，旨在重塑公共服务。[25] 对于未来可能成为商业巨头的一代，现在学习设计思维方法，除了师从斯坦福大学教授，也可向世界上许多顶尖的商学院教授学习，所有这些商学院都想效仿斯坦福大学的承诺，帮助学生掌握设计的炼金术。

可以肯定的是，设计思维的种子在英国、德国和斯堪的纳维亚等多个地区同时发芽。但 IDEO 有着绝佳的商业环境与时间节点：这家公司坐落在硅谷，那里蓬勃发展的高科技，使得北加州成了创新的代名词，公司之所以能够扩大其影响力，也是因为项目本身的影响力就不容小觑。戴维·凯利参与设计了第一款苹果鼠标，公司利用这一点，卖出了价值数百万美元的产品。不过其影响力如此之大，只是因为 IDEO 开拓了一种渠道，让其他人能够传递“设计”不仅在于美观的理念。设计非但不只是美观，反而是一个工业化的移情过程——一个能够营销、解释、传播、重复，然后再传播的过程。

史蒂夫·乔布斯有这么一句名言：消费者不需要明白自己想要什么，这与亨利·福特那句“每当我问顾客需要什么的时候，他们总是会说需要一匹跑得更快的马”，以及 IDEO 试图将用户的欲望和需求分开的做法如出一辙。但乔布斯并不太相信过程，他将其纳入自己的直觉和判断当中。结果，他的这句话却被无数企业家奉为至宝，他们都很高兴——原来自己的直觉才是最重要的。确实有无数的例子表明，人们仅根据自己的经验，就能创造出非凡的东西。

2013 年，里迪·塔利亚尔在哈佛商学院开设了一项奖学金，旨在发明一种新的方法，让女性在家监测自己的生育能力。她发现，该研究过程需要大量采血。从激光到真空采血管，很多公司都在尝试寻找一种无须针头的采血方法。但作为女人，塔利亚尔知道些别人想不到的事情。她在接受《纽约时报》采访时表示："我想到的是女人和血。当你把这两个词放在一起时，找到方法就不难了。我们每个月都有机会收集妇女的血液，不需要针头……血液里有很多信息，可现在它们都被扔进了垃圾箱。"[26] 塔利亚尔很快就申请了一项专利，名为"未来的卫生棉"，这是一种采集经血的方法，采集到的样本可以用来监测从癌症到子宫内膜异位症的各种疾病。

作家帕甘·肯尼迪曾经质疑："为什么塔利亚尔女士会看到这种可能性，而在她之前的很多工程师却没有看到呢？你可能会说她有特殊优势：性别。她身为女性，拥有男同事无法具备的体验。她无须想象产品的使用效果，因为她自己就能进行新产品的测试。"麻省理工学院的经济学家埃里克·冯·希佩尔毕生都在寻找与塔利亚尔相似的经历，并最终得出结论：生活在某种体验之中的人最适合来改善这种体验。发明往往来自那些自己会使用这项发明的人，比如发明滑板、在街头"冲浪"的加州人，以及制造出首台心肺机、支撑病人完成手术挑战的外科医生，是他们的亲身体验激励了自己。

这是真的，毫无疑问。但是，与语言和对立点相比，同理心或许是进化赋予我们人类的最强大的工具，它帮我们摆脱个人经验的束缚，它让我们不受某些故事的局限。我们的经济建立在这样一种理念之上，即可以动员整个公司去完成一项员工到来之前就已经开始的事业。所以就算有很多发明源于个人对问题的认识，但大多数并不是由发明者去改进完善的，而是其他人在别人的启发之下最终理解了问题。公司迫切需要创造新产品，用户存在需求却没必要把时间和金钱押在创造新事物上，二者之间存在着沟通的空白，而"设计思维"与以人为本的设计理念能够填补这一空白。以用户为中心的设计就是要建立一个感应过程，让公司找到发明者的感觉。

除非寻找创意有迹可循，否则那些创新的格言、信条，以及创新或接受竞争浪潮洗礼的必要性，听起来都是空谈。在计算机时代之初，设计过程的美妙之处在于，只要我们懂得换位思考，我们就都能创新。新的技术浪潮到来，大众尚不理解，也几乎无人愿意买单，恰在这时，工业同理心出现了。然而，一旦同理心成为一种规则，问题就变成了：你应该站在谁的角度去思考？普通用户在模板中被理想化了吗，比如乔和约瑟芬？或者说，我们能在边缘人的生活中发现什么，他们的与众不同能让他们感受到其他人感受不到的东西吗？

第七章
技术与人性

1968 年 12 月 9 日，一个阴冷的早晨，有史以来意义最为重大的一次科技演示在旧金山举行，这次演示后来被誉为“演示之祖”。在布鲁克斯礼堂里，背景昏暗，道格拉斯·恩格尔巴特坐在一块 22 英寸的屏幕下，紧张地等待着即将开始的一场演讲。这场演讲将预测未来 50 年计算机领域所有重要的发展步骤。“希望大家能适应这里的环境。”他通过麦克风耳机说。然后，他又小声念叨了一句：“真的希望。”

参会者是当时计算机界的领军人物，这是计算机行业的首次年会，名为“秋季联合计算机大会” 。对于这些参会者，伴随他们长大的是打孔卡和打字终端机，所以对即将看到的景象，他们几乎毫无心理准备。恩格尔巴特两手空空，没拿任何文稿。他走上前，开始展示计算机的各项功能，包括编辑屏幕上的文字，用超文本将一个文档链接到另一个，以及将文本、图形和视频编辑到同一个文档中。他用手持操作器来控制屏幕光标（他称之为“bug”）的移动。演示过程中，他还展示了如何用计算机共享文件，以及通过可视电话与同事进行远程交流。90 分钟后，恩格尔巴特结束了这场精彩的演示，全场爆发出热烈的掌声。恩格尔巴特勾勒出了未来计算机的发展前景：鼠标、电话会议、电子邮件、窗口化用户界面、超链接、互联网。一位参会者回忆说，恩格尔巴特好像在

“用双手处理闪电”。[1]

斯坦福研究所的同事都评价恩格尔巴特是个顽固的怪胎，他花了23年的时间才登上计算机的舞台。恩格尔巴特的职业生涯始于1945年8月，当时他接受海军部署，随军行至菲律宾。他通过了相关测试，经过培训成为一名雷达技术人员，负责在闪烁的绿色屏幕上扫描“种子”信号。但当他所在的船驶离旧金山码头时，水手们在甲板上向亲人挥手告别，突然，人群中发出呼喊声。[2] 船上的扩音器里传出嘈杂的声音：日本投降了。那天是二战对日战争胜利纪念日。又过了一个月，年轻的道格拉斯·恩格尔巴特终于抵达菲律宾的萨马尔岛。在整整一年的时间里，他每日做些零工，然后就是对着太平洋上空高耸的云层一连做几个小时的白日梦。但他始终无法走出战友去世的阴霾，他们的潜力尚未发挥，生命就走到了尽头，这段经历激励着他开启了毕生的事业。

红十字会将一间茅草屋临时改成了阅览室，在这里，恩格尔巴特终于找到了自己的使命。他在翻阅《生活》杂志时偶然读到了一篇摘要，其内容是范内瓦·布什在《大西洋月刊》上发表的著名论文《诚如所思》（As We May Think）。布什在文章中指出，科研人员正淹没在他们所获得的数据和信息中。他认为，虽然人类花了数千年时间来创造改变物质世界的工具，但现在到了该创造知识工具的时候了。他同时提出了几个方案，其中包括“麦麦克斯（memex）存储器”（他在命名时很匆忙）。只要用户需要，该存储器就能记录各种书刊和信函，并且在调用这些信息时具备“超高的速度和灵活性”。布什写道：“这是对用户记忆的扩大补充。”这句话意义深刻。约翰·马科夫在其著作《睡鼠说：个人电脑之迷幻往事》（*What the Dormouse Said*）中曾经详细描写过恩格尔巴特的背景历史：“以前都是一堆人为一台计算机服务，而现在，计算机将成为个人助理。”[3] 就这样，计算机领域意义最深远的隐喻诞生了。

在接下来的20年里，恩格尔巴特完全投入到人类进步的无限前景中，专注研发个人助理式的计算机。他不相信仅凭一台计算机就能让所有人都变得更聪明。如果人人都聪明起来，并且通过网络连接全世界，那么社会进步的速度将成倍增长，人类也会更加睿智。在旧金山首次成功演示后，恩格尔巴特开始了巡回展示，他希望以此吸引更多人加入这份事业中来。他参观了麻省理工学院，拜访了麻省理工学院人工智能实验室的联合创始人马文·明斯基。恩格尔巴特认为计算机应该强化用户的思想，而明斯基却认为计算机应该成为用户的思想。明斯基希望计算机取代用户，而不是帮助用户。恩格尔巴特费了九牛二虎之力，弄好了庞大而笨重的计算机原型，开始了他的演示，而明斯基只是面无表情地在一旁看着。演示结束后，明斯基不屑地问道："十年后，我们的机器会像人一样思考，而你展示的只是如何创建购物清单？"[4]（讽刺的是：这次会面 50 年后，亚马逊 Alexa 也曾宣传其创建购物清单的功能。）

明斯基和恩格尔巴特进一步升级了二战时的不和谐因素，这也推动了人体工程学和人因工程学的产生。明斯基想的是，机器脱离我们（或许会超越我们）会变成什么样子；而恩格尔巴特持相反观点，他认为机器只是用来服务用户的工具。每当一项新技术出现时，似乎注定要重复这种拉锯战。即使我们站在用户这边，或者说是我们自己这边，也不可避免地会产生一个问题："我们"到底代表谁。阿诺德、麦克基姆和苏瑞都清楚，你可能会被自己的思维倾向所蒙蔽。你可能因为太了解自己反而看不清这个世界。你可能无法很好地了解别人，更谈不上了解他们的困扰。要克服人性中隐藏的这一缺陷，有两种基本模式可以指导我们明确应该共情的对象。一是观察人们的普遍行为，看看哪些可重新应用到其他地方，希望通过其表达一些关于人的更深层次的真相。二是找出所谓的边缘情况，这些情况未来有可能发生巨大转变，对世界产生翻天覆地的影响。

*

2010 年，史蒂夫·乔布斯无意中了解到：iPhone 应用商店里有款应用程序很奇怪，长期无人问津，名字叫作 Siri，是根据其诞生地斯坦福研究所命名的，而这里恰好也是孵化出恩格尔巴特“演示之祖”的地方。机器学习和语音识别技术发展迅速，多年来，这些技术一直在实验室里悄悄酝酿，逐渐成长，Siri 应运而生。你可以向它说出指令，询问天气，设置提醒，获取电影上映信息，等等。仅一年后，Siri 成了 iPhone 操作系统的内置功能，竞争悄然而至。

Siri 刚刚发布的时候，除了能查看天气、开个玩笑以掩盖自身不足之外，功能寥寥。但是新界面范例不常出现，一旦出现，就会成为业内的颠覆性事件，覆盖整个生态系统，为新一轮的竞争扫清道路。（就连当时谷歌首席执行官埃里克·施密特也承认，Siri 的出现打了他们一个措手不及，他们担心有朝一日谷歌的业务会深受影响。）[5] 有了 Siri，计算机助手的概念实现了从隐喻层面到实质性内容的飞跃；原本模仿私人助理职能的灰色盒子，变成了听你指令的语音助手，而且随时可用，令人安心。此外，Siri 的出现还正好赶上了新一代人计算机认知的革命。

约在 2012 年，时任微软搜索业务副总裁的德雷克·康奈尔首次来到中国，虽然时差还没倒过来，可他却注意到中国人拿手机的方式很特别。他们都把手机高举在面前，就像在用化妆镜一样，而不是像用固定电话听筒那样把手机放在脸的一侧。这似乎是属于某个地方的怪癖，康奈尔从未见过。他说：“嗯，确实挺怪的，不过我觉得他们这儿可能就习惯这样吧。”事实证明，中国人使用手机的方式与西方人不同，中国人喜欢发语音，借助语音识别来发信息，而不是亲手打字。一定程度上，这样更省事，因为在手机上输入汉字很麻烦。不过更让人想不到的是，他们不光在和人聊天时发语音，他们将语音作为开启数字世界的入口，查找应用程序时，他们靠的是语音识别，而不是点击菜单。[6]

在中国，智能手机是另一回事。人们对其有不一样的心理模型。应用程序不太受欢迎，应用商店也没那么重要。手机的操作系统远不如聊天软件重要，因为通过聊天软件可以进行各种操作。比如你想买演唱会的门票，打开中国最受欢迎的聊天软件——微信，其每月用户超过 10

亿，你能找到卖票的黄牛，然后和他聊天。[7]在聊天对话框中，他会给你发来各种门票及相应票价，供你选择。你也可以直接从微信预订餐厅或叫出租车。这样一来，就不需要下载其他应用程序了。西方用户习惯使用各种手机应用，而中国人将聊天作为切入口，就避免了在各种应用之间来回切换的烦恼，也不用像个手机养的宠物狗一样，这里那里地去寻找各种信息。

这种转变之所以首先在中国出现，开发者认为很好解释，因为绝大多数中国人并不是在台式电脑的陪伴下长大的。正如我们之前所看到的，在发展中国家，包括印度和肯尼亚，智能手机用户从小到大，都没有意识通过下拉菜单查找功能，或者通过浏览器上网，中国人也是一样。中国发展迅速，现代化进程突飞猛进，人们此类预期不仅没有，而且完全被取代。康奈尔说："在美国，人们习惯以某种特定的方式使用手机，这成了发展的障碍。"要想了解智能手机的功能，聊天软件是最好的途径，因为聊天是新一代数字公民进入手机世界的大门。我们现在经常能看到中国老年人问手机：电视上演什么？今天天气怎样？但是，如果问他们互联网是如何运作的，或者怎样在网页浏览器上输入网址，他们可能会耸耸肩说听不懂。康奈尔想了想，说："有趣的是，人类出现以来的所作所为是如何一步步催生出这个新时代的呢？"[8]

对于康奈尔这样的人，中国的智能手机用户带给他们的远远超过了观察的趣味，而是为他们提供了一种更加友好的手机制造方式。更确切地说，它似乎有可能是"下一个 10 亿"——印度、非洲和其他地方的智能手机用户的一个缩影，这些用户受教育程度不高，但他们仍然能通过与手机对话来获取自己所需。不仅是发展中国家，甚至在西方社会，对于桌面、窗口、超链接和网站所蕴含的隐喻，青少年也从未了解。中国仿佛是一个平行案例，说明了世界其他地区如何随着科技的发展而走向成熟，如何摆脱前一个用户友好时代的阴影，不用像前几代人那样在隐喻理解上走弯路。

在新计算模式即将出现之际，科技巨头们纷纷投入巨资，与Siri展开竞争。微软的探索从所谓的“绿野仙踪”实验开始：实验中，受试者被告知会同两名助理进行沟通，另一个房间里有人会将助理的回话打在屏幕上展示，然后看受试者的反应。第一名助理向受试者提出培训请求；另一名助理则只是猜测用户需要什么，然后给出正确的答案。事实证明，用户对前者的态度要宽容得多，对后者则较为谨慎，即便其给出的建议十分准确。由此可见，培训会提高人们对助理的信任程度。但是为什么呢？[9]

2013年，设计研究员凯特·霍姆斯受命将这个问题搞清楚。首先，她的团队提出要找出用户相信数字助理的依据，他们可以直接寻访那些名流和富豪的真人助理，去观察他们是如何获取信任的——他们怎样确定提建议的时机，如何判断什么时候该小心说话。

巧合的是，在霍姆斯的这一项目开展后不久，斯派克·琼斯执导的电影《她》（*Her*）的预告片就出来了。故事的背景设定在遥远却又熟悉的未来。影片开始，杰昆·菲尼克斯饰演的忧郁孤独者西奥多·托姆布雷决定购买一个数字助手。在家的时候，他把一个小装置放进耳朵，然后就听到一个冷静的男性声音：“西奥多·托姆布雷先生，您好，欢迎来到世界上第一个人工智能操作系统。我们想问您几个问题。”他回答了自己有什么样的性格，当问及他与母亲的关系时，他停顿了一秒钟。对方回应了一句简短的“谢谢”。然后斯嘉丽·约翰逊的声音便出现了：“您好，我在您身边。”托姆布雷半信半疑地说一声“嗨”，耳朵里传来了一声爽朗、热情、出乎他意料的回答：“嗨！我是萨曼莎。”萨曼莎不满托姆布雷像机器人一样和她说话，她想让他放松一点，像朋友那样同她交流。很快，操作系统萨曼莎便填补了托姆布雷生活里的空白，在开会前叫醒他，帮他起草电子邮件，聆听他的倾诉，和他聊天开玩笑到深夜。起初，萨曼莎对自己无休止的好奇心让托姆布雷觉得好笑。后来他渴望这样，他希望萨曼莎能发现他的一切，可他从来没有自信去发现深处的自己。

这部电影给微软公司的Cortana团队带来了灵感，电影描绘了一个未来技术的愿景，我们不再需要处理数字生活中诸多的应用程序，或者数不清的连接。而在过去，一个生态系统会有多个连接，指向多个应用，分散着我们本就有限的注意力，比如约个晚饭可能会用到六个不同的应用程序。西奥多·托姆布雷用不着这样，萨曼莎自己就能处理所有无关紧要的细节 。《她》描绘了一个美好的未来，那时的科技运用十分自然，借助声音的力量便可进行。霍姆斯后来告诉我："这部电影让我们清楚地认识到，设计的隐喻应该是人与人之间的互动。"计算机应该如何与人类交互？最好的指南就是人与人之间的互动方式。[10]

看了《她》，你会惊讶地发现，我们当下的生活跟电影中的未来生活是多么地接近，而你所看到的真正属于未来的东西又是那么的少，不过就是一些小工具或汽车罢了。与大多数科幻电影相比，这种用超人类做电影人物的效果是不可思议的。[11]我见到了《她》的制片人巴雷特先生，我问他是怎么想到用人化形象来诠释技术在我们生活中所扮演的角色的，这使得整部电影生动震撼，足以让微软这样的科技巨头深受影响。[12]电影导演琼斯见过原始的语音控制计算机程序，然后就萌发了电影创意，酝酿了五年之后，他带着剧本找到了巴雷特。他也开始思考网上约会的问题，要知道，你永远也不知道约会的对象是谁。这些想法翻腾在琼斯的脑海当中，一个别有趣味的故事诞生了。当时，苹果正好推出了Siri。琼斯对此感到很恼火，他的剧本突然之间就出现在了新闻标题里，新奇感荡然无存。他发愁怎样把剧本与科技新闻脱离开来。

巴雷特已经60多岁了，作为电影制片人，年纪要比你想象的大一些，他的优秀作品包括《迷失东京》和《成为约翰·马尔科维奇》。这两部作品都是他与琼斯以及前搭档索菲亚·科波拉合作完成的，两位都是美国时尚界的领头人。他穿着一身黑，头顶乱蓬蓬的灰色头发，下面露出他蓝色的镜框。巴雷特的工作方式可以用"反其道而行之"来形容。拍摄影片《野兽家园》时，巴雷特清楚观众们期待的是郁郁葱葱、阳光斑驳的丛林。可他偏偏将电影的大部分桥段背景设在广阔的火山灰地带。为此，他真的把丛林烧毁了。在电影《她》中，巴雷特很快意识到，如果人们一味地关注技术，那么他的精心设计就会遭遇失败。

他对我说："电影中不该包含任何破坏你表达意图的元素，可在这部电影里，技术就是阻碍。""这个故事讲的是人与人之间的交流。"就像我们在这本书中提到的许多设计师一样，巴雷特也认识到了这一点，我们对技术有何所求，实际上是由我们对他人的所求来决定的。"你停下手头的工作问自己，你希望电脑做什么？你会发现你希望它能像个朋友。你往电脑里输入一系列令人头疼的参数，它就会帮助你解决问题，就像精神科医生或耐心的聆听者一样。"可问题是，科技会不断为我们的日常生活带来新鲜元素。所以要创造一个真正不同的世界，不是往里添加更多的技术，而是要把里面所有的东西都挖掘出来。巴雷特说："如果你想让某些东西与众不同，就把所有不必要的东西都剔除出去。"未来用户友好的设计该何去何从，这就是很好的建议：将来，高科技已经司空见惯，足以让我们回到其出现之前的样子。

我们经常听到技术专家们描绘同样的梦想，让技术渗透到方方面面，消逝在我们的注意力当中。但怎样才能实现呢？只要将其纳入之前的社会结构；以及，使其更具人性化色彩。随着技术的进步，它应该更好地反映我们自身，其人性化程度应该越来越高。

*

奥古斯特·德·洛斯·雷耶斯是名经验丰富的技术设计师，他事业有成，但很少买奢侈品。几年前，他终于想到要给自己买一张最最舒适的床——这是他十年一次的奢侈。他先买了一张触感类似云朵的枕头床垫（pillow-top mattress，也称枕头顶床垫或双垫层床垫，是一种比较高档的床垫），然后又买了市面上纱支密度最高的床单。第二天，他在新床上醒来，每根神经都得到了满足。不过，他觉得有几个瑕疵：床垫鼓鼓的，找不到边儿；精纺床单过于光滑。当时他没想太多。一个慵懒的下午，他没去上班，心不在焉地想坐到床边，结果就差几英寸没坐上去，重重地滑倒在地上。他的命运由此发生了改变。[13]

雷耶斯生来患有脊椎关节炎，脊椎特别容易骨折。所以他平时很小心，避免自己摔倒：爬楼梯时一定要抓住楼梯扶手，洗澡的时候动作要慢。但是这次他大意了。更糟的是，摔倒之后，他连忙赶到了急诊室，医生却告诉他没什么问题，他就这么如释重负地回家了。后来几天，他还是觉得不对劲。背部有一种奇怪的疼痛，说不清道不明，而且越来越严重。他晚上想去洗手间，却动不了。他又赶快去了医院，X 光片显示他的脊椎骨折，可之前的医生没有发现。几天来，他的脊髓水肿得越来越厉害，逐渐压迫着背部的断骨。护士推他去放射科做 CT 扫描。他仰面躺在床上，望着一片片灰色的天花板瓷砖从眼前滑过。到了放射科以后，医护人员需要把他从担架车挪到 CT 机上，就在这时，其中一个人不小心碰到了把手，雷耶斯撞到了机器上。一阵剧痛袭遍全身，雷耶斯立马就意识到他再也不能走路了。

医院的病房令人压抑，最糟糕的是这个受伤的时间点：他刚认识了一个新朋友，并于几个月前开始担任 Xbox 数字设计团队的负责人。这是他的梦想，因为他对视频游戏情有独钟，在他眼里任何形式的游戏都是精神生活的必需品。可如今，他精心安排的美好生活全部停滞了下来，一切都陷入了沉寂。他一连几个月没有看邮件，也没有用手机，最后，他的姐姐给他带来了一台笔记本电脑。他查看了电子邮件，查看了语音信箱。原本约好见面的朋友给他发了几十条信息，不知道他为什么突然消失了。他开始恢复从前的生活轨迹。他觉得，只有回去工作自己才能恢复正常。而他只用了三个月就做到了。

有一次我问雷耶斯为什么想成为一名设计师，他告诉我，他小时候喜欢熬夜看恐怖电影。但能让他第二天早上还记得的，只有一部，那就是关于诺查丹玛斯（Nostradamus）变幻莫测的血腥预言的纪录片。他觉得优秀的恐怖电影，好就好在其考验观众的方式：如果你害怕得不行，你就得跳出剧情，提醒自己那都是虚构的，不过是一部电影而已。年轻的雷耶斯在家庭影院上观看纪录片就是为了寻找刺激，然而，诺查丹玛斯不一样。1555 年，诺查丹玛斯似乎成功预言了希特勒，“他的三寸不烂之舌会让士兵唯命是从”，他的“飞镖”将会摧毁广岛和长崎。诺查丹玛斯还看到了更糟糕的事情：秩序颠覆，河流变红。太阳终于升了起来，雷耶斯早上起床后告诉母亲，诺查丹玛斯写的那些可怕的事情都会变成真的。母亲只是大笑，然后问他：“那你怎么办呢？”对雷耶斯来说，答案很明显：去创造一个更美好的世界。[14]

现在的雷耶斯不会眼看着事情缓慢地发展，他能加速事情的进程。对他来说，回到办公室其实是件舒心事，因为工作的地方设计得很好，走廊宽敞，电梯按钮高度降低，他坐在轮椅上行动自如。这个问题成了他后半生的追求。他想去最喜欢的餐馆见朋友，结果路边的路牙石挡住了他的去路。他想把轮椅推到人行道上晒晒太阳，而路边翻倒的垃圾桶让他只能改变路线。他生活的世界怪异而灰暗，好像从来不属于他自己。当他开始意识到这一点时，他身体的残疾在控诉，控诉的不是自身的痛苦，而是周遭世界的随意。换句话说，大多数人所说的残疾其实是一个设计问题。

气派的微软总部位于华盛顿雷德蒙德，这里有一家新开的设计工作室，装潢色彩艳丽，雷耶斯的办公室就隐蔽在一个安静的角落里。我和他在这里谈到残疾与设计的问题时，他睁大了眼睛：“这事儿能让我振作起来。”问题是，振作起来干什么呢？作为一名因通览预言家的故事而找到自己使命的设计师，他究竟打算做些什么？凯特·霍姆斯是微软的研究员，负责拟定微软数字助手的个性特点。在与其共事的过程中，雷耶斯最终迸发灵感，想出了一个大胆的，甚至可以说是不切实际的共情实验。

也许你在看这本书时还时不时地看手机，一会儿查看一下邮件，一会儿给朋友发条信息。你所使用的是一系列的发明，它们最早或许是专为残疾人研发的，比如手机上的键盘、它所连接的通信线路，以及电子邮件的内部工作原理等。1808 年，佩莱格里诺·图里制造出了第一台打字机，为的是让他的盲人情人能够更加清晰地书写信件。1872 年，贝尔发明了电话，是为了帮助聋哑人士。1972 年，互联网尚处于新兴阶段，温特·瑟夫首次设计出了电子邮件协议。他坚信电子邮件的力量是强大的，因为这是他与妻子沟通的最佳方式。他的妻子听不见，而他又忙于工作不在妻子身边。也许有一天会有人记录互联网的历史，数不清的互联网光缆可谓技术进步中的奇迹，让人与人之间的联系更迅速、更便捷。不仅如此，它还是诸多发明的集合体，这些发明能帮助形形色色的人更好地交流。但这段发展历史中最关键的部分是：残疾往往能推动创新，因为人类会想尽各种方法来满足他们的需求，不管他们是在哪方面能力不够。

这听起来很像我们经常挂在嘴边的“发明需要必要性”。但更准确的诠释应该是，每个发明者都是通过与他人共情，熟知他们面临的窘境，才能创造出他们或许永远不会为自己创造的东西。是同理心带给了他们把握问题细节的能力。他们为处于能力边缘的人解决问题，在这个过程中意想不到地创造了适用于所有人的产品，从打字机到电话都是如此。这种为边缘用户寻找创新的动力突显了存在于设计根源的一种张力，即对普通消费者隐晦想法的关注。

到了 20 世纪 70 年代，设计师们开始竭力反对这种设想。其中一位是 1978 年来到纽约的帕特里夏·摩尔，她刚刚大学毕业，在雷蒙德·洛威那里找到了一份设计工作。即使已经是 20 世纪的 80 年代，整个办公室看上去就是早期创业者工作场所的样板间。摩尔回忆说，洛威不在的时候，经理们就会出去吃午餐，喝上三杯马提尼，回来的时候已经醉醺醺的，什么活儿也干不了了。办公室里女秘书居多，摩尔是为数不多的女性设计师之一。“我记得那时候，那位首席模型设计师常常系着补鞋匠的围裙，嘴里整天叼着一支雪茄，还经常往垃圾桶里吐痰。”摩尔说这话的时候，我们正在凤凰城吃晚饭，她曾在这里工作过几年，设计了很多东西，比如这里的市内有轨电车，噪声很小，运行完善。“雷蒙德过去经常对我说，‘我们这儿可不需要什么该死的女人’。”[15]摩尔补充道。

事实上他错了。当时正值美苏冷战，美国国务院想方设法地寻找深入俄罗斯民众内心和思想的新途径。因此，美国国务院开始聘用美国设计师为俄罗斯公司工作。论起美国化，没有哪家公司能比得上洛威的设计公司了。但是国务院需要更多的女设计师。洛威最终找到了摩尔，她帮他拿到了这份委托。她的首项任务是与一家俄罗斯制造公司合作，设计一款家庭轿车的内饰，以及水翼船的舱内设计。来到俄罗斯之后，眼前的场景让她既惊讶又难过。在莫斯科乘坐公交车时，摩尔看到人行道上的老人步履蹒跚，年轻人风一般地从他们身边经过，把他们吓得够呛。摩尔意识到自己在美国也经常看到这样的景象。在这个陌生的地方，作为一个身处异乡的外国人，摩尔能够从全新的视角看待生活中的平凡细节，比如过马路的人有哪些不便。回纽约后，摩尔越来越看不惯办公室的潜规则，直接给洛威发了一份备忘录，提出设计师只关注自理能力强的人，只满足这类人的需求和期望，却未能尽到让所有人生活更美好的责任。有谁站在老年人的角度上考虑过吗？没有。不过摩尔认为，要想了解老年人，你必须得先成为老年人。于是，在洛威的支持下，摩尔着手制作了一套模拟 70 岁老人特征的服装，在关节绑上绑带，束缚关节的自由活动，还利用收紧的腰带来模拟僵硬的背部。她历时四年，穿着这套衣服走遍了 116 个城市。[16]如今的设计师是肯定不会穿成这样，去体验设计对象的生活的。更重要的是，摩尔在努力证明，设计师应该接近真实的人，去了解用户，把自己当作用户。这正是十年后 IDEO 与 Smart Design 的立足之本，而 Smart Design 的创办者正是摩尔当时的丈夫丹·福尔摩萨。

从阿尔方斯·查帕尼斯到雷蒙德·洛威，再到帕特里夏·摩尔，再到 IDEO，他们的影响力一脉相承，让我们终于能理解微软的雷耶斯以及他的各种创意。正是这些偶然迸发的创意最终改变了微软的设计方式。雷耶斯重返工作岗位时，正值微软发展的关键节点。萨提亚·纳德拉即将被任命为首席执行官，这个消息在整个公司内部引起了连锁反应。首先是阿尔伯特·沈上任设计主管，微软几乎所有的部门都归他管。他曾因主持设计 Windows Mobile（微软针对移动设备开发的操作系统）一举成名。当时该操作系统雷声大，雨点小，采用的是非拟物化设计。沈肯定下功夫琢磨过“微软设计”到底代表了什么。毕竟这是一家拥有 13 万名员工和无数产品团队的公司，其内部争斗足以匹敌哈特菲尔德和麦考伊的家族之争。公司规模庞大，其设计方法肯定不同于苹果或谷歌。但也正因如此，要为公司寻找一个明确的代名词似乎就有点荒谬。沈督促他的助手弄清楚微软的设计理念是什么。

雷耶斯借此发现了一个机会，尽管这个机会不是那么确定。他知道通用设计的概念，其最早由罗恩·梅斯提出，后来被帕特里夏·摩尔采用。该理念主张在设计过程中考虑残疾人的需要，找到通用于他们的使用方法，这样我们就能创造出适用于所有人的更好的产品。OXO 或许就是最好的例子。传闻 OXO 创始人山姆·法伯退休后不久，和妻子贝茜在法国南部租了一套房子。在一个阳光明媚的日子，两人打算做苹果馅饼。他们分了分工，贝茜负责削苹果，山姆到一边忙自己的去了，等他回来时却发现贝茜在流眼泪。贝茜的手最近得了关节炎，现在几乎要拿不住那熟悉的金属削皮器了。法伯最终委托福尔摩萨设计了一款削皮器，如果连关节炎患者用起来都比较舒适的话，那对其他人来说一定更好用。就是这种想法成就了 OXO，如今该公司的产品在美国家庭用品市场上无处不在，其中最好的设计都源自对日常生活边缘化人群的研究。这样的例子实际上有很多。靠轮椅生活的雷耶斯曾举过一个例子：路缘坡，也就是连接街道和人行道的小斜坡，方便轮椅使用者上下，但由此受益的人很多，从过马路的老人到推婴儿车的父母。

雷耶斯打了个比方。他希望找到数字世界的“路缘坡”，一种让每个人都能更为轻松优雅的方式。了解那些被忽视的人，从诵读困难者到聋哑人士，帮助他们找到通往健全生活世界的路，我们所期望的是设计出真正适用于所有人的更好的产品。基于这样的出发点，要想制造出更好适应人类的机器，你需要更加认真地观察人类是如何适应彼此和这个世界的。霍姆斯说：“关键不在于解决问题，而是规避问题。”他们发现，如果某些人的生活不得不跟多数人不同，他们自然就会掌握专门的技能和创造力。

比方说，你想制造一款手机，方便你在开车不能看屏幕的时候使用。你就可以研究一下人们开车时使用手机的情况。或者你可以研究一下盲人是如何使用手机的。他们看不见东西的话，会用什么方法来确定手机何时与其他设备配对？应用程序打开后需要给盲人提供什么样的听力反馈？你可以把这些功能添加到手机中，这样就可以更好地为残疾人以及所有普通人服务。霍姆斯说得更简洁：“我们将残疾重新定义为一种产品机遇。”

我们之前提到过一项产品，起初存在难以解决的小问题——Ripple，其功能类似于帮助用户拨打“911”，只要按下按钮，就会以新方式在第一时间发出警报。Ripple 的设计出发点是性侵犯，后来发明者重新思考了特定人群的需求，想到了适用诸多不同情况的设计方案。这样的著名案例还有许多。比如，大名鼎鼎的 Aeron 座椅已经成为无限可调节舒适型办公椅的代名词。它之所以出现，并不是源于对久坐职员的坐姿习惯调查，而是源于一个研究项目，研究对象是老年人网状坐垫，该坐垫透气性好，能避免老年人生褥疮。[17] Ripple 和 Aeron 座椅都证明了：人们通过解决更困难、更专业的问题找到了更普适的解决方案，其间还有可能发现一些更普遍的问题。那么，为什么不先从棘手的问题开始呢？只有为新问题找到有效的解决方案，设计才有进步可言。随着时间的推移，随着我们自身生活质量的提高，这类问题越来越难找了。这就是产品设计越来越完善的结果，未来问题的发现难度也会越来越大。最后，你还是需要用全新的、富有新意的参照体系来看待这些问题，不管是中国与众不同的电子产品使用方式，还是边缘化人群有所差异的数字生活，都属于你观察的范围。

凯特·霍姆斯和其他微软人开始尝试使用包容性设计来迎接无数的产品机遇。其中一个项目衍生出了一种字体和文字换行体系，帮助诵读困难者降低了阅读障碍，不过同时也提高了普通人的阅读速度。原本为盲人进行的设计，带来了一种更加顺畅的 Windows 新用户注册流程，用户提示更加清晰、简洁，出现时间也更加合理。通过对盲人和屏幕阅读器技术的研究，一种用于 PowerPoint（演示文稿）的字幕工具出现了，可以为演示者实时翻译。该项目反过来又推动了 Skype（社交软件）的升级，先是实时字幕，然后是实时语言翻译，这样一来，即使人们的语种不同，电话会议也能照样召开。在这些事例中，人们在提高技术辅助性的过程中获得了创新，其影响范围要远大于最初的目标对象。这让我想起了图里和打字机、贝尔和电话，以及瑟夫和电子邮件——这些发明家都从帮助残疾人出发，但最终帮助了所有人。不同之处在于，虽然这些发明者都是偶然发现了一种相似物，以此发明了所有人都能使用的东西，但微软是从相似物开始的。微软在寻找那些与众不同的人，并且坚信已经找到了其他人需要的解决方案。

在雷德蒙德，我和雷耶斯站在双面玻璃后面，关注着另一个项目中的包容性设计过程。我坐在他旁边，能听到他电动轮椅发出的嗡嗡声。他必须时刻小心，不断地调整自己的姿势，操纵轮椅的控制杆，要不然他一天到晚坐着，很容易生褥疮。玻璃的另一边是一个年轻的毕业生，他留着邋遢的胡子，头戴报童帽，正在谈论着他是如何在听不见的情况下在电脑上玩《魔兽世界》的。他也喜欢在微软家用游戏机 Xbox One 上玩《命运》。用电脑键盘，他能跟队友聊天，而 Xbox 却不行。由于无法通过微软控制台与队友实时沟通，他的游戏级别降低了。解决方案似乎很明显：为 Xbox 玩家配置更好的键盘。但房间里的研究人员还是很着急。“有了键盘，我就可以带领我们队在游戏里搞突袭。可用这个手柄，我就只能跟着别人行动。”这个玩家说道，神情越来越沮丧。听到这，雷耶斯精神抖擞了起来，他想象着突袭开始前队伍围成一团，失聪玩家可以提前和队友一起制定战略。这正是优秀玩家喜欢使用的协作计划。如果将游戏前的策略设计成游戏的自然流程，聋哑玩家，甚至全部玩家就能够更轻松地玩游戏吗？如果没有这个新的设计过程，他们想不到这个办法。对于雷耶斯来说，这个想法不光意味着一个更好的 Xbox，还意味着一个更好的微软。后来，他激动地睁大了眼睛，说道：“如果我们成功了，我们将改变整个行业的产品设计方式。这是我的期望。”虽然期望尚未实现，但包容性设计已经成了当今设计行业的代名词。人们对残疾人的态度正在改变。

*

不过，就算设计行业有所改变，有哪些问题能随之解决呢？如今，我们每时每刻都在和智能手机、智能设备打交道，而突然间，像汽车和房子这样的东西竟然也想和我们的手机说两句了，那会出现什么情况。我们生活的世界变化无穷。设备并不是单一的，实际上有无数设备在相互切换。我们需要新的设计流程来完成设备的对接。“我们对计算机运算的假设是，设备之间的视觉交互是一对一的。设计原则建立在该假设之上。”霍姆斯解释道，“它们以为我们一直都是一个人。”

这说明德雷夫斯时代的设计思维发生了根本性转变，当时认为我们可以对用户进行测量和绘制，从某种意义上讲，用户特征可以通过绘制人物画像来确定。而现在，我们不再只是拟定项目背景和用户画像了。假如你是孩子父母，扭伤了手腕，一手拎着东西，还想伸手去拿手机，那一瞬间，你就相当于一个只能用一只手的人。霍姆斯说：“世上并没有正常人。我们的能力是不断变化的。”微软发现的这些问题，归根结底是我们在移动生活中遇到的问题：手机在手，我们一天到晚不知道拿起放下多少次，可有时当我们要用的时候，却因为注意力过于集中或者过于分散而根本使用不了。要想满足我们的需要，手机不能总是只有一种功能。

技术往人性化方向发展，说起来容易，可要怎么实现，却很难讲明白。但是，“用户友好”概念中的“用户”到底是谁？考虑这个问题的时候，扩大涉及人群范围的唯一方法就是，将环境和人为混乱带入设计过程，将特殊人群的差异性特征纳入普通人的考虑范畴。通过在经验边缘或日常生活的细节中寻找相似物，你或许能找到有关未来走向的线索。提高产品的易用性往往是在走捷径挣快钱：你会发现一些特殊用户，他们正在解决别人觉得理所当然的问题。如果产品的易用性得以提高，用户用起来不用加以思考，那么这些特殊用户的需求和想法就已经融入了设计主流。设计的艺术在于在用户群体之间寻找平稳的过渡。当然，将某种视野完全转移到另一个地方，这是一个偶然的、无法确定的过程。这种情况虽不确定，但一直在发生：互联网的诞生、Aeron 座椅的发明，甚至计算机主流地位的突显，都存在这种现象。而在微软，这种情况再次出现，它带来的影响之大，超越了任何一款软件。

在霍姆斯的指导下，该项目模拟现实中的私人助理，学习他们赢得客户信任的技巧，为 Cortana 提供了一系列行为参考，从而使其可以同 Siri 相竞争。由人类模仿而来，Cortana 应该是没有秘密、毫无保留的，因为最好的私人助理会坦率地说明其对客户的了解程度，以及其采取某种做法的原因，有些助理甚至会做好记录，供客户随时查看。Cortana 还要警惕并且诚实面对自己的局限性，因为优秀的私人助理遇到处理不了的问题时，不会轻率地开玩笑，他们会承认自己的能力局限。他们会向用户提出建议，用自己的专长来弥补自己的不足。

多年以后，这些原则演变成了微软的人工智能设计框架。一（“主角是人”）是不要掩盖或否定用户的能力和喜好，换句话说，就是不要弱化或者生搬客户的特点。二是“尊重社会价值观”，尊重交互行为的社会背景，这里我们要再一次强调谨慎度和礼貌性。三是与时俱进，了解用户喜好的突然改变和细微差别。[18]

这些似乎都是老生常谈，但一旦缺少了这些原则，后果可能不堪设想。微软的工程师们在 PowerPoint 中开创了一项新功能，利用人工智能算法来扫描你正在制作的演示文稿，并根据其处理过的数百万演示文稿，为每张幻灯片设置更好的布局。单击设计选项卡，你就会看到三个不同的选项，选中之后，原本随意粘贴的图片和项目符号，就会有更好的字体选择方案和匹配图像色调的边框。但微软首次测试“设计”功能的时候，实际上觉得可怕而怪异。“第一次测试时，设计选项中的文字和动画的效果让人感觉电脑比人知道得还多。”乔恩·弗里德曼解释道，他是微软 Office 软件视觉设计的负责人。更恐怖的是，如果你一直遵循设计选项卡的建议，最终你会觉得做出来的文稿好像不是自己的了。电脑似乎在一点一点地掌握控制权。如果这种情况在多个应用程序中愈演愈烈，世界真的会变得很可怕。[19]

最后，微软还是修正了这个问题，令该功能更具建设性、更加尊重用户的需求，即根据其处理过的最佳演示文稿，并结合你的演示风格，提出合理的建议。功能优化的背后是微软在人工智能设计方面的指导原则——让人成为主角，注重交互背景。这些想法在哪些地方还尚未得到应用，还有哪些地方可能需要它们但还没有用到，这一切都是未知数。

*

2018 年 5 月，在开发者年度大会上，谷歌的 Duplex 技术一经亮相就技惊四座，该技术依赖计算机学习能力向用户提供服务，能够代你打电话，帮你进行预约。会上，Duplex 给发廊打电话时，说起话来就像真人一样，在场的观众无不惊叹。整个对话听起来非常自然，表示同意时它还会来一句“嗯哼”。Duplex 独立完成了全部对话，预约了 5 月 3 日上午 10 点的服务。

但第二天人们就发出了质疑的声音，用户担心智能助理会冒充真人，对它的职业道德产生了忧虑。（美国科技博客 The Verge 上就曾出现过这样的文章标题：“谷歌的人工智能在电话里听起来跟真人无异——我们是否应该为此担心？”）[20] 面对这种情况，谷歌不得已立即宣布，在开始对话时，智能助手都会事先声明自己是机器。[21] 不过虽然这种担忧很正常，但人们忽视了其中更加微妙、更加深入的一点：和我们说话的机器只有表现得跟真人一样，我们才会想与它接触。如果 Duplex 给发廊前台打电话时，一听就是自动语音，那对方就会马上挂断。前文提到，苹果公司努力使其界面接近现实世界的东西，比如皮面日历和书架等，就是希望用户用起来更加轻松。今天，拟物化不再只是新旧工具间的模仿，而是让机器模仿我们的行为，甚至模仿我们“嗯、啊”的语气词。在最恰当的时机提出正确的建议，对新一代的设计师来说，就好比是木头和金属，可以根据不同目的任意地弯曲变形。现在，我们的行为和习惯都是设计的材料。再想想 Duplex 的例子。部分反对意见的产生似乎是因为智能助手的声音画像完全错了，它听起来不像是为你工作的专业人士，而更像是一个打电话过来点比萨的青少年。虽然它的声音已经很像人声了，但工程师好像没有考虑过，什么样的人类画像比较合适。我们在前面讲过，我们的个性和习惯要纳入机器的设计当中，比如一辆奥迪自动驾驶汽车开过来时，如果它会减速，就像谨慎驾驶的司机一样，那么行人就能放心地过马路。可是这个世界是很奇怪的，我们也要做出很多奇怪的选择。

2017 年，美国第一资本金融公司（Capital One）表示，其正在研发的聊天机器人 Eno，可以帮你查看信用卡余额、交易记录和消费清单。该公司赞同微软的观点，认为 Eno 不应该隐瞒自己的真正身份，而且人性化的特点会有很大的价值意义。“Eno 知道自己不是真正的人。”公司设计副总裁史蒂夫·海解释称，“坦诚、透明是我们公司的首要价值观。所以对 Eno 来说，‘我是机器我骄傲’。”经实践检验，这是很有好处的：Eno 承认自己是一个机器人，而不是假装人类，那么用户就会对其缺点更加包容。[22]

不过公司也发现，如果 Eno 幽默风趣些，能和用户聊点银行业以外的事情，人们使用它的频率会更高。Eno 会玩“押韵”，会故意来个一语双关，往往让人耳目一新，效果特别好。第一资本金融公司人工智能设计主管奥德拉·科奥克莱斯表示：“如果除了功能性内容以外，用户还能跟它聊点别的，你不知道他们会有多兴奋。”“他们给 Eno 发各种信息，不停地说‘请’和‘谢谢’，就好像 Eno 是个真人似的。”[23] 我们在第四章中提到的克利福德·纳斯教授说过，用户难免会把电脑当成人来对待。科奥克莱斯之前在皮克斯动画工作室工作过，并在电影《料理鼠王》中小试牛刀，学习了数码角色的制作技巧。到了第一资本，这可派上了大用场。事实上，仅让 Eno 做一名金融机器人还不足以吸引用户。“最后，我们试着在用户与 Eno 之间建立一种信任关系，”科奥克莱斯说，“方式就是赋予它角色。”

科奥克莱斯和海解释说，我们希望尽量提高 Eno 的对话能力，如果问题超出其能力范围，它也能合理应对，为此我们正在做大量的工作。我请科奥克莱斯先描述一下 Eno，以及它是怎么同用户交流的。她说，如果 Eno 听不懂，它不会刻意搞笑或扮可爱，它只会幽默地表达对用户的理解与支持。“Eno 拥有核心特质、背景故事，以及自己的一些喜好和厌恶，”她说，“事实上，我们为它设计了性格缺陷，因为我们发现这是人类与机器人建立联系的方式。”我问她这是什么意思：Eno 的个性如何？有哪些缺陷？

而他们接下来的回应称得上是我见识过的最奇怪的对话了。海和科奥克莱斯在电话那头商量时，电话一直是静音的。然后他们会回来，换个说法告诉我结果。在大约 15 分钟的时间里，这样的情况发生了好几次。我们之间的对话变得紧张起来。到最后，海挂断了提问电话，理由是 Eno 的个性设定属于第一资本的知识产权，他们无权解释。我对此表示抗议。他们真的能不解释 Eno 的行为吗？难道要等它问世以后，我自己去琢磨吗？把真实情况说出来不是更好吗？他们的答案是否定的。当我问到聊天机器人是不是只会流行一阵时，海表示反对："它会一直存在，存在于各个地方。五大银行都对其投资，从这里你就能看得出来。"我们的电话交谈就这么尴尬地结束了。

后来，我回顾了一下刚才发生的事情。一家大型银行拒绝透露其研发的智能机器人的性格特征，因为他们认为，该机器人的独特个性会吸引客户。我们离电影《她》里的世界还很远。但我们已经开始对那个世界做出回应了。在那里，计算机正越来越精确地反映出我们是谁。它不仅用整齐有序的按钮吸引我们，还根据对我们的了解来预测我们的感受。

第八章
个性化

电影似乎是迪士尼的核心业务，但实际上只是营销工具。在迪士尼数十亿美元的收入中，大部分来自将热门电影转为相关产业的特许经营权：先是玩具和电视节目，然后是主题公园的游乐设施，这些设施让孩子们流连忘返，对电影续集更加期待，还会购买更多的玩具。主题公园简直是迪士尼的摇钱树。但到了 2007 年，这个魔法王国出现了明显的问题。之前的辉煌数据开始发生变化，最令人担忧的就是回头客减少。由于排队时间长、门票费用高，只有一半的迪士尼新游客表示会再次游园。一家主题公园的游客承载量是迪士尼当初计划的两倍，所以不管是游乐设施、洗手间，还是冰激凌站和食品店，都排起了长队。然后便是公园门票、游乐项目票、收据、信用卡、地图、钥匙等各种麻烦事。迪士尼的高管们都在悄悄议论，过去这些主题公园为他们带来了丰厚的业绩，而现在它们只是一个烫手山芋。他们担心，“如果将来我们失去了游客，这个烫手山芋就会瞬间烧煳”。其中一位高管向《快公司》（*Fast Company*）的记者奥斯汀 · 卡尔透露：“警钟已经敲响。”[1] 2008 年，时任迪士尼度假区总裁的梅格 · 科洛夫顿召集手下的高管一起商讨这个问题。“我们在寻找自身的痛点，”她说，“是什么妨碍了游客的游玩速度？”[2] 痛点概念暗含着他们想要模仿的设计思维，以及他们接下来要走的商业路线。他们首先以图表的形式画出一个普通家庭在迪士尼世界度过的一天（在以人为本的设计理念中，这种做法叫作旅程分析）。就像纵横编织的猫咪吊篮：一大早，游客们从入口蜂拥而入，开始抢热门项目的快速通道票。之后，一家人通常会分散行动，以保证人人都能玩到自己喜欢的项目。他们一天可能会经过灰姑娘城堡20次。看着这张游客路线图，心里的感觉就像把一张心爱的旧沙发扔在路边。在刺眼的阳光下，你看到了多年来一直陪伴着你的沙发污渍，然后感叹：真不敢相信我们竟然让沙发变成这样。改变的不光是沙发，还有这个世界。到2008年，危机感强的企业高管会注意到，刚推出一年的iPhone将重新定义人们对操作便利的期待。在有求必应的世界中长大的孩子已经成人，当他们开始考虑带孩子去哪里度假时，会是什么情况？“表面上看，我们的游客玩得很嗨，但实际上，我们让他们在公园里经历了太多的麻烦与拥挤，所以他们会在游玩途中说，‘真是够了！’”之前曾在迪士尼公园任职的一位经理这样说道。[3]

约翰·帕吉特是一名维修人员，他所在的维修队经常往返于加利福尼亚州伯班克的迪士尼总部和佛罗里达州奥兰多的迪士尼世界。一天清晨，他们又坐上飞机准备起飞，他拿起空中百货（SkyMall）一份比较新的商品目录翻阅着，以前的他都看过20遍了。帕吉特发现了名叫Trion-Z的橡胶手环，其原理是在佩戴者的脉搏点处放置一块磁铁，介绍中宣称磁铁可以改善用户的平衡力，提高高尔夫挥杆水平。这并没有科学依据，不过想法却很大胆，生产商认为，他们会给身体附加一些科技元素来完善自身能力。于是，帕吉特想，这么一条手环是否会成为开启全新迪士尼世界的钥匙呢？[4]

到2013年，设计界有传言称迪士尼耗资近10亿美元，开发了一款手环，让公园里的所有商业活动都遁于无形。2015年，通过和迪士尼媒体负责人两年的交涉，我终于获得允许亲自去看了看。我在公园里散着步，发现迪士尼魔法手环就像晒斑和大杯冷冻柠檬水一样，几乎每个人都有。它们已经遁于无形了。

今天，“宾客来”——园内《美女与野兽》主题餐厅，完全按电影细节打造，尤为梦幻——给人的感觉不像 2D 或者 3D，而是如同立体故事书一般的 2.5D。你穿过一扇摇摇欲坠的哥特式大门（实际上是经过喷刷的玻璃纤维），然后经过一座小小的吊桥，吊桥两侧是面目阴郁的石像鬼。抬头你能看到一座淡紫色的、带围栏的微型城堡，半掩在一座仿花岗岩假山后面。它们的结构比例怪异，有种膨胀感。门的大小多少还算正常；桥只是稍微压扁了一点；而城堡则被做得很小，看起来距离很远。这样的空间压缩效果是迪士尼独创的一种心理效应，让游客觉得自己变得比平时更大。这种设计很奏效。感觉就像是几步走过了几英里，转眼就到了另一个地方。入口很小，每次通过的人不多，这样迪士尼的工作人员就能用欢快的“你好”来一一招呼进门的游客。

如果你戴着魔法手环，就能省不少事：座位随便挑，餐品送到面前。“他们是怎么找到我们的桌子的呢？就像魔法一样呀！”我听到一位女士跟孩子这样说。这对夫妇年幼的儿子像小飞蛾一样在桌子周围跑来跳去。很快，他们点的食物来了，是一个面带微笑的年轻人推车送过来的。

随着法式洋葱汤和烤牛肉三明治的香味越来越浓，女士刚才的疑问淹没在了美餐里。这都是设计好的。迪士尼的高管们决定全面调整公园里的游客体验，并且把重点放在了“宾客来”上。这里之所以受欢迎，是因为游客到来时已经疲惫不堪，他们需要不一样的体验。为此，刚才说话的那家人过桥的时候，各项技术就起作用了，开始悄无声息地为他们服务。他们是怎么找到我们的桌子的呢？正是魔法手环，其内部的技术元素悄悄运行，将其原本要等待的每一分钟全部省掉：搭乘机场巴士；入住酒店，安排房间；入园，园区内支付；等等。每个手环都装有无线电芯片，信号范围 40 英尺（约 12 米）。这家人一到餐厅，厨房就收到了消息：两份法式洋葱汤，两份烤牛肉三明治。等他们找好座位，手环就会向桌上的无线接收器发送信号。这样，服务器就收到了他们的位置和点餐。

今天，我们身边这样的技术越来越多，它们为我们服务时不需要我们提出要求，甚至不需要我们按下按钮。虽然我们总说科技的发展让我们心里发毛，但只要科技能预见到我们的需要，我们立马就能适应。只要想想智能手机是怎么告诉你何时赴约，或者谷歌邮箱如何提示你输入内容，你就能理解我想表达什么。今天，“智能回复”占了谷歌邮箱所有发送信息的10%以上。[5]如今的谷歌地图在默认情况下，会记录你的位置搜索历史，以及朋友的安排事项，所有这些都是为了预测你的决策，而不仅仅是回应你的需求。听到这些，你可能鸡皮疙瘩都起来了，可其他用户早就已经享受这些服务便利了。显然，这些功能特别实用，用户很容易接受。然而，在迪士尼乐园，令人惊讶的是，我们发觉这样的轻松便利不仅存在于我们的手机上，还蕴含在周围的环境里。发觉这些，我们通常会耸耸肩，然后埋头于我们的烤牛肉三明治中。

这就解释了为何魔法手环能为迪士尼创造10亿美元的潜在价值。通过简化人工服务快速扭转局面，迪士尼利用手环成功地将这种冰冷的商业逻辑转变为三口之家口中的魔法。神奇的是，迪士尼乐园把高科技的监控变成了一种乐趣。在魔法手环的设计中，魔法似乎为其提供了无限的可能性。当人们穿过童话般的吊桥看到城堡时，传感器可以在他们靠近时捕捉到他们的身影。在“宾客来”的最初设想中，主人向游客问好时直呼他们的名字，并询问他们玩了哪些项目，这样就能确切知道他们去了哪里，以及其接下来的安排。而对魔法手环的最初设想则是，公园的摄像头还有传感器，可以把每位游客游玩时的影像拼凑起来，最后形成一份纪念品，就好像你是自己的《楚门的世界》（*Truman Show*）里的嘉宾一样。然而，这些设想从未实现，不是不可能，而是因为在发展过程中，迪士尼忘记了自己的初衷。

这不免让人感到惊讶。要想实现上述雄心壮志，迪士尼世界原本应该是理想之地。华特·迪士尼热衷于用最欢快的色彩描绘前沿科技，这是迪士尼世界的建立之本。正如尼尔·加布勒在其传记中所写，迪士尼想要打造“一个比外面更美好的现实世界”。华特·迪士尼曾经目睹自己的第一家主题公园——迪士尼乐园——如同盛开在废墟的花朵般凋谢枯萎，从此燃起了斗志。20世纪50年代，迪士尼乐园取得了巨大成功，于是周围的城市里到处都是俗气的旅馆、花哨的广告牌，让人大跌眼镜。华特很难过，他得出结论，要想创造魅力之所，首先要从大环境开始。由于连续几部电影的失败，公司在资金上出了问题，华特以自己的人寿保险为抵押，借钱投资“佛罗里达项目”。第一家迪士尼乐园只有纽约中央公园的水域面积大小，而迪士尼世界将占地40平方英里，和旧金山差不多大。华特·迪士尼每天晚上睡觉的时候都会把园区规划贴在床头的瓷砖上。几年后，他在抬头仰望瓷砖上的虚拟世界时离开了真实的世界。[6]

迪士尼公园的建设离不开对用户友好型世界的坚定信念，在这个世界里，商业发展代表着社会的进步，更好的设计意味着更好的生活。在没有技术解决方案的情况下，华特·迪士尼采取了巧妙的舞台技巧。他先把眼光投向了隧道。当你进入迪士尼世界时，你并不是身处平地，而是站在众多庞大的人工土丘中的一个上，上面布满了洞穴，以便扮演高飞或米奇的演员在剧情需要时突然出现或者离场，就像在舞台上一样，不需要烟雾掩饰演员，也不会听到观众闲聊抱怨演员服装的味道。就连游乐设施之间的距离设计都有其艺术目的：中间有很大一块地方什么也没有，以免游客产生在美国逛街或游览美国西部风光时的疲劳感。华特·迪士尼基于电影和戏剧美学设计了一种体验：一切不重要的东西都被剥离，现实得以浓缩呈现。[7]

如今，迪士尼世界已经拥有40多年的历史，科技的进步带走了人们的烦恼，一个真正的无忧世界出现在我们面前。但这也只是昙花一现，因为魔法手环，以及设计手环时的最初梦想，都已向真正的现实低头。迪士尼在实现自身愿景时遇到的挑战，解释了为什么希望构建用户友好型世界的巨头公司，正在达到它们的创造极限。原因不在于缺乏设计、技术或者远见，也不在于我们准备不充分，真正的挑战在于这些公司本身的设计格局。迪士尼世界和硅谷的科技巨头们幻想中的诱人愿景正逼近一个新的极限。其中的一个难题是：我们必须通过某种方式，让成千上万的人共同处理某些极其微小的细节，以确保其无缝连接，从而获得一种统一的体验。然而，细节间的接缝还是显露了出来，无论是你手机里的新功能，还是现实生活中一团糟的未来主义智能家居，又或是本应充满魔法却未能实现的主题公园。这些公司努力隐藏的接缝依然存在，因为它们反映了公司的内部问题：公司高管拉帮结派，争取控制权；诸多微小细节的权衡原本十分合理，却会将丰富的体验削弱至无感。其中的原因，派别内部成员有可能理解，也有可能不理解。

*

约翰·帕吉特，头发分得很齐，喜欢咧嘴笑，长得和里奇·坎宁安很像。看着他，你很容易就能联想到20世纪70年代在弗吉尼亚锡福德长大的孩子。那个城市不大，靠近海军造船厂，该造船厂负责制造航空母舰和核潜艇。帕吉特所有的邻居几乎都像他的祖父一样，在造船厂里当电工、机械工和电焊工等。天天守着海军造船厂的他从小就知道规模大并不可怕。当你从航空母舰旁边经过时，你会觉得它简直就是个庞然大物，而实际上它也是邻居们用一个个铆钉建起来的。帕吉特从小就学做木工活，喜欢做大物件。他是迪士尼魔法手环和“MyMagic+”智能系统的发起人，“MyMagic+”是通过整合魔法手环体验而推出的数字平台。他曾参与发明了十几项专利，这些专利付诸实践之际，数千万人在迪士尼世界就有了全新的体验。该项目最终招揽了1 000名员工和承包商，这意味着要在公园里安装成千上万个传感器和100多个不同的数据集成系统。所有这些都只为实现一个目标，即把公园变成一个大型计算机，能够实时收集游客的位置、他们在做什么以及他们想要什么等信息。[8]

帕吉特和其他几位主要高管试图解决迪士尼乐园游玩过程中的所有麻烦。不过他们并不在迪士尼的幻想家之列，真正的“幻想工程师”像神一样，为迪士尼带来欢乐的奇迹。在迪士尼的创意文化团队中，幻想工程师通常占有最重要的地位，他们认为自己拥有魔法。从一定程度上讲，这是华特·迪士尼的功劳。他将幻想工程师设为创新的源泉，但他并没有料到这种安排是有局限性的。相比之下，帕吉特的团队在公司各个运营部门都资历颇深，他们会直接接触到主题公园运营中棘手的现实问题，包括防止项目抢票诈骗，以及帮助失散儿童找到家长等。与幻想工程师不同的是，在帕吉特和他的团队看来，迪士尼世界并没有那么吸引人。他们用X光一般的眼神，审视着整座游乐园，发现了支撑一切的框架。于是，他们制订了新的改进计划，这在幻想工程师的眼里简直就是一种亵渎，因为幻想工程师们的种种幻想还没有来得及实现。

魔法手环本身的设计很简单，就是一些色彩明快的橡胶腕带，有蓝色、绿色和红色。每个手环里面都有一个射频识别（RFID）芯片和一个类似于2.4GHz手机使用的无线电收发装置。你可以在网上订票时预订手环，并选择你喜欢的游玩项目。然后出行几周之前，手环就会邮寄给你，上面刻有你的名字。我属于你，戴上试试吧。对孩子们来说，魔法手环应该像圣诞礼物一样，藏在圣诞树下，让人充满期待。迪士尼的高管们喜欢称之为低调的超能力，有了它便有了游乐园的准入权。通过它，迪士尼省去了许多不必要的步骤和麻烦，这实在令人称奇。只要有米奇标志的地方，你就可以拿它去对接。你不用租车或为取行李浪费时间。你不用拿酒店钥匙或门票。你不用再去排长队。入园以后，你可以按照预定的时间去玩预定的项目，你的游园路线已经计算生成，让你不走回头路。如果孩子想买一个雪宝（Olaf）毛绒玩具，你也不用再去费事地掏钱包。魔法手环一扫，全部搞定。

汤姆·斯塔格斯借用亚瑟·克拉克的一句名言概括了魔法手环的服

务目标："任何十分先进的技术，初看都与魔法无异，这就是我们想要的方式。如果我们能不走寻常路，我们就能为游客创造更多的回忆。"[9] 斯塔格斯当时是价值 1 680 亿美元的迪士尼公司的首席运营官，拥有丰富的游乐园管理经验，有望成为迪士尼的下一任首席执行官。魔法手环是他任期内最伟大的成就之一。果然，魔法手环推出以后，游客在园区内的消费更高了，70% 的游客会向别人推荐。由于客流量得到了有效分配，园区每天的接待人数超过 5 000 人次。斯塔格斯身姿笔挺，下巴呈梯形，长得很有亲和力，看到他，就像在高中同学会上碰到了前校队明星。我们在电话会议中进行了讨论，当时他在加州伯班克的迪士尼总部，而我则在位于迪士尼世界副楼的一个大房间里，四周的墙上投影着各种图表，显示着园内所有的实时信息。房间里有一张长长的折叠桌，看上去像是为家长会安排的。在这里，我不禁想象，游乐园正在呼吸，吸进的是人群，呼出的是数据。

和许多公司大佬一样，斯塔格斯以一种为华尔街量身定制的温文尔雅的方式，讲述了他心中萌生的伟大想法。你可以看出为什么他，以及迪士尼会对魔法手环如此地热衷。与其告诉孩子，你们要去见《冰雪奇缘》里的艾莎，或者去玩"小小世界"，不如说："你要成为英雄了，预定好要玩的项目或要见的动画人物后，你就可以更自由地去体验主题公园，去玩更多的项目了。"[10] 迪士尼知道，家长们来游主题公园，心里想的是：我们要去和灰姑娘喝杯茶；巴斯光年（Buzz Lightyear）到底在哪儿？魔法手环让你设定一项议程，其他的事情都会按照你选择的进行。"做计划和个性化已经变成自发的了。"斯塔格斯说。[11] 这种轻松的感觉可能会让你流连忘返，尤其是现在员工能腾出更多时间让你感受到他们的热情。一直以来，魔法手环的另一个目标就是优化员工服务，将他们花在检票、收款上的时间，用在跟游客交流互动上。2014 年 12 月，科洛夫顿在一次采访中告诉我，魔法手环和"MyMagic+"允许员工"跳过交易步骤，进入一个互动空间，在那里他们可以为游客提供个性化体验”。[12] 这个庞大的技术平台，最初是为了改变乐园的情绪基调。

然而就在那时，我开始发现故事中的问题。高管们对接下来的发展态势含糊其词，这着实令人失望。我和几十个人交谈过，他们开玩笑说，如果公园里的传感器不断增多，系统不断地发展，那会发生什么呢？无形之中，公园里无数的摄像头可以捕捉你和家人不经意的时刻：游玩项目、遇见白雪公主等，并将它们拼接成一部个性化的电影。公园的电脑可能会识别到你的排队时间比预期的稍微长了一点，于是就会给你发送一条安抚短信和一张冰激凌免费券。有了这些，他们就抓住了服务游客的关键：把消极的体验变成积极的体验。如果你在赌场输个精光，赌场就会向你免费提供饮料和表演，原因就在这里。而这就是技术本身。该系统旨在消除游园时的不良体验，比如游玩线路复杂难找，并用看似机缘巧合实则精心策划的绚丽表演来加以改善。配有米奇标志的监控人员会把握你在公园里的行踪，根据你的生日量身定做一个剧本，为你制造惊喜，问你是否愿意一起走到下一个项目去。在小美人鱼上，海鸥可能会叫出你的名字。2013 年魔法手环首次问世时，一位高管告诉《纽约时报》的记者：“我们希望带给游客更有参与感的游玩体验，尽可能地让他们参与进来。从‘看那只会说话的鸟，好酷’，到‘哇，太神奇了，那只鸟在对我说话’。”[13] 而这些想法从未实现过。迪士尼曾经宣称，园内会有一只魔法海鸥，能叫出你的名字，可两年过去了，这只海鸥也只会在空房间里绕圈鸣叫而已。[14]

迪士尼公司从来不乏创意。他们争论的焦点是谁有权这么做。幻想工程师们正在热情洋溢地设计着项目和景点，票务部门的人就可以大摇大摆地走进来，重新构想游园体验，就像是有人一边铺着沥青，一边告诉你如何设计--辆法拉利。他们认为项目本身就是魔法，他们说除了玩项目，其他魔法都是无稽之谈。正如一位高管所描述的那样，这场争论演变成了“相互抨击”。[15] 有一次，魔法手环正在接受测试，看如何通过手环识别在项目上飞驰而过的游客，这样就能让卡通人物叫出游客的名字，而这时，幻想工程师却把魔法手环放在了屁股下面，希望它们起不了作用。（不管怎么说，他们真这么干了。）还有一次，公司内部某派系专门命人偷偷溜过公园大门，以此表明魔法手环系统存在安全漏洞。也正是这个时期，魔法手环项目的职员抱怨说，斯塔格斯只是想让这个项目圆满完成，获得嘉奖，升职加薪，后期出现的各种问题都不管了。直到最后，魔法手环将何去何从，大家也没有达成一致。愿景固然美好，将所有新体验整合进一个简单的手环，依赖一个单一的平台。但要做到这一点，公司上下必须达成一致，以前所未有的方式协调合作，只可惜他们做不到。

华特把幻想工程师与公司运营隔离开来，如今众多公司普遍采用这种模式，这样一来，人们会觉得创新只属于少数特定人群，而不是人人都有的能力。这就是帕吉特和同僚所面临的困境。迪士尼已经有了自己的幻想工程师，当另一个创新小组出现的时候，如何就发展愿景达成一致就成了问题。研究表明，创新实验室的失败往往不是因为想法不好，而是因为这些新想法有时需要新的工作方式。[16]可以明确的是，魔法手环项目的核心框架仍然保留着，即无票入场、项目预约、刷手环结账和登记等。不过它仍然停在原地，尚未进一步开发，最初的承诺也没有实现。在魔法手环推出后的几年里，几乎所有与该项目有关的高管都已辞职或被解雇，就连汤姆·斯塔格斯也包括在内。

迪士尼的这种情况并不是例外。相反，它所经历的一切在这个用户友好的时代已十分普遍，所有部门必须齐心协力，创造出一款简单的、每个客户都会接触的产品。如果众人没有共同的愿景，怎样才能让他们就某个应用程序的一个细节，或魔法手环系统的一个小问题达成一致呢？现代公司的内部结构并不倡导一致性体验，而是倡导劳动分工，主要精力都在各部门的效率上，并不追求整体效应。只要你稍微留意就会发现，部门间有明显的衔接漏洞：亚马逊网站似乎不像亚马逊了，它像一张与亚马逊组织结构完全不符的图片，上面有诸多导航按钮——链接视频、购物、有声读物、音乐，甚至还有怪异的网站导航区，发挥着Alexa完全具备的功能。亚马逊的世界已经变得不可思议，连接着所有不属于自己的东西。

谷歌和苹果也没有什么不同。不管你在哪里打开谷歌，它似乎都知道你问过的所有问题。你使用谷歌邮箱，它会建议你，作为一个古板的中年男人，回复邮件时可以来一句“你懂的”。与此同时，苹果会让你相信，它的所有产品都整齐地装在盒子里，是“可用的”，而产品软件中强加了一些无用的按钮和隐形的功能，人们会不会用，似乎无人关心。

这也印证了一位苹果员工曾对我说的话：“我经常向人们展示手机的各种功能，他们会说，‘哇，你知道这么多好用的窍门’。但我只能说，‘其实，这些并不算窍门。手机原本的设计就是这样的’。”所有这些例子，都能让我们感受到这些产品背后的公司看似光鲜亮丽，实则在与自己抗争。这并不是说这些公司正在经历失败、拼命挣扎，还没到那一步。然而，尽管其核心业务能够带来丰厚的利润，但其研发塑造的可能性似乎越来越渺茫。随着时间的推移，这些拥有数百种不同产品和业务部门的公司，规模越来越大，也越来越难以驾驭。它们改善服务的方式不是减少问题，而是单纯增加服务的项目。

你是可以感受到的——那些公司把艰难的决定权推给了它们的用户，让用户去弄清楚公司自己无法确定的事情，这在业内通常被称为“组织确定权的转移”。这是用户友好的设计世界中面临的最艰巨的开放性挑战：如何为用户创建连贯一致的界面，前提是该界面背后的公司是统一协作的整体，下分各个部门是为了提高工作效率。如果连世界上最具影响力的公司都实现不了这一点，那就说明这个问题还没有答案。人们基于共同愿景的合作程度或许天生就是有局限性的，要么是其中一家公司发明新的工具和新的工作方式，要么是有一家新公司出现，将现有的一切更好地整合，将原有的全部清除。

约翰·帕吉特是在看到空中百货产品目录的噱头之后，启动了价值10亿美元的魔法手环项目，而他也是离开迪士尼的员工之一。他要再找一份工作，让自己更加轻松地实现想法，而不是深陷于与一帮人的明争暗斗当中。若问他整个魔法手环项目的目标是什么，他会说，我们的目标不是有求必应，比如饭店点餐，而是要预测游客的需求。前期工作完成之后，我问他为什么迪士尼的承诺没有实现。他静静地望着我，眼睛动了动。“还是你来判断吧。”他说。[17] 他原本希望带给游客的不仅是畅通良好的游园体验，还有至尊无上的待遇感受。

离开迪士尼后不久，帕吉特遇到了嘉年华集团（Carnival）的首席执行官阿诺德·唐纳德。唐纳德希望帕吉特能想出好的设计，让嘉年华这家价值400亿美元的公司的每一趟邮轮之旅都极具个性：不仅包括105艘邮轮，还有遍布全球的740个目的地，每个目的地都有自己的文化和员工。这是帕吉特所了解的公司类型，也是帕吉特一直梦想的公司规模。姑且不论迪士尼和嘉年华这两个可见的品牌，光是公司的固定资产，包括房地产、基础设施、物流、船只和数百家餐馆，规模就已经十分庞大了。[18] 主题公园和邮轮创设的是一种真正可控的环境，到处都是传感器，收集着你的身份和位置信息，而这一点硅谷的科技巨头暂时还实现不了。[19] 但是两家公司对帕吉特来说，不同之处在于他控制权的大小：在嘉年华，他能做到真正的位高权重，而不是像过去一样受制于人，他拥有高层的支持，能更好地向人们传达自己的想法。手中的棋子与过去类似，但指挥权上了更高的台阶。

没有什么比现代邮轮更像主题公园的了。目前搭乘邮轮度假的游客比例不高，邮轮酒店大约占全球酒店房间的2%，如果曾有过邮轮之旅，你就会领略它们的运作规模。以帝王公主号为例，邮轮长约1 100英尺（约335米），19层的甲板高达217英尺（约66米），可承载3 500名游客和1 300名船员，是全球最大的30艘邮轮之一。尽管邮轮庞大气派，但其经济效益却很不理想，用不了十年，这艘邮轮就很有可能风光不再。

对于较大的船舶而言，平均到每名乘客的油耗较少，省下来的钱可以用来增加更多的噱头，从而吸引不同层次的游客。1996 年，嘉年华命运号是世界上最大的邮轮，排水量达 10 万吨，载客 2 600 人。如今，海洋和谐号的排水量超过了命运号的两倍，可搭载 6 780 名乘客和 2 300 名船员。[20] 一艘标准的邮轮，上面什么都有，从小提琴演奏到 21 点纸牌，甚至蹦极，你想玩什么都可以。这就是邮轮。邮轮大部分时间都停泊在港口，每天有几十次短途旅行供游客选择。而大量的选择也带来了压力，在社交媒体的渲染下，这种压力竟然还有了名字：错失恐惧症（FOMO），要去发现和预订完美的东西，不然就怕错过了。“你可以看出为什么人们在选择面前不堪重负，以至于不愿乘坐邮轮，”公主邮轮公司总裁简 · 斯瓦茨如是评价，“所有这些选择可能会在不知不觉中抑制人们的需求，因为他们根本不知道邮轮是什么。”[21] 嘉年华旗下有 10 个品牌采用了约翰 · 帕吉特开发的平台，其中公主邮轮是最早的一家。

我们已经可以看出，过多的选择和功能开始给产品造成不良影响。以录像机为例，大家从来都不知道它的工作原理，各种拓展配件不断推出，都卖得很好，可很多都是买回家吃灰。汽车、电器或电视应用程序也是如此。单个部件用起来更简单了，可放到一起就更复杂了，所以我们现在的选择太多了。原来你都是从百视达的几千张 DVD 中挑选一张来看，而现在你可以在网飞上点播数万部电影，在苹果和亚马逊上点播数十万部电影。如果没有一种新的互动隐喻，让我们能用一种新的心理模型来组织所有这些选项，我们就会陷入心理学家巴里 · 施瓦茨所说的选择悖论。面对太多的选择，人们往往什么都不选，或者对自己的选择感到失望。这就是个性化给我们的承诺：赋予我们最需要的东西，让我们轻轻松松地做决定。亚马逊和网飞等公司试图用算法解决过度选择给用户带来的压力，但在现实情况中往往做不到。

唐纳德第一次问帕吉特该如何设计出一场个性化的大型邮轮之旅

时，帕吉特已经钻研这个问题十年了。只不过他善于掩饰，总是对自己的想法闭口不谈。同往常一样，他昂首阔步，信誓旦旦地对唐纳德说："给我六个月，赞助我几百万美元，我会给您一份报告，让公司的发展上一个新的台阶。"[22] 他居然能对 CEO 当面说出这样的话，这就是嘉年华与迪士尼的一个关键区别。组织理论界表示，提出改变或改变的合理性是不够的，我们必须感受到改变的必要性才行。在嘉年华，帕吉特之所以提出改变，是因为他接到了改变的要求。

*

帕吉特镀金般的自信既能鼓舞人心，也有可能令人抓狂，就看你问的是谁了。在迪士尼，有和他一起攻城略地的老战友，也有想尽办法把他置于死地的人，但结果却不容置疑。帕吉特给唐纳德的报告不是一份纸上谈兵的演示文稿，而是一整栋真实的大楼。嘉年华的体验创新中心看起来平淡无奇，跟迈阿密随便一个办公园区里的随便一栋办公楼并无两样。2017 年夏天，我第一次去那里时，这个钻研了长达十年的项目已经进行了一年半，但这栋楼的大厅看上去就像例行公事，只有一点点持续建设的痕迹。有一扇铁门通往里面的房间，门框周围都是灰，就好像哪里有什么东西爆炸了一样。穿过门有一个接待处，墙上有一句格言，字体有 7 英尺（约 2.1 米）高，出自巴克敏斯特 · 富勒："预测未来的最好方法就是设计未来。"（富勒是设计思维的鼻祖，他对斯坦福大学教授约翰 · 阿诺德产生了重要影响。）光线很暗，里面其实不是房间，而是用帘子围起来的摄影棚。这里有日光甲板、走廊、电梯、特等客舱（邮轮上的酒店房间）、赌场、酒吧——所有这些都是邮轮之旅的真实体验。在楼中央的位置，帘子后面，几百名工程师和设计师，紧挨着坐在廉价的折叠桌旁，不停地在算式、应用程序界面和平面图上点击着，就像《绿野仙踪》里的巫师一样。挫折、停滞肯定免不了，但帕吉特很有信心，因为体验中心代表着超协作。十几个参与其中的团队坐得都很近，拼成了马赛克图案，服务部主管坐在开发人员旁边，便于相互沟通理解，就像一群建造航空母舰的工人。“人们总是问我，你是如何处理棘手的复杂事件的？”帕吉特说，“说到底就是要让成员们团结起来，让他们齐心协力地解决问题。”

帕吉特对自己的成就感到自豪，并渴望超越过去，再创佳绩。他很小心，以免冒犯他曾暗中争斗过的所有迪士尼人。他想大肆渲染嘉年华项目的辉煌，也想把它与之前的项目区分开来，但无奈这一项目只能是迪士尼业绩的延伸，就连摄影棚都是他在迪士尼学到的。迪士尼乐园里也有个摄影棚，前面的大窗户都被刷黑，里面的设计师经常能听到外面人的谈话，时不时地还会偷笑。外面的父母以为这里是废弃的，没人会注意到他们，于是就会对着噘嘴耍脾气的孩子们大吼：“我们跑了 3 000 英里才到这儿，你们疯玩儿去吧！”正是这个摄影棚使得 10 亿美元的项目预算得以通过。如今，这里早已不复存在，连张照片也没留下，这都是因为华特·迪士尼禁止人们泄露这个项目背后的混乱局面。但是你可以在嘉年华的创新体验中心再次看到它的样子。

我开始了这里的嘉年华之旅，临时搭建的客厅里，两名外貌出众的工作人员假扮夫妻，展示整个项目的运行流程。我看到了他们的应用程序，了解了游客如何预订各项服务。跟迪士尼一样，“海洋勋章”（Ocean Medallion）会提前寄到游客手中。上船以后，你只带它就行了，一个圆形勋章，大小跟 25 美分硬币差不多，可以戴在手腕上或者放在口袋里。船上装有 4 000 个触摸屏，任何一个都能识别出你是谁，就像你手机上的应用程序一样。这种体验不仅让人回想起电影《她》和《少数派报告》（*Minority Report*）中的场景，还让人联想到 20 世纪 80 年代末马克·威瑟撰写的计算机科学宣言，富有远见卓识的威瑟称自己的研究课题为“普适计算”（ubiquitous computing）。这里的最终梦想是创造出一套小型处理设备，根据你的身份、你所在的环境，不管是会议室还是卧室，都能按照你的需求提供服务。

在厚重的帘子背后，在这个临时工作间里，最重要的地方是一面巨大的白板墙，墙上有一张特别大的图，上面密密麻麻地铺满了数据，通过几百种不同的算法处理之后，就能对游客行为喜好的每一个细节进行研究，从而得出所谓的“个人基因组”（Personal Genome）。游客杰西卡，来自俄亥俄州代顿市，如果她想要防晒霜和迈泰酒，她可以在手机上订购，然后不管她在17层甲板上的哪里，邮轮服务员都会亲自把东西送到她手上。他们会直呼杰西卡的名字，也许还会问她，风筝冲浪课刺激吧？晚饭时，假如杰西卡和朋友约好一起出去玩儿，她可以再拿手机查询相关信息。不过这时，手机上的推荐信息就不是只为她一个人量身定制了，而会考虑到他们一行人的共同喜好。如果有人喜欢健身，而其他人喜欢历史，那么他们都会喜欢在下一个港口停泊时，到市场上转一转。

杰西卡的“个人基因组”每秒钟会用100种不同的算法计算三次。这些算法利用数百万个数据点，几乎涵盖了她在船上做过的所有事情：她对观光旅行推荐的关注时间，她根本没有考虑过的选项，她在船上各处的逗留时间，以及当时或接下来周围发生的事情。如果她在自己的房间里看了嘉年华精心制作的旅游节目，并在某个停靠港看了有关市场游览的信息，那么在恰当的时机，她会收到同样的旅游推荐。迈克尔·容根曾先后在迪士尼和嘉年华与帕吉特共事过。他说：“社交参与属于计算的范畴，环境差别也是。”[23] 这次旅行结束后，我看到了个人基因组的闪光之处。我打开手机上的指南针程序，在临时搭建的甲板上走动。我可以看到，当我经过房间时，附近娱乐设施的选项会发生变化，因为服务器会处理关于周围设施和我的选择的新数据。这就像在真实世界中点击鼠标右键，或者科幻电影变成了现实。

从纸币到信用卡，再到移动支付，一步步的发展证明了一条不变的商业定律：阻力越少，消费越多。站在模拟甲板上，我知道无论自己想点什么服务，服务都会找到我。不管我在船上的哪个位置，我想要的服务都会通过自己的方式出现在应用程序或照亮整艘邮轮的屏幕上。不难看出，许多其他企业在未来几年可能会效仿或尝试这样的设计。“一方面，创造这种零阻力体验是一种选择；而另一方面，我们别无选择。”帕吉特说，“对千禧一代来说，价值很重要，但麻烦更为重要，这是由他们长大的这个时代决定的。麻烦好比立在台面上的木桩，只有消除了它，大家才能毫无顾忌地参与进来。”

按照这种逻辑，与零阻力的虚拟世界相比，现实世界真的不尽如人意。对于像嘉年华这样的公司，推销真实世界的体验是它们唯一的竞争方式，也是吸引新一代客户的唯一方式，要超越人们已经在日常生活中感受到的数字体验便利。首先，嘉年华必须设计一种类似于网络的隐形传感装置，这样系统就可以感知游客的行为，然后推断出他们想要的东西或服务。只要做到了这一点，邮轮系统就有更多的文章可做，因为游客给了他们更多的许可。人们期待迎合，甚至渴望惊喜，因为短暂的邮轮之旅就应该是他们极致快乐的源泉。到 2020 年，随着传感功能的不断完善，海洋勋章最终将出现在嘉年华的数十艘邮轮上，体验未来的最佳地点不再是硅谷的臭鼬工厂（Skunk Works）实验室，而是漂浮在加勒比海的邮轮甲板。游客坐在椅子上，空气中弥漫着防晒霜的味道，手里拿着迈泰酒，很是惬意。无论这个项目能否最终实现其最宏伟的目标（至少还要十年），它都是设计和技术领域的向导，在它所追求的世界里，环境和手中的设备一样重要。

帝王公主号的创新实践要得益于 IBM 等公司对智能城市的大力倡导。在 IBM 这样的地方，智能手机已经达到了它的逻辑终点，所以总会出现新的欲望与冲动，不仅关于设备研发，还关于周围的环境。穿戴好智能装备，你就不用再去赌场赌博了。邮轮上任何屏幕都将其转化为你的私人赌场，你的所有相关偏好和历史都将上传。海洋勋章承诺将邮轮体验大规模转化为个性化旅行：走在船上，触摸屏会识别到你，就像电影《少数派报告》一样；走近工作人员，对方能知晓你的名字，知道你要去哪里，即使你们之前素未谋面，他也能充当你的私人礼宾员；你想吃什么、喝什么、买什么，都会递到你的手上。展望未来，海洋勋章的设计师们还构思了新的酒吧，顾客的饮料喜好会与个人行为挂钩，每到一个新的地方，饮料配方也会“入乡随俗”；他们还设计了虚拟现实体验的原型，只要戴上专业眼镜，你就能看到海滩上竟然有恐龙出没，而且这些记忆还能转化成电影，在你的房间电视上播放。这一设计愿景从整体上来看就像是随处可达的优步，通过网飞的现实场景推荐，让顾客享受服务。事实上，更多的设计师很快就会投入这些优质体验的设计中，其特点是：服务隐形、无处不在、量身定制、异地间无边界等。

在我跟踪海洋勋章项目的三年里，它屡遭挫折，在宏伟的目标下摇摇欲坠。由于系统中一直存在漏洞，许多细节最后都得重新设计。应该是到了2019年，他们已经将整个生态系统构建了两次，耗资数目极大，公司对此高度保密。然而，帕吉特一如既往地坚持，丝毫没有畏惧。他想加快推广海洋勋章的创意，以越来越快的速度将其送到越来越多的船上。

我问他最大的困难是什么，以及这个项目与迪士尼的项目相比如何。他的回答话不点题，却很能说明问题。帕吉特说起在迪士尼，最艰巨的挑战是应付官派作风，所以嘉年华用三年时间取得的成果，在迪士尼花了七年有余。但是，他的表达也隐含着一个意思，一旦魔法手环交付成功，迪士尼世界的工作人员就知道如何隐藏所有的设计，将一切最终天衣无缝地呈献给游客。而在嘉年华，要做到这一步并不容易。帕吉特说：“在嘉年华，制订计划和策略很简单，但是激活和编排它们是最困难的事情。”培训嘉年华的一线员工有一定的难度，因为他们无法理解，从如何接待游客到工作本身的性质，改变服务方式会带来多么大的影响，以及这种改变要做到何种程度。在他的讲述过程中，我不禁联想到这与陆地上的状况是多么相似，所有员工现在也同样面临重新适应软件更新节奏的要求。

*

2017年11月，海洋勋章开始亮相，当时我曾问过帕吉特，为什么他对这些问题如此关注，要花十年的时间来研究。很明显，数亿美元的技术投入会使游客在主题公园或邮轮巡航中得到更佳的体验。但他为什么看重这个点呢？毕竟他看起来就像一个赚得盆满钵满、整天就知道打高尔夫的人。他承认，一定程度上是因为执着，也有一部分与原则有关。“在旅游度假业，先把游客分类，再提供些特别的服务，就可以叫作创新，这让我一直很恼火。将以前只属于精英阶层的东西大众化，只是在改变游戏规则。”[24] 正如帕吉特之前的解释，对于大多数公司来说，大型度假集团的经济效益让实现个性化变得遥不可及，因为客人的体验通常沿着两条截然不同的路径发展。有钱人会依照自己的兴趣，花大价钱定制个性化行程，入住了解自己喜恶的管家式酒店。而面对普通游客，商家运营的重点则是有效增加客流量。

海洋勋章则完全不同：它主打科技理念，借用技术的力量为大众提供量身定制的个性化体验。帕吉特算不上理想主义者，他奉行实用主义。他是学金融出身，拥有 MBA（工商管理硕士）学位。他在迪士尼开启了自己的职业生涯，整天跟数字打交道，为几位有钱人服务，对自己来说毫无意义。单纯的金融计算，作用微乎其微，对整个行业的发展没有太大意义。但如果能让大众多出门度几次假，让他们尝试一些原本不会参与的活动，也许他们就能获得一次更好的体验，留下更美好的记忆。从某种程度上讲，零阻力交易会让游客更加舒心，专注于享受愉快的旅行，记住难忘的时刻。如果美好的回忆意味着可能会有 10% 的回头客，那这可真是一笔巨大的收益。这就是帕吉特能够向阿诺德推销邮轮改造计划的原因，要知道光是项目的安装成本就高达上亿美元。

帕吉特经常把海洋勋章项目比作智能手机：一个会随着时间的推移而发展的平台，其中隐含承诺，年复一年，它一定能完成一些过去做不到的事情。所有这些的基础都是对用户越来越深入的了解。我最后一次和帕吉特交流时，他向我展示了邮轮的核心数据：一张错综复杂的电子图，上面显示邮轮内部的每一处地方，每一层甲板。而且，如果你点击某处查看细节，图上就会出现一些气泡，它们能准确显示船上每个人的实时位置。“你看，阳台上有很多人。”他解释道。你点击任何一个气泡，它代表着某一个人，就能查看他们正在做什么，以及之前刚做了什么。

几年前，帕吉特曾告诉我，有了这种高度个性化的设备，身边的服务人员也清楚你的兴趣爱好、你今天做了什么、明天你有什么计划，关键就在于让游客感受到个性化为他们带来的奢华体验，而不是悄然入侵他们的私生活。船上员工必须要有过硬的社交能力，如果今天是你的生日，员工就不应该说：“嘿，我知道，今天可是你的生日！”这样反而会提醒你：你其实正在被监控。相反，他们会换个噱头，好吸引你的注意力。他们可能会问：“你愿意和我们一起庆祝这个特别的日子吗？”通过这样的社交技巧，他们就能有效开启与游客的对话，而且游客还会觉得很幸运，说不定会得到免费的赠品或更好的服务，但这其实是早就设计好的。

“没错，我们投资的是技术，”斯瓦茨说，“但我们在流程重拟和角色描述等方面也花了大量的时间……如果我想在日落时分来一杯红酒，我不需要打破这片刻的美好去招呼服务生，红酒自会送到我的手上。不过送酒的服务生必须受过良好的培训，要让我好好享受这美妙的瞬间。”[25]这些细节为谷歌、脸书和苹果等公司提供了经验，它们正致力于创建一个高度个性化的世界。随着我们身边的产品越来越强大，它们要更加懂得以礼相待，具有社会意识。它们在设计过程中要包含更多的礼仪要素。要做到这一点，它们就要更好地模仿我们的习俗。它们需秉承新的设计理念，更加准确地模拟人与人之间的关系，而不是人与物之间的交互。下一步，设计的重点不再是像显示器这样的实物，而是产品的运行逻辑和交互方式。我们上一章中提到，技术往人性化方向发展所带来的影响，在这里再次得到印证：当技术无处不在的时候，我们会要求它们更贴近社会习俗和礼仪的期望。

礼仪看起来很简单，可以说是常识，但想一想，我们仍在努力地将社交网络融入现实中的人际关系，这个过程有多么艰难。过去十年间，我们表达对彼此了解的方式发生了变化。你知道同事们的学历信息，因为领英上经常推荐他们的名字，但你和他们闲聊的时候，还是会问他们是从哪所大学毕业的。虽然说在谷歌上加好友，首先就会看到对方的基本信息，但是如果你不问，就显得有点怪，对方可能会觉得你在偷偷关注他。另外，你可能会在 Instagram 上关注某些人，但不会给他们的帖子点赞，因为你不想让他们知道你了解了他们的隐私。关键是，我们尚不清楚我们对别人的了解内容，有多少是可以分享的，即使大家都知道社交媒体上的信息是公开的。

我们在这个新的领域里徜徉，而社交网络本身却没有达到相应的专业程度，因为广告创造了第三类“用户”，我们永远无法知道产品真正的目标用户是谁。与社交网络互动就像和多嘴多舌的人聊天，只有过后你惊讶地发现自己的事情别人都知道的时候，你才发觉网络的力量太强大了。我有一个女性朋友，30 多岁了，单身的她最近在自己的脸书上看到了冷冻卵子的广告。之前，她从来没有想过这个问题，直到看到广告的那一刻。从那以后这个事情一直盘旋在她的脑海里。当她和朋友分享这个奇闻时，大家都说自己没看过这则广告，可要知道的是，推送给她们的广告都是经过定位筛选的。我在不久前开始频繁收到治疗痤疮的广告，广告主角是一名亚洲男士。成年后，我长过痤疮。我从来没有和朋友聊过这件事，印象中也没有在谷歌上搜索过痤疮的治疗方法，因为我不太在意。但不知道怎么回事，通过某种算法，网络收集到了足够的数据，找到了我，希望能锁定我这个潜在客户。

这些广告是技术的产物，看到它们，我们马上就会感觉身上发毛，但也有可能只是觉得它们没有礼貌。它们尽其所能收集我们的个人信息，却从未真正地了解过我们。它们不与我们交谈不说，还躲在暗处监视我们，收集有关我们的闲言碎语，拼凑我们的细枝末节。就像一个人当面问他只在脸书上“认识”的好友：昨晚你和家人的晚餐吃得怎么样？这些广告同这种行为一样，表现出了一种病态的反社会行为，从广告出现的那一刻起，就滔滔不绝地谈论着它们所知道的关于我们的一切。广告行业能够以崭新的、神秘而准确的方式锁定我们，但广告的投放方式仍然借用了大众传播时代的广告牌隐喻。（在营销行业中，最大的"横幅广告"其实被称为"广告牌"。）如果你想用卵子冷冻或痤疮药物的话题跟某人开启对话，他们或许会很受用，可正常的对话不是应该以"你好"开头吗？

然而这些广告的目标定位准确得可怕，并且强行推送给我们，不仅如此，这还能反映出更多人的期望，即我们生活中的一切都将根据自己的需求进行个性化定制。现在，我们希望在社交媒体上看到的信息流、浏览到的新闻、读到的电子邮件，都能从我们的角度进行过滤，这样我们就能看到符合我们需求的内容，别无其他。现代广告让我们很不舒服，这只是预示着一场更浩大的变革趋势。本书一开始就介绍了一个世纪以来人们如何发现"用户友好"中的"用户"，即人们如何逐渐理解用户，他们需要什么，打算使用什么。设计以用户为中心，该理念实践的最初几十年里，意味着要找到隐藏在我们对世界运转方式的期待下的基本原则，意味着发明任何人都可以使用的新技术，因为这已经势在必行。但是，智能手机和网络连接让世界来到了我们身边，它们创造了一个新时代。在这个时代里，我们都使用同样的"容器"，无论是应用程序还是智能手机，但"容器"里的一切对我们每个人来说都是不一样的。约翰·帕吉特喜欢称之为"一人市场"。设计业曾经关注了解用户，我们创造出的那些产品现在试着理解人作为个体的意义。（作家蒂姆·吴给出了这一新时代开始的确切年份：1979 年，索尼随身听问世的那一年。"有了随身听，我们可以看到人们对便利的思想认识发生了微妙而彻底的转变。如果第一次便利革命承诺让你的生活和工作变得更轻松，那么第二次便利革命则告诉你：你将更加轻松地成为你自己。新技术是自我催化剂，为自我表达赋予了效能。"）[26]

在产品的用户友好层面，我们已经处于紧张的境地，甚至临近爆发：为了提高产品的易用性，技术一直在推动设计的共性化，但最终我们必须认识一个事实，那就是我们是不同的人。这也就是我们在机器学习和人工智能领域投入大量资金和精力的原因。人已经完成了人所能做的工作，为了制造出好用的产品，实现生活的轻松便利，我们找到了我们所有人的共性。但从最深远的层面来看，并没有足够的人力资源来管理无数的单一市场。

我们希望这些机器能够走完创造者无法预测的最后一步。而这最后一步，不是别的，就是内容。“容器”制造商也开始向媒体公司靠拢，目的不仅是把我们带到放“容器”的桌子旁，更是吸引我们留在这里，因为这张桌子可是他们各自设计好的。苹果已经花费了数十亿美元来敲定电视协议，且苹果新闻背后的内容编辑团队也在不断壮大；[27] 在花了十年时间摧毁出版业之后，脸书现在也终于承认自己不仅是一个技术平台，还是一个出版商。[28] 与此同时，谷歌已经悄然成为移动网络上传播新闻的技术渠道，所以我们现在读到的诸多新闻并非来自出版行业网站，而是来自谷歌。另外，谷歌还想用 YouTube 完全替代电视。亚马逊不仅有让大多数电影公司相形见绌、高达 50 亿美元的电影预算，还有一个包含着你可能会购买、观看、阅读的所有内容的生态系统，从家具到以太网电缆，越来越多的产品被冠以亚马逊的名号。[29] 如果你想调整“空容器”的设计，你唯一要做的就是往里填满许多不同的东西，从而让人们忍不住去打开它，然后再利用各种算法确保这个完美的“容器”能恰到好处地发挥所长。这样的交互反过来重塑了用户友好型产品参与我们生活的方式，使它们不再像强化人类大脑的工具，这也是道格拉斯·恩格尔巴特所梦想的。它们更像是我们日常生活的舞台，上演着现实世界无法匹敌的完美推荐。

然而，存在担忧也合情合理。尼克·德·拉·梅尔是魔法手环以及由手环衍生出的数字体验（只是萌芽，但从未实现）的幕后设计师之一。当时他一直在 Frog Design 工作。和竞争对手的经历相似，Frog Design 也逐渐转向虚拟数字设计，去探究用户的生活方式，而不再仅仅专注于实物研发。梅尔最终离开了这里，开办了自己的设计公司。他接手的早期项目之一是位于里奥格兰德山谷的得克萨斯大学校园。这里是得州最贫困的地区之一，生活着数万名打工者和他们的孩子。如果他们想上大学，就必须依靠 SAT（美国学术能力测验）教师和大学辅导员的支持。那里的孩子都在沃尔玛和开市客打工，但他们没有汽车。他们是家里第一代能上高中的人，更不用说上大学了。[30]

针对这所大学，梅尔的设计公司 Big Tomorrow 提议创立一个虚拟的大学校园，与类似迪士尼魔法手环的产品结合起来。教室不建在校园的草坪上，而建在商业街上，靠近孩子们工作的地方。校园成了分散的，不管想去哪个教室，孩子们只需带着传感器，坐公交车就能到。他们的学习内容、学习表现都有系统的数据档案，学校可以据此来跟踪和定制他们的学习课程。这种设计非常适合这个特殊的学生群体，传统大学教育对他们来说可望而不可即，他们得知道自己付出的教育投资能得到哪些回报。现在，这些学生已经开始了为其量身定制的数字生活。改变高等教育方式，以适应学生的特殊生活方式，这样的理念很有意义。

最终，这所大学以大学的运营模式为基础，但同时被一种自己设计的组织形式所限制。该提议让迪士尼和嘉年华所提供的个性化服务平台在逻辑上前进了一大步。尽管如此，梅尔还是对其未来感到担忧。如果连教育都是量身定制的，生活会是什么样子呢？这是否意味着我们都将生活在自己创造的天地里？这是否预示着脸书部落主义的世界，在这个世界里，人们只接受与自己一致的观点？难道这样的世界将不再只属于脸书，而是属于全世界？“在这样的环境中长大的人会是什么样子？”梅尔若有所思，“这样的环境会如何催生或消除自私、同理心，以及我们应对逆境的能力？”工业化过程带来的用户友好型世界本是为了与用户建立同理心，最后却阻碍了他们的共情能力，这可真奇怪。

第九章

用户友好中的风险

总有那么一群人不停地投诉我们的程序，即便如此，我们还是得看一下他们的用户信息，然后咒骂道：你他妈的可一直在用它！用完了倒来抱怨它不好用了?!

——脸书首位网络安全官马克斯·凯利关于脸书 News Feed 的介绍

能花上十年时间去改正错误的人都很了不起。

——罗伯特·奥本海默

在 21 世纪，用户最普遍使用的界面功能是点赞，每天都有数亿人在点击。该按钮始于贾斯汀·罗森斯泰因（Justin Rosenstein）和利亚·珀尔曼（Leah Pearlman）之间的友谊。他们于 2007 年在脸书相识，当时该公司只有 100 名员工，两人一见如故，愉快地谈起了他们的工作愿景。有很长一段时间，他们经常在帕洛阿尔托脸书总部周围的小路上骑行。他们享受着公司的住宿福利，地点距办公室不到一英里。珀尔曼回忆说，自己看着年轻人满怀好奇憧憬、带着豪情壮志去工作，大家都认真地对待每一项任务，他的心情也跟着好了起来。在脸书，没有团队，只有一个个热情洋溢的小部落，每一个人都相信自己在创造奇迹。[1]

脸书的 News Feed（动态消息）功能一经推出，工程师阿西尔·威布尔就注意到，人们已经开创了自己传递想法的独特方式。在 News Feed 上，用户只能发布信息或评论。因此，如果人们看到感兴趣的东西，就会截图，然后在自己的页面上转发，这种行为被脸书职员称为“动态炸弹”。职员们发现，当某样东西像病毒一样快速传播开来时，许多人会在社交网络平台上截屏，然后再发布同样的内容，这会占据用户的信息流。威布尔设计了一个动态炸弹（Feedbomb）按钮，试图简化用户的这一系列行为。这个想法在脸书很受欢迎，并引发了关于如何实现它的讨论，大家不断提出调整和排列该功能的建议，还给出了不同的命名。而珀尔曼又开始思考另一个问题。“他在想，给别人一些鼓励难道不是一件很酷的事吗？”我和罗森斯泰因坐在他的公司Asana的一个安静角落里，该公司由他和马克·扎克伯格的大学室友达斯汀·莫斯科维茨共同创立。他说：“一开始，我觉得这个想法挺傻的。”但罗森斯泰因和珀尔曼一直在考虑这件事。“我们在一起讨论，最后把问题归结于‘我们在脸书的目标是什么？’我们的目标之一是创造一个人们彼此鼓励的世界，积极的态度能将阻力削弱至最小。”[2]

当时人们对帖子唯一能做的回应就是评论，但评论也引发了问题。“如果有人发布了一些有趣的东西，评论都是清一色的‘恭喜’‘祝贺’‘恭贺’。就算是你想说点不一样的，也会在无数评论中销声匿迹。”珀尔曼回忆道。如果你只是想给消息发布者送点温暖，你要么绞尽脑汁地想点原创的东西，要么就老老实实地说一些和其他人一样的内容，但对于反应神速的罗森斯泰因和珀尔曼来说，拼写这样的评论真的太慢了：C-O-N-G-R-A-T-U-L-A-T-I-O-N-S（英文中“恭喜”的拼法）。罗森斯泰因说：“我们认为有必要让这种关系变得更加友好亲密一些。我们在思考表达积极态度时最简单、最友善的方式是什么。”团队一开始将其命名为“超棒”（Awesome）按钮。这一新功能将把许多类似的评论合并在一起，同时给了脸书一个衡量消息传播广度的标准。有了威布尔的数据输入，再加上其他几位工程师的帮助，珀尔曼和罗森斯泰因通宵做出了按钮原型。他们把成果拿出来与大家分享，同事们对其大加赞赏。在后来的几个月里，“超棒”按钮引发了热烈的争议，人们苦苦思索着应该给它冠以怎样的图标和名字。竖大拇指的图案多次遭到了否决，因为在很多文化中，这是一种无礼的行为。（这时正值脸书酝酿全球扩张之际。这家公司已经在考虑做大做强了。）该项目多次陷入停滞，珀尔曼不得不将其重新启动。最后，扎克伯格本人也厌倦了无休止的争论，他宣布将这个按钮命名为“点赞”按钮，并以竖起大拇指的图标来表示。[3]

那时的网络世界与现在的大不相同，除了红迪网（Reddit）的赞成或反对投票体系，以及易贝等网站上的五星评价平台，其他地方基本没有给用户创造反馈的机会，就连表示赞同的功能都没有，更不要说打分评级了。点赞按钮预示着一种全新的反馈模式，也代表了一种衡量用户即时与潜在需求的新方式。如今，这种理念在数字世界占据优势地位，从爱心到“+1”，还有层出不穷的表情符号。它成了一种普遍且占主导地位的表达方式，成了各种思想和情感的传播途径。罗森斯泰因说：“点赞按钮的成功超乎我们的想象，这种感觉可真是太棒了。它带来意想不到的结果，游离在自然而然和严重危害之间。”就在唐纳德·特朗普宣誓就任第45届美国总统两个月后，我与罗森斯泰因进行了交流。当时媒体上披露了新的数据，表明美国民众出现了不同的派别团体，而且大约一半的美国人完全被另一半弄糊涂了，尼克·德·拉·梅尔对此恐惧极了。有报道称，俄罗斯黑客利用脸书为特朗普传播虚假信息。

罗森斯泰因身材纤瘦，胡须斑驳，头发乱蓬蓬的，两颗门牙之间的缝隙让他显得有些孩子气。他的生活轨迹与硅谷喜剧纪录片中主角的经历并无两样。维基百科收录的内容总结了他在脸书上发的一个帖子：“2010年，他开始和一位名叫乔丹的女性约会，但女方的萨满教信仰使他们的爱情走到了终点。罗森斯泰因为此在火人节（Burning Man Festival）做了一个心形雕塑，上面刻有她写的歌词，两人计划要发展一段史诗般的友谊。”[4]不得不说，罗森斯泰因真的有非常崇高的精神境界。所以，后来当他持有的脸书股票价值达数亿美元时，他却似乎一点也不在意。他把股票委托给一家信托公司，声称自己用不到，不如交给别人。[5]他自己有座豪宅，却同其他企业家一起住在一个12人的公共社区里。[6]而且他在某一方面天赋异禀。在谷歌，有时很难看到他人的工作内容，这让他很烦恼，于是他发明了谷歌云存储，直至今日，该产品依然向用户提供云共享文件服务。后来他的上司说，在谷歌的电子邮件窗口中嵌入聊天窗口在技术上是不可能实现的，于是他熬了好几个通宵来编写代码，就这样，谷歌聊天诞生了。所有这些产品已经成为谷歌走近数亿人生活的桥梁。

罗森斯泰因把自己的生活安排得井井有条，每天都能如期准确地完成计划。每天早晨，他都会在办公桌上放五杯水，以确保当天按时足量饮水，其中一杯还加了由甜菜、蓝莓和其他超级食品制成的营养粉。他在日历上标注时间段，分别针对不同的任务，这样他就能准确地把握当前该做什么。他还有一个闹钟，每天提醒他定时冥想。不过，即使他的生活这般恬静规律，他也承认自己被脸书创造的新世界吸引住了。他坦言："我一般只对一件事上瘾，那就是'消息通知'。""我是一个成年人。我不在乎别人怎么看我，谁在何时进入了我的主页？我才不管这些。但就在脸书新功能推出之后，我会时不时地查看我的手机，看一下脸书上的消息。"我们非常了解这种强迫症是如何产生的，以及它对社会可能造成哪些影响。

*

20 世纪的头十年，弗雷德里克·斯金纳还是个孩子，当时的他就认为可以像塑造机器一样塑造人，几十年后，他开始在理论心理学领域崭露头角。他从小就把自己当作实验对象来验证这个命题。母亲总催他收好衣服，可他老记不住，于是他决定重新改造卧室，以免忘记母亲的叮嘱。他先拿一面旗子挡住卧室门口，然后把旗子系在一个滑轮上，滑轮的另一端系上一个衣钩。只有他把睡衣挂在衣钩上，旗子才会升起。[7]斯金纳当时表达得不是很清楚，但他的指导思想应该是：如果某件事我不想做，那我就永远也记不住，但恰当的环境条件会促使我把它完成。这个想法一直萦绕在他的脑海中，这很是奇怪。

1926 年，他大学毕业后回家，回到了那间卧室。这一次，他下定决心，要做一名小说家。[8] 他的第一步就是把卧室改造成一个简易的工作室。他在房间一头做了一个架子，上面放着翻开的书，这样他不用抬起胳膊就可以阅读陀思妥耶夫斯基、普鲁斯特和威尔斯的作品。在房间的另一头，他做了个写字台。他的计划是读，写，再读，再写，直到成为小说大师。然而，这并没有奏效，失败的原因也很让人意外。倒不是他怕空白的稿纸，也不是没有东西可创作，而是他对那些小小的空白稿纸感到厌烦。把时间浪费在虚构人物的内心生活上，似乎是件古怪到无可救药的事。年轻的斯金纳在想，与其从内心启发他人，不如以不容置疑的方式从外部做出解释。[9]

上学的时候，老师经常交代他一些重要的任务，很快他便获得了哈佛研究生院的入学资格。“我的主要兴趣是心理学，”他给之前的大学院长写了信，“如果有必要的话，我会继续留在那里，我会根据自己的需要对整个研究领域进行改造。”[10] 他梦想着能让动物心理学研究像物理学一样严谨，不再需要通过小说的方式解读生物的某种行为。于是，他又开始执着地钻研，不久就取得了重大突破，发明了斯金纳箱。[11] 从童年亲手设计的卧室，到通过环境设计塑造行为的梦想，再到这个装置，三者之间有着不可思议的联系。斯金纳箱是一个实验装置，里面能放老鼠或鸽子，可以装灯或扩音器，还有一根杠杆，动物在箱内一按，就会有颗粒状食物落进来。其主要用途就是看箱子里倒霉的小动物能否弄明白其中的因果关系——在正确的提示下按压杠杆就会得到奖励。

斯金纳的实验是巴甫洛夫著名的狗流口水实验的升级版，虽然看上去有些奇怪，但产生了深远影响，因为斯金纳用箱子建立了一种世界观。如果世界不是一张布满随意刺激的网，那它又是什么呢？如果人生不是为了金钱或欲望而推来就去的一系列杠杆，那它又算什么？对斯金纳来说，心理学家不需要理解像思想或动机这样模糊且不可知的东西，他们没必要像小说家那样联想解读。“通过发现行为背后的原因，我们排除了想象的内部因素，”晚年的斯金纳得意扬扬地说，那时的他已然使这个魔法箱变成了主导心理学几十年的完整意识形态，“由此，我们排除了自由意志。”[12]

斯金纳热衷于将我们的个性简化为环境的产物，这一点值得铭记，尤其是他还发现了用户友好的设计世界中最难把握的心理机制。凭借一个简单的老鼠问题，斯金纳找到了答案：如果动物能够预测到食物奖励，或者发现食物其实是随机分配的，哪个前提会让它们更快地做出反应？答案似乎很明显，前者是更好的刺激。如果知道自己一定能得到奖励，老鼠会行动得更快。但事实完全相反：当食物按时掉落时，老鼠很专心；可当食物随机掉落时，老鼠就会发狂。[13]

由于这样那样的原因，动物实验往往不能完全体现我们的真实情况。我们可能会发现，将我们和其他动物类比实在过于简单，或者说我们人类的冲动起因与动物不同。但斯金纳箱是一个少见的完美例子，老鼠已有几百万年的历史，与人类物种关系遥远，但通过观察它们的动物本能，我们也审视了自身。斯金纳自豪地指出，他发现的行为刺激能最终解释人为何会对赌博上瘾。如果把斯金纳箱换成老虎机或其他碰运气的游戏，结果又会怎样呢？你拉动杠杆，却永远不知道自己能得到什么，是可能赢大奖的预期吸引了你，是你永远做不到的事情促使你不断地拉动杠杆。

过去几十年间，神经学家终于开始理解这种情况的发生机制。当事情的结果和我们预期一致时，大脑里的奖励中心就会处于休眠状态。毕竟，我们的脑回路还没有进化到因为发现了自己早就知道的东西而产生刺激奖励。另一方面，当事情的结果不符合我们的预期时，我们的大脑就会兴奋起来。一旦发现新的模式，大脑的奖励中心就“吱吱”地运转起来。这和海洛因和可卡因引起的多巴胺回路是一个意思。所谓的可变奖励在赌场里有个最明显的例子，就是老虎机的设计，美国人在电影、棒球和主题公园上花的钱加起来也没有老虎机多。[14]固然每一部电影、每一场棒球比赛或每一个主题公园都有其可变奖励方式，我们暂且不提。可变奖励的概念也可以解释日常生活中一些最为常见的事例。假设你每两周的工作回报是一张 2 000 美元的支票，支票固然喜人，可你不会为此而庆祝。但想象一下，朋友玩笑间给你一张刮刮乐彩票，你却中奖得了 1 000 美元，那你一定会在朋友面前吹嘘一番，请酒吧的客人喝上一杯，那叫一个兴奋。再想想，在文化的各个层面，我们是如何赞美弱者的。不管是体育赛事，还是书籍电影，抑或政治事件，从最早期的记录开始，每当弱者获胜，我们就会为他们喝彩，并不是因为他们的胜利印证了我们已经了解的世界，恰恰相反，是弱者的绝佳表现创造了一个与我们的固有认知完全不同的世界。弱者胜出，招致狂喜。范德比尔特大学的神经学家戴维·扎尔德曾经研究过人们走运时多巴胺激增的现象，他说："亚拉巴马打败范德比尔特，人人都觉得很正常，可要是反过来，整个纳什维尔会为之疯狂。"[15] 自从有文字记载以来，我们就一直在相互讲述英雄们排除万难获得成功的故事。这些故事可能是我们发现的最早且最好的麻醉剂。

斯金纳的成果与我们的电子生活之间有着奇妙的联系，有一个人注意到了这点——2013 年，作家亚历克西斯·马德里加尔读了人类学家娜塔莎·斯卡尔的一本书，内容是老虎机的设计，进而发现了应用程序与老虎机设计中惊人的相似之处。[16] 设计界开始进入一个痛苦的自我反省期。设计师特里斯坦·哈里斯写道："一旦你知道如何按下人们的按钮，你就可以像弹钢琴一样操纵他们。""科技公司经常宣扬，'我们只是让用户更加轻松地欣赏他们想看的视频'，其实它们只是在争取自己的商业利益。你不能责怪它们，因为增加'用户的在线时间'是它们竞争的筹码。"[17] 如今，提供可变回报预期的斯金纳箱无处不在，只不过被冠以了各种品牌名称：脸书、Instagram、谷歌邮箱、推特。早上醒来，你的第一件事就是查看你的脸书、Instagram 或电子邮件。各种信息和点赞缓缓进入你的视线。朋友发的照片和言论让你愉悦，或者不满，又或者他们也只是无聊而已。你永远不知道他们到底是什么意思。你的帖子到底收到了多少个赞？带着这样的疑问，无意中，你会在几分钟内再把它们全都看一遍：脸书、Instagram、推特。这些社交平台，每一个都有些设计上的变化，但都是基于常见的下拉刷新手势——向下拉动屏幕或点击按钮，新的内容就会更新加载，供你接收查看。而这个手势的出现要得益于老虎机上的改良拉杆。有时候，你重复查看，也没有什么新内容，但信息的可变性每天都在吸引着你。据估计，我们每天看手机大约85次。[18] 还有研究人员做了观察统计，为了试试手机是否在身边，我们每天总共要触碰手机 2 617 次。[19]

斯金纳认为，运用斯金纳箱理论，我们可以改进社会的各个层面，可以使自己变得更好。这一论断是否正确还很难说，可明确的是，斯金纳箱实验目前进展顺利。智能手机就是一个现代版的斯金纳箱，只不过，这个现代箱子不是强加给我们的，而是我们自主选择的结果。智能手机的用户友好性让它跨越了年龄和文化的界限。当今，智能手机上方便易用的按钮、应用程序和反馈，反过来又重塑了全球数十亿人的社交生活、信息接收、购物模式和婚恋模式。以约会应用 Tinder 为例，它围绕着可变奖励机制，重新打造了寻觅爱情的过程。在 Tinder 里没有旋转图标，取而代之的是数不尽的新面孔，为了最快找到约会对象而摆造型、修照片，而头等奖励便是你心仪的人碰巧也喜欢你。意志和运气结合在一起，让 Tinder 给人最初的感觉像是一款游戏，然而一旦你对这款游戏熟悉起来，它就变得像是毒品，怎么也戒不掉。对此，Tinder 的一位创始人曾经实事求是且厚颜无耻地解释说："我们的应用中有些类似游戏的元素，你会觉得自己好像得到了奖励。它的运作方式有点像老虎机，你兴奋地等待着下一个出现在你屏幕上的 Tinder 用户，或者，你会充满期待，'对方喜欢我吗？'什么时候屏幕上会出现'配对成功'？这样的小激动让人心情大好。"[20] 我们沉浸在这样的轻松愉悦当中，我们的社会则忙于让斯金纳箱更便宜、更好用、更易获得，好让我们人手一个。不过，与老虎机不同的是，我们个人的斯金纳箱不会许以我们很高的预期。市场已经准确地计算出了让我们定期回到软件的最小回报值。

当然，很少有人有意识地想去创造一个斯金纳式的上瘾世界，但这让设计创作领域变得更加开阔了。设计师之所以开发这些解决方案，只是因为他们在探索如何吸引用户越来越频繁地登录应用时，偶然发现了人类无法抗拒的东西。但是，雄心、直觉、创造力和贪婪交织在一起，让我们重新发现了我们大脑化学物质中的某一复杂层面。世界上最为稳定长久的商业活动总是建立在成瘾的东西上——酒精、烟草、毒品。所以，用户友好的设计诀窍在于，创造不仅令人沉迷，而且还不用花钱的东西。这样的瘾存在于我们的大脑中，是进化产生的结果。

在本书的前几章，我们见证了心理学是如何从行为主义者冰冷的信念中转变过来的。行为主义认为我们的动机不过是由惩罚和奖励带来的条件性反应。当心理状态发生转变时，其转变方向往往根据人们头脑中发生的事情，更加细腻地理解人们的感受。这种趋于同理心的转变帮助设计师将用户放在了人造世界的中心。二战后，该理念让人们逐渐领悟到：坠机事故频发并不是因为飞行员需要进一步培训，而是之前的培训本身就存在缺陷。人类要想更好地使用机器，无须接受更多的培训，相反，要让机器围绕着人类精心设计，这样一来，人类的培训反而会减少。20 年前，买台先进的录像机或电视机，肯定会有一本厚厚的说明手册，介绍其所有的功能；而现在，我们拥有有史以来最复杂的设备——智能手机，我们希望一机在手，凡事不愁，什么说明也不用看。

在用户友好的设计世界里，提高产品的易用性变成了让人无须思考、直接上手。这种轻松最终演变成了对产品的难以抗拒，甚至完全上瘾。在硅谷，有那么一段时间，人们执着于对上瘾产品的追求，大家似乎并不觉得有什么害处，部分原因在于“上瘾”本身通常被框定为“参与”，这在硅谷的意思是让用户不断地回到应用中来。这种天真而狂热的想法是由 B. J. 福格在斯坦福大学培养出来的。本书在第四章中曾提到斯坦福大学教授克利福德 · 纳斯，他研究过用户对计算机的礼貌问题，而福格是纳斯的得意门生。在导师的研究基础上，福格继而分析了计算机是如何塑造我们的行为的。然而，他即将看到一个纳斯做梦也想不到的实验性出路——脸书。

到2006年底，也就是脸书推出两年后，它已经积累了1 200万活跃用户，且没有任何增速放缓的迹象。为了吸引更多用户，脸书当时开放了自己的平台，允许外部开发者在上面开发游戏。敏锐的福格意识到，脸书拥有大量的心理数据研究资源，这些资源不仅数量丰富，而且还为将心理学理论付诸实践提供了条件。因此，2007年9月，在一门名为“脸书应用程序”的本科计算机科学课程中，[21] 福格要求学生创建自己的脸书游戏，并依据各种心理学原理来确定目标用户。其中包括一款在线躲避球游戏，玩家要邀请朋友加入，并根据人们友好反馈的需求，设计者在游戏中加入了虚拟拥抱。这75名学生在十周内共计吸引了1 600万用户，获得了100万美元的收入。这门课的结课汇报有500人参加，其中包括满眼放光的投资者。[22] 望着这棵摇钱树，福格苦苦思索：是什么让这些游戏令人难以抗拒、如此上瘾？他将其归纳为三个要素：动机、触发和能力。创造动机，无论它多么愚蠢或微小；提供满足用户动机的触发器；然后，游戏要易于操作。

这个思路与斯金纳的条件反射观点惊人地相似。[福格的一名学生尼尔·艾奥由于倡导福格在《上瘾》(*Hooked*) 一书中的见解而广受欢迎，风靡硅谷。] 当这一切回归平静，总结福格提出的模型，那就是当环境中的触发器带动我们的动机行为，包括快乐与痛苦、希望与恐惧、归属与拒绝时，我们就会形成新的习惯。刺激用户采取行动只是让触发器在最佳时间打开，让我们以最轻松的方式对其展开操作。那奖励这些行为的最佳方式是什么？当然是不确定的奖励，这会刺激我们的多巴胺中枢。当然，福格在阐述和发展这些学说的同时，还在力求避免它们被误用。[23] 但是他的告诫和叮嘱基本上都被忽略了。几百名学生从福格的班级走向了硅谷，继而在脸书、优步和谷歌担任高级职位。

其中最有名的是迈克·克里格，他和大学朋友凯文·斯特罗姆开发了一款 iPhone 4 专用的社交网络应用。后来，他俩将该应用程序从手机中独立出来，成为一款专注于分享照片和为其点赞的应用。它的名字叫作 Instagram。[24]

我们之前介绍过美国第一资本公司的神秘聊天机器人，以及嘉年华下一代邮轮的社交工程。从中可以看出，我们的行为，就像我们曾经对物质世界的直觉一样，已经成为设计素材，而且这些行为往往是无意识的。市场上每一款应用或产品的核心设计中都可以隐含我们的心理怪癖，这并不奇怪。优步就是一个突出的例子。经过长时间的调查，《纽约时报》记者诺姆·施赖伯发现，该公司利用行为经济学的深层次原理，激发司机工作更长时间。[25] 优步利用人类对目标的专注性玩了个小把戏。司机们会收到这样的提示信息："再赚 10 美元，今天的净收入就到 330 美元啦！可你真的要下线吗？"这个数字是任意定的，从本质上说，这个目标没有任何意义。但作为工作目标，它并不是一定要有意义才会发挥作用，只要让人觉得眼看就能达到就可以了。就像老虎机转到最后一圈，速度会慢下来，让你以为马上要击中三个樱桃了，结果却失之交臂。优步和来福车（Lyft）都有另一个吸引司机的功能，优步称其为"提前派单"，即在司机结束行程前，并接近目的地时便派单，就像网飞的连续剧一集未结束就排上下一集一样。"看网飞，一看就是半天；实际上，停下来要比继续看更费劲。"学者马修·皮特曼和金·希恩点明了真相。这项功能实在太厉害了，逼得优步司机都快要造反了，因为他们觉得自己连上厕所的时间都没了。最后，优步增加了一个暂停按钮，不过仍为自己辩护说，司机们还是愿意不停地工作赚钱。然而，施赖伯指出，"司机想赚钱毋庸置疑，但'提前派单'功能还包含另一种逻辑：它超越了自我控制能力"。这种心理攻击还有其他的例子。在 Snapchat 上，用户如果连续几天向朋友发送信息，就会得到"火花"表情符号作为奖励。"在我看来，这项功能将友谊具体化了，但方式很奇怪。比如，你可以每天和一个人说话，而火花符号就是证据。”一名青少年说道。[26]另一名也说：“火花是与某人交往的一种证明。”因此，通过反馈和我们与生俱来的对互惠的渴望，一个毫无意义的目标就变成了最有意义的衡量标准，其衡量对象似乎对高中生来说至关重要，那就是：你受欢迎吗？通过创建新的社会地位衡量标准，Snapchat 重塑了青少年的社交生活。

本书讲述了设计的百年历程，它让我们越来越准确地了解自己是谁，我们为什么创造出好用的东西，我们如何理解生活中的小器件，所有的目的都是让它们更适合我们自己的心理特点。认识自我的道路曲曲折折，最终，我们意识到了那些我们无法控制的部分，并为此发明创造。我们一路走来，理解了我们作为个体应有的身份，带着需求、偏见和怪癖又回到了起点。这些被斯金纳一览无余。在市场的作用下，我们生活中的产品越来越好用。谷歌、脸书、Instagram、推特，以及你能在智能手机上找到的几乎所有应用程序，它们通过一系列代码达到了设计上的顶峰，刺激着我们大脑中最陈旧的部分，关联着我们了解这个世界的方式。斯金纳倡导的简化思维曾经被抛弃，但追求用户友好的设计师再次发现了它。是这群设计师改变了我们作为人的要素——我们对爱和归属感的追寻，我们对新事物的探索。就像斯金纳箱一样，易用造就成功。我们在箱子里塞满了日常生活中最糟糕的东西。

以往，斯金纳盲目关注任何刺激动物行为的因素。而今天，在技术平台的作用下，这种关注已经发生了转变，取而代之的是一种推论，即我们可以将用户的需求进行简化，轻轻一点就能实现。这样的推论完全忽略了动机，只看到了冲动和行为。设计方法本身已经将这种动态编入行业法典，使之根深蒂固。著名的用户体验设计师艾伦·库珀提出了用户画像的概念，并将其称为产品设计的奥本海默时刻。[27]奥本海默推动了原子弹的制造问世，使美国为终结二战做出了贡献。但是，当他在三位一体实验（Trinity test）中看到第一片蘑菇云时，他意识到，他的创造意图与人们如何使用毫无关系。库珀曾经对一批用户体验设计师说：“今天的技术从业者，即那些设计、开发和运用技术的人，都拥有自己的奥本海默时刻。”他本人曾经为开创这些设计师的工作领域付出了巨大的努力。“就是在那一刻，你会发现，你最最美好的设计意图被颠覆了，你的产品被用在了意想不到的地方，完全偏离了你的本意。”

*

我是中国台湾移民的儿子，我的父亲来美国是为了接受教育，而我的母亲却只有中学文凭。无论我今天拥有什么——满意的工作、良好的教育、挚爱的妻子，以及优秀的孩子，我都要感谢美国在文化融合方面得天独厚的优势。经济学家将会证实，美国经济的突飞猛进要得益于那些发挥自身潜力、实现自我梦想的外来移民。2016 年 11 月 9 日，美国总统大选揭晓，就像数百万人得知这一消息后的反应一样，我问自己：美国是否不再相信我所经历的一切了。无论是希拉里或特朗普的选票数据，还是我读到的关于这些数据的报道，都没有特别好的答案。这些消息听起来都很空洞，因为并没有提出任何应对措施。后来，我读了一篇麦克斯·里德写的文章：《唐纳德·特朗普因脸书而胜出》。[28]

我们知道里德的中心前提是正确的，脸书传播信息的程度不如它传播谣言的程度高。由于罗森斯坦因和珀尔曼发明的点赞按钮，以及它背后追踪的点赞的算法，我们的思想受到了束缚，只愿相信那些完全对我们胃口的消息。一篇误传教皇支持特朗普的帖子在脸书上分享了 868 000 次，而揭穿这一谎言的帖子只转载了 33 000 次。[29] 与真相相比，谎言更易传播。因为要想辨别真相，我们需要再去别的地方求证；与之相比，直接分享我们所相信的谎言岂不是更简单？正如一位同事所指出的，脸书创造了 21 世纪的莱维顿（Levittown）① 郊区城镇：在这里，多样性消失了，趋同性占据了主导地位，我们唯一能听到的声音来自与我

① 莱维顿在美国非常有名，指的是莱维特父子建造的郊区城镇，它引起了美国城市化格局的重大转变，大大促进了美国城市的郊区化。——编者注

们想法完全相同的虚拟邻居。

还有比我们在西方看到的更糟糕的结果。脸书到底在2016年总统大选和脱欧公投中扮演了什么样的角色，美英两国的相关调查开始悄然进行。与此同时，缅甸的罗西亚人（穆斯林少数民族，几十年来一直遭受激进的佛教民族主义者的迫害）则面临种族灭绝的危难。在缅甸，流血事件时有发生，像是某种讨厌的规律。然而，2017年，在6 700多名罗西亚人死亡、354个村庄被烧毁、至少65万人被迫向西逃亡至孟加拉国等一系列事件发生后，联合国为其找到了新的导火索：脸书上传播的虚假消息。[30]除了缅甸，斯里兰卡发生了反穆斯林骚乱；印度、印度尼西亚和墨西哥存在暴民私刑，所有这些都被社交媒体火热炒作，频繁转发。

“我们并不是要把错误完全归咎于脸书。病菌是从我们这里产生的不假，但脸书是风，能把病菌带到别处，你明白吗？”一位斯里兰卡官员说。[31]然而，脸书可比风猛多了，在它的作用下，瘟疫的传播距离要比任何人预见的都远。我们对他人的肯定存在原始需求，在此基础上的反馈要强大得多。（在此引用一个标题：“脸书前副总裁称，社交媒体正在用‘多巴胺驱动的反馈回路’破坏社会。”）[32]脸书上曾经流传虚假谣言，斯里兰卡的一家药店向佛教徒顾客推销“阻育丸”。《纽约时报》对相关帖子进行了追踪之后表示：“脸书最重要的影响或许就是放大了部落主义的普遍倾向。这些帖子将世界分为‘我们’和‘他们’，利用了用户的归属感，数量自然会越来越多。脸书的游戏界面鼓励用户参与，当用户获得点赞和回应时，它会提供刺激，让用户释放出令人兴奋的多巴胺，逐渐让用户沉迷于获得肯定的行为。由于其算法无意中给了用户消极的特权，那么最大的冲击无疑来自攻击局外者：对方球队、对方政党、少数民族。”[33]

除此之外，人们走在大街上，可能会有不好的想法，但他们会受到公共场合规矩和习俗的制约。毕竟，社会是建立在鼓励某些行为、同时压制其他行为的基础之上——某些行为群体得到培育，其他行为群体受到约束。这是社会最基本的功能。相比之下，脸书这个公共平台更方便他们开骂。与现实中的公共场所不同，网上的极端行为会有点赞回应。由于这样一种前所未有的反馈机制，人们会发现，脸书上有和他们一样的人。他们发出的信号得到了加强。通过这种机制，原本可能只是私下表达的非主流观点，就可以变成大写的世界观。它不只是把我们封闭在“志同道合”的虚拟群体里，它对我们最糟糕的冲动给予的肯定反馈会让非主流看上去就像主流一样，你会觉得别人也会像你一样相信某件事。这样一来，原本你可能永远不会考虑的事情，现在成了你的所思所想。用户友好的设计让我们变成最糟糕的自己。放火太简单了，把易燃物引燃丢进柴堆即可。关于数码产品，我写过数千篇有关其设计的报道，也亲自设计过。一直以来，我都认为“零阻力操作”十分纯粹，没有什么弊端，在科学、有效市场和可靠法律的保驾护航下达到登峰造极的境界。但是，用户友好的设计世界真的是我们所能创造的最佳世界吗？

在选举结束后的几个月里，希拉里·克林顿的竞选团队仍旧处于困惑之中，他们想知道，在与唐纳德·特朗普的这场竞赛中，他们的团队分析到底错得多么离谱。当时，新闻曝出特朗普花数百万美元雇用了一家神秘的数据科学公司剑桥分析（Cambridge Analytica），助力其竞选前的一系列活动。[34]但剑桥分析并不是始作俑者，该策略来自剑桥大学的年轻心理学家迈克尔·科辛斯基。

科辛斯基通常一副风险投资家的打扮：平整的卡其裤，里面塞着挺括的纽扣衬衫。（要不是衬衫掖起来，你一定会把他当成刚刚创业的毛头小子。）不过要是按照某种算法计算一下，他的头发乱度约为 17.2%，他的胡子超过正常长度的 10.9%。他老爱唱反调，是那种会问陌生人为什么愿意相信上帝的人。他把这样的性格归结于他在波兰的成长经历，在那里，全国上下都爱争论不休。他承认自己的不随和对职业生涯有一定的引导作用。这让他变成了预言在线数据废气[①]的“卡珊德拉”。

科辛斯基拥有心理学博士学位和心理测验学硕士学位。该领域的一个基本假设是，人类性格的所有复杂之处都可以归结为五大简单特征，首字母缩写词为“OCEAN”：开放性（openness）——愿意参与新的体验，责任心（consciousness）——追求完美，外倾性（extroversion）——与外部世界和谐相处，宜人性（agreeableness）——为他人着想、善于合作，神经质（neuroticism）——容易产生不良情绪。这些特征我们每个人都在不同程度上具备。2012 年，科辛斯基致力于创建这些测试的适应性版本，在这些版本中，问题可以根据已经给出的答案进行转换，从而变得更加简短高效。然后，科辛斯基和同事发现在网上进行测试会有更多人参与，于是他们在脸书上发布了“OCEAN”人格测试。它像病毒一样传播开来，吸引了数百万人的回应。科辛斯基意识到，这里的数据与任何其他地方的都不一样。它不仅揭露了回应者的性格特征，而且可以映射到他们在脸书上喜欢的东西，以及他们个人资料上显示的各项数据。科辛斯基回忆说：“我突然想到，只看数字足迹就可以了呀，何必还要测试呢？这样一来，通过完全自动的方式来了解一个人的个性就变得很容易了。”[35]

结果令人震惊。只需要几十个点赞，科辛斯基的模型就能推测出一个人的种族，准确率高达 95%；性取向和政治倾向性的准确率不相上下，分别为 88% 和 85%；婚姻状况、宗教信仰、是否吸烟、是否吸毒，甚至父母是否离异，也在模型的预测范围之内。然后情况就变得诡异起来。70 个点赞就足能预测一个人的性格，比他（她）好朋友猜的还要准；而只要 150 个点赞，他（她）的父母也要感到惭愧了，比起网络预测来自己对孩子真是太不了解了；当点赞超过 300 时，你就可以预测出一个人连伴侣都不知道的偏好和个性中的细微之处了。[36]2013 年 4 月 9 日，

---

① 数据废气指网络用户点击后留下来的能被萃取价值的痕迹。——编者注

科辛斯基发布了自己的研究成果，之后脸书的招聘人员给他打来电话，问他是否有兴趣加入脸书的数据科学团队。再后来，他在查看邮件时发现脸书的律师向他提起了诉讼。

针对性格测试，脸书迅速做出了回应，允许将点赞设为仅自己可见，但是“魔鬼”还是从瓶子里逃了出来。科辛斯基的研究表明，如果你知道一个人在脸书上的点赞，你就能了解他的个性。如果你了解他们的个性，你就可以根据他们的愤怒、恐惧、动机或孤独来为他们量身推送信息。剑桥分析公司假借控股公司的名义与科辛斯基合作，这或许只是时间问题。科辛斯基拒绝了这一提议，然后惊讶地看到有报道称特朗普的竞选团队在脸书投放政治广告，目的是激起精准目标受众的愤怒。到 2016 年，剑桥分析公司的首席执行官声称，该公司对美国几乎所有成年人进行了个性分析，数量达到 2.2 亿人。据估计，大选期间，该公司每天测试 4 万~5 万个政治广告，以更好地了解什么能激励选民，或者让那些根本不喜欢特朗普的选民直接不参与投票。[37] 一次，特朗普阵营的数字特工声称，他们针对迈阿密海地社区的黑人选民发布了克林顿基金会在 2010 年海地大地震后提供援助时涉嫌侵吞善款的信息。[38] 几个月后，记者们开始质疑剑桥分析的数据科学是否真像它宣称的那样先进。[39] 但毋庸置疑的是，剑桥分析所鼓吹的事情，脸书可以轻松做到。

的确，大选几个月后，从脸书澳大利亚分公司高管手中流出的一份文件显示，他们能在青少年感到“不安全”、“毫无价值”或“需要提升信心”时对其精确定位。脸书很快便否认自己拥有针对人们情绪状态实施目标锁定的工具。[40] 不过他们并不否认这有实现的可能。科辛斯基的研究成果引起公众一片哗然，成果表明，脸书的广告商在确定目标受众的时候，不必依赖粗略的个人信息数据，相反，凭借脸书数据的基本原理，它们可以根据用户的特定性格，即对带有恐惧、希望、慷慨或贪婪色彩的信息的特定反应来锁定目标。因此，我们不仅可以依据对个人的假设，还可以依据对其实际的了解来改变一个人的体验，这在用户友好设计历史上还是第一次。

马克·扎克伯格总是借用人性化的设计语言来传达他的抱负，他说脸书通过“拉近世界的距离”让用户更加快乐、更为满足。然而，他创造的远不止这些：脸书能够准确地理解用户，这是以前做梦都想不到的事情。他创造了世界上最大的斯金纳箱，一个以用户为中心但实际上对用户并不友好的引擎。这其中包含着一种讽刺意味。当斯金纳发明了箱子来测试动物行为时，他认为如果你能通过投入和回报来引导动物行为，那么动物在箱内的生活就尽在掌握中了。然而，脸书可能恰恰产生了负面作用，因为它允许陌生人准确地预测我们是谁，而我们却无法知晓他们的动机。

消费技术的最终目标一直是对每个角落进行打磨和修饰，因此每个细节都非常简单，似乎这一切都是必然的。正如我们在本书中看到的，“必然性”可以概括很多事情。在设计产品时，如果设计人员能预测到人们将如何很好地使用它们时，我们根本看不到其中的设计元素，这时，设计就是“必然”的。但是，让机器适应“人”的探索之路已经走得更远，今天，我们所追求的不仅是让机器符合大众的理想，而且希望让机器适应我们的个性和癖好。我们看到了嘉年华邮轮公司对海洋勋章的不懈努力，以及美国第一资本开发出的具有个性缺点的聊天机器人。但个性化定制的理念在两款产品中达到了巅峰：一是脸书，它围绕着各种虚拟连接和根据机器对我们的认知而推送的信息流，重塑了我们混乱的社交生活；二是智能手机，上面的一系列按键，越来越向着预测我们行为的方向去设计。

这些按钮简单易用，让我们欲罢不能，但其背后却隐藏着极大的复杂性。与此同时，我们也失去了控制事物运作的能力，我们无法将其分离开来，也没有能力质疑创造它们的假设。现代用户体验正在变成一个黑色的箱子。这是用户友好的一条铁律：某种体验越是天衣无缝，就越不可能透明。当各种设备为我们做决定时，它们也会把我们原本可能做出的决定变成纯粹的消费机会。一个交互即时、形式简单的世界，同时也是一个缺乏更高层次的欲望和意图的世界，而这些欲望和意图根本不可能通过一个按键来解析。虽然消费会越来越容易，但表达我们真正的需求却越来越难。

需要说明的是，我对脸书的关注，完全是因为它对社会产生了最为明显和深远的影响。但其他因开发用户友好型产品而颇具影响力的科技巨头，没有一家是无可指摘的。它们的产品外表光鲜，背后却隐藏着我们看不到的结果、成本和受众。在亚马逊的仓库里，为了维持生计，工人们有时会一连几天不工作，然后再连续 12 小时倒班，非常辛苦。苹果公司则让一块小小的屏幕囊括了我们生活的方方面面，为脸书创造了可能。苹果实实在在地凝缩了我们的生活，并将其汇聚在越来越小的调色板上。与此同时，我们曾对脸书进行了带有惩罚色彩的重新审视。谷歌则逃过了此劫，但它也将我们看到的信息进行了整理，从而通过我们的浏览，对我们的世界观施加了无形的控制。

良好的用户体验设计总是依赖于有序的使用界面，通过清晰导航的直观逻辑，确保用户参与界面反馈，使其知晓想做的事情是否已经完成。但是，即使我们的选择是自由的，选择的过程依然具有争议。我们并不是同一个人。我们时时刻刻都在变化。我们当中有善良的天使，也有卑鄙的恶魔。设计假定的必然性逐渐演变为允许用户做出选择的必然性。当数据都被用来塑造我们面临的选择时，我们有理由发问：我们究竟在做谁的选择？如果作为消费者，我们只看到自己最想要的东西，那么我们就只能成为机器所认定的样子，而从一开始机器并没有得到这种权力。

举个例子，我手机上的新闻推送认定我只对足球、特斯拉以及运动鞋感兴趣，因为几年前我随便点击过这方面的新闻。现在，面对这些内容的新闻推送，我别无选择，只能点击，这样一来，手机对我个人兴趣奇怪而有限的认定模型反而得到了强化。这种理解太狭隘了，整天浏览这样的信息真的很烦人，就像被愚蠢给模式化了一样。愚蠢的人永远看不到他错过的细节和微妙之处，愚蠢的人更没有智慧去关注从未考虑过的事情。现在想象一下，如果这种刻板的认定模型不断放大，覆盖的东西越来越多——除了我们看到的新闻，还包括其他的方方面面，从我们交往的朋友到我们给孩子买的东西，那你会开始意识到这个问题。用户友好型的产品声称比我们还要了解自己，这让我们陷入了一种永远无法打破的假设。我们变成了斯金纳箱里的老鼠，只有一根可以按压的杠杆，所以我们就只能不停地去按，毕竟也没有别的事情可做。

还有一个问题是，数字产品的影响力越来越大，那就意味着自己做决定的人越来越少。然而，个人电脑的强大力量和深远前景并非凭空而来，那么问题就更严重了。要知道，一群像史蒂夫·沃兹尼亚克这样的黑客能把机器拆开，再组装出更好的机器。但是，随着我们的机器设计越来越优雅，我们对机器的更新能力却远远跟不上。在智能手机上改变你的喜好预设很容易，但要做出完全不同的智能手机几乎是不可能的。在硅谷，最乐观的想法就是，让我们所有人都能为手机编程。这就解释了为什么今天市面上有这么多设计精美、能教孩子基础编程知识的产品。但为何编码仍然是重塑数字世界的障碍呢？为什么我们不能更加轻松地掌握某种算法，就像过去给私家车小修小补一样呢？

当然，我们使用的东西和使其运作的专业知识之间总是存在差距。这就是用户友好的部分（或者说全部）含义。你不用知道脸书的运作原理就可以享受它带来的便利与乐趣。你不用知道智能手机的外观设计原则就能享用它的价值。这就是进步。我们的社会之所以能够良性运转，是因为我们把复杂的细节留给专业人士去解决；他们将自身所学，通过设计精巧、易于使用的产品传达给其他人。伊丽莎白·科尔伯特曾就《知识的错觉：为什么我们从未独立思考》（*The Knowledge Illusion: Why We Never Think Alone*）一书做过评论，该书的作者是史蒂文·斯洛曼和菲利普·费恩巴赫。科尔伯特在评论中曾对上述理念做了总结：

“这种无边无际的状态（如果你愿意的话，也可称之为困惑状态）对于我们所认为的进步也是至关重要的。人们发明新工具，开创新的生活方式，同时也创造了新的未知领域；如果每个人都坚持了解未知，比如拿刀之前非得掌握金属加工原理不可，那么青铜时代也就没什么了不起的了。当涉及新技术时，无法完全理解也有其积极意义。”[41] 帮忙把生活中的配料加工成更美味、更令人愉悦的食物，这并不是坏事。为什么我们想要的东西不应该更易获取呢？这代表着人们不断提高生活水平的梦想。亨利·德雷夫斯认为设计提升等同于社会进步，他试图为新兴中产阶级留出更多的休闲时光，也是在为这一梦想做出努力。但有的时候，我们产品的运作方式又太过陌生，结果不再是我们使用产品，而是产品开始使用我们。

针对这一两难困境，认知心理学做出了最优雅的表述：自动化悖论。这一名称源于对飞机自动驾驶性能的研究。认知心理学的发起人之一就是最早倡导设计应以人为本的唐纳德·诺曼。在认知心理学家和人因工程学研究人员的不懈努力下，飞行员和飞机之间的控制权转换越来越顺畅，不过也出现了令人担忧的态势：随着飞机的自动化程度越来越高，飞行员自身的驾驶技术越来越差。当飞机发生故障或发生无法预见的情况时，他们的反应就不那么敏捷了。这样一来，机器的自动化程度必然要提高，以弥补人类能力下降的问题。自动化悖论是指，自动化原本旨在实现人类能力的最大化，可实际上起到的却是削弱作用。实现自动化意味着增强人类的能力，为我们提供专注于大脑擅长活动的自由空间。而自动化悖论表明，机器为我们的日常生活减少了很多麻烦，让一切变得更加简单，但与此同时，也让那些曾经理所当然的事情变得更加困难。

我们都知道，通过精心设计，机器能帮我们做更多的事情，可一旦出现问题，自动化悖论就难免会被提起，比如自动驾驶汽车，由于它的发展，未来驾驶员的技术有可能糟糕至极。说到这儿，我想到另外一点。我觉得可以称之为“用户友好悖论”：随着产品的易用性越来越强，其神秘度也越来越高；它们使我们的能力更加强大，能去做我们想做的事，同时也让我们变得更加软弱犹豫，很难决定想做的事情是否真正值得。

如果你还记得报纸上的连环画，那就有可能记得《南希》(*Nancy*)，该作品中的同名人物是一个胖乎乎的鬈发小女孩。你可能记不起这部漫画里的内容了，这都是设计好的。《南希》的作者厄尼·布什米勒试图淡化连环画里的所有内容：社会评论、内容连贯、人物塑造、情感深度等。[42] 相反，布什米勒想要的是“一蹴而就”，他想让连环画简单易读，好让你在决定喜欢它之前，就已经把它读完了。你有可能笑了，也有可能没笑，但你已经消费完了。

我们的消费对象真的是好东西吗？在这个问题上，用户友好的世界可能令人无言以对，令人崩溃。在百年的发展过程中，我们不断追求工业化同理心，为了预测人们的需求，首先要了解他们是谁。但“人的需求”并不等同于便捷消费。[43] 只不过，在这近百年的时间里，我们一直怀有二者雷同的假设。正如蒂姆·吴所写：“无论现在看起来多么平凡，这位将人类从劳动中解放出来的伟人——便利——扮演了乌托邦式的理想角色，通过节省时间、清除苦役，给我们带来了休闲的可能……”

“过去，修身养性是贵族的特权，而现在，便利使得普通百姓也享有这种自由。因此，便利可谓最伟大的天平。”[44]

然而，这种平等中有一个明显的缺口，我们现在就来看一下：亨利·德雷夫斯及其同僚并不认为便利本身会赋予我们更大的意义。我们得自己找到那个意义才行。用户友好的世界没有为我们提供这种服务，这应该不足为奇。不过自动化悖论让我们大体知道该如何应对这一挑战。在自动化程度日益提高的情况下，防止人类技能衰退的解决方案是：关键步骤让人类来操作和控制，以训练他们的基本技能。解决用户友好悖论的方法也是类似的。我们的机器必须忠于我们的更高价值，而不是漫不经心地缓慢推进。

“用户友好就是尊重用户的渴望。”贾斯汀·罗森斯泰因说。我们当时花了一个小时讨论脸书的点赞按钮是如何产生的。“但渴望是有等级的：想吃芝士汉堡是一种渴望，但其背后还有更高层次的渴望，那就是保持长久的健康快乐。”他指出，马斯洛认为，我们的需求是有层次的，各个层次按序排列，相互补充。满足了较低层次的渴望，我们才会自由地思考较高层次的渴望。不过罗森斯泰因也对此提出了疑问：“如果你的大脑皮层和大脑边缘系统发出完全不一致的需求怎么办？我们拥有单一自我的体验，但在器质层面，我们是一个整体。有些部分是旧的，有些部分是新的，它们相互意见不一致也很正常。”因此，想查看脸书通知和想好好利用时间是有区别的。“人们过去常常取笑那些对黑莓手机成瘾的商人，然后 iPhone 问世，所有人都突然对它上瘾了。如果你问别人，‘你对自己和手机之间的关系满意吗？’我敢说，他们一定不会说满意。当然，电子邮件必不可少，但是如果你对用户过于友好，他们随时想要什么就给什么，那么你就无法友好地帮他们实现最高层次的需求。”

现在，设计师不得不面对一种可能，即用户友好的特点会将后期影响抽象化，从而让我们根本看不到结果，这是非常可怕的。设计伦理学家特里斯坦·哈里斯曾经发表了一系列文章，引发了设计行业对技术上瘾的争论。罗森斯泰因与哈里斯，以及科技界的其他知名人士共同创立了“人文科技中心”，呼吁人们对技术采取更负责任的态度。[45] 至于创作者本身，用户体验设计师艾伦·库珀则倡导在设计中纳入他所谓的“元祖思维”（ancestor thinking）：设计师不仅要考虑产品的可行性，还要考虑它的深层次含义。对于工业化同理心的发展历程和用户友好型设计的根本原则，上一代人必须先将其编辑整理，纳入体系，然后再教育传播。而库珀呼吁一种新的工作方式，给予未来应对当前的特权，同时鼓励我们留心可能从没注意到的潜在影响。事实上，人们一直在努力培养这样的品质，但从未成功。一是所谓的“未来之轮”（Futures Wheel），根据我们想要创造的未来，确立我们的发明目标。显然，该方法始于20世纪70年代，那时硅谷还未进入繁荣期，美国正经历能源危机，时任总统吉米·卡特告诫国人暖气开小一点，在室内穿上毛衣。如果“未来之轮”不仅关注用户想要什么，而且关注用户可能想要成为什么样的人，以及用户可能想要创建什么样的世界，那它就属于工业同理心的层面。这个世界似乎近在咫尺。比方说，脸书平均每月从每位用户身上赚取2~4美元，这让人非常吃惊。如果我们最终考虑到成本，做出其他选择，可能性有多大？美国人十分乐意多花一半的钱去买有机食品，但愿意花多少钱购买能让我们安心的（互联网）产品，更不用说是来提高自身的能力？

我第一次听说“未来之轮”其实是在一次人工智能的设计大会上。在我看来，要求设计师以更长远的眼光来审视自己设计的作品，从而影响数十亿人生活的方方面面，这似乎过于困难。但话又说回来，如果你任职于全球规模的科技公司，你会惊讶于少数个人的控制力有多大。即使苹果的iOS或谷歌的Assistant等产品需要数千人来打造，但并不是说让数千名设计师、工程师来定义这些产品的未来。产品先期的假设是由少数人精心设计的，而这些人所持有的想法，比如他们生活的世界是什么样子，他们的影响力有多大，有些东西是否经过了更加深远的思考，等等，都非常重要。少数人的意图能起决定性的作用，相信这一点的并非只有那些行业菜鸟或技术大咖。

当我拜访迈克尔·科辛斯基时，他向我展示了如何利用脸书来操控用户的情绪。他的办公室很干净，几乎没有任何个人痕迹，墙上唯一的装饰是他买的一幅画，背景是一名身穿防暴装备的士兵，前景是一名抗议者的背影，他的后口袋上有脸书标志里的“f”。他的左手弯曲着，这让我想起了米开朗琪罗的著名作品《大卫》，以及大卫在战场上看到歌利亚时手握甩石机弦的样子。我告诉科辛斯基，想不到他会买这样一幅画。

科辛斯基解释说，他是一个乐观主义者，因为他的生活充满了阳光。他出生时正值波兰的关键性时刻。1981 年，为了镇压团结工会，波兰实施了戒严和宵禁。百姓晚上不能出门，波兰的人口出生率迅速增长。科辛斯基就是所谓的团结工会儿童之一：在他入学之前，学前班有 15 个孩子。他上学时班里有 32 个，再过一年人数就达到 60 个了。科辛斯基小学毕业的时候，波兰已经从铁幕背后走了出来，在新自由的映衬下发出闪耀的光芒。“我生命中的每一天都比前一天要好。”他回忆道，“我还记得我的第一条李维斯牛仔裤，我记得第一次尝香蕉的味道，不是因为饥饿，而是因为我们从来没见过这种水果。”他十几岁时就开始经营自己的网吧，当时赚的钱比他父亲一辈子赚得都多。科辛斯基说：“我确实经常关注负面因素。但归根结底，是技术赋予了我们把事情做得更好的能力。”由于某些不良态势日益严峻，这听起来可能像是纯粹的信仰。但只要我们找对了方向，我们就有理由相信它。

第十章

对用户的承诺

莱斯利·萨霍莉·奥塞娣在刚果度过了童年。6岁那年，她学校里的同学常常称赞她画得好，这样的赞美令她心生自豪。接着，她便有了一个想法，一个对孩子来说还很神秘陌生的计划：我可以从中赚钱呀。她发现小孩子都喜欢读漫画、看电视，而且他们想要更多类似的体验。她回到家，画了一些她自己的故事，还有她知道的事情：她从书里读到的动物，学校里的坏孩子和好孩子。第二天，她把同学们召集到尘土飞扬的小操场上，拿出自己的画来，希望他们能拿出父母给的零用钱来买画，多少钱都行。奥塞娣用赚来的钱买了糖果。这是她第一次做生意，她觉得很神奇：一个人做出别人想要的东西，然后互相交易，最后大家各得其乐。

在刚果，奥塞娣的父母属于中产阶级，也是那里为数不多的受过良好教育的人。她的母亲是药剂师，父亲是大学教授和民间领袖。在她成长的过程中，她看着父母一边工作，一边创业，赚外快的同时还能满足当地社区的需要。她从小就有这样的想法：你可以从一无所有开始，让每个人都过得更好。然而，不管童年有什么想法，她必须先把它们放在一边。奥塞娣十几岁时获得了美国一所寄宿学校的奖学金。她非常努力，想抓住这个机会成为一名医生。天赋异禀的她还赢得了另一项奖学金，获得了厄勒姆学院（Earlham College）的入学资格，这是一所由印第安纳州贵格会（Quakers）创办的文科院校。她最先涉猎的是繁重的科学课。可对她来说，坐在那里上课如同嚼蜡，无趣难熬。“我想，我一直都知道我是为做生意而生的。”奥塞娣说。商务课就不一样了，她觉得别有一番天地，就像她的小学操场：没人告诉你该怎么做，你必须自己想清楚，然后再去做。所以，当她听说有一个面向学生企业家的百万社会创新奖项时，她想的是：这个项目应该来找我，我应该成为这个项目的一分子。[1]

该奖项就是霍特奖（Hult Prize），为鼓励年轻人创新创业而设。在一个拥挤的城市里，你能想出什么办法，为人们提供他们所需的服务，同时能在 2022 年让 1 000 万人收入翻番？奥塞娣开始寻找其他学生合作。她找到了两个同学，他们都在发展中国家长大，那里几乎人人都是乘巴士出行。但是巴士设计得很糟糕——酷热难耐、尘土飞扬、速度缓慢。因此，他们的第一个想法就是使用更好的巴士汽车，装有 Wi-Fi 和舒适的座位，方便乘客乘车时办公。这个方案就是把浪费的时间转换成工作时间。

他们精心制订了创业计划，再加上亲身经历，这支团队一路闯过了前几轮，顺利进入了全国范围的比赛。但他们的创意仍然有点宿舍头脑风暴的意思。问题很明显：计划的成本十分昂贵。要拓展巴士业务，就要不断购买巴士，其规模很难把握。霍特奖的评委们温和地把问题告诉了他们。在奥塞娣看来，这并不是在校课题的光荣结束，而是鼓舞人心的开始。下一次，他们不会参加学生赛，那是给小孩子留的温柔地，他们要进军核心部分，与那些赢得 100 万美元奖金的最佳创意竞争，从此改变这个世界。

大约就在那个时候，奥塞娣在这个项目中的得力助手奥蒙迪开始思考他自己乘坐巴士回家的经历，以及他人生中最难忘的那次巴士之旅。他也曾获得厄勒姆学院的入学奖学金，剩下要做的，也是唯一一件大事，就是顺利到校。他必须获得美国的学生签证，这意味着他要支付 150 美元，在肯尼亚内罗毕的大使馆安排面试，那里离他和祖母住的地方只有几英里。面试的那天早晨终于到了，他被安排在了上午 10 点。可万万没想到，那天他睡过头了，平时他不是这样的。他上了巴士，一小时才能到。不过在肯尼亚，坐一小时巴士去参加一场可能改变你人生轨迹的面试，跟在美国坐一小时巴士完全不同，这更像是下午 5 点时妄想打车穿过曼哈顿市中心的车流，在 10 分钟内赶到目的地。奥蒙迪担惊受怕了一路，他害怕错过面试，害怕失去这 150 美元，失去改变人生的机会。"如果旅途超过一小时怎么办？"奥蒙迪着急地问道。旅途，这些是他当时的原话，形容他进城的那几英里路。"我担心会错过面试和奖学金。"

奥蒙迪回想起那次经历，便开始思考为什么巴士总是会晚点。大多数没有在非洲生活过的人，甚至包括一些有非洲经历的人，都会把巴士晚点归咎于车辆不足。事实上，奥蒙迪也曾经这么以为，所以解决这个交通问题的办法就是，采用更大、更好的车辆。然而，在项目进行的过程中，奥塞娣读到了一篇关于城市交通的论文。文中指出，有研究人员发现：世界上的大多数交通问题都与拥堵无关，症结在交通工具的组织上。基于此，奥蒙迪又联想到自己在肯尼亚生活的点点滴滴，弄清楚了整个事情。

巴士晚点不是因为车不够多，是因为公交系统无法感知谁需要搭车，系统内部没有相应的反馈机制。系统没有统一调度，而是由许多小公司组成了"大杂烩"，各家公司又将巴士出租给了各个司机。白天司机开着巴士外出，一开始就欠着公司费用。一天过去，还车的时候，不管他们是否赚到了钱，费用照交。所以司机就会把车开到某个车站，然后原地等待，等到乘客人数凑够了才发车，这样他们就能确保至少把本钱赚回来。他们等啊等，直到攒够了人。如果人一直不够，他们可能会等上好几个小时。

像奥蒙迪这种想在一小时内赶到某地的人，这样的巴士运营简直就是灾难。如果你是数百万肯尼亚人之一，想坐公交车到别处去，那可是个大麻烦。假设坐公交让你迟到了两个小时，那么，你就少上了两个小时的课。如果公交车让你晚回家两个小时，家里还有一堆活儿，那你可能就直接不去上学了。这样的麻烦事还有很多，在整个肯尼亚比比皆是。巴士晚点意味着医疗不便、工作不便、上学不便，做什么都会更加吃力。从某种角度看，在非洲，巴士司机在公交车站等乘客似乎不只是某一方面的问题，而是反映了整个地区的普遍问题。“所以我就明白了，哦，原来这才是我必须要面对的事情。”奥蒙迪说。

奥蒙迪和奥塞娣开始使用 IDEO 公司与 Acumen 公司合作发布的以人为本的设计工具包，尝试更准确地理解分析这个问题。他们去了内罗毕，走访每天搭乘巴士的人。他们发现，大多数人，尤其是女性，每天都担惊受怕。还没上车的时候，遭遇抢劫是家常便饭；一旦上了车，又很容易被故意找错钱而上当受骗。在肯尼亚，男性占主导地位，他们经营的小生意中存在欺诈，女性总是不敢去要求应有的权益。如果一位母亲要去镇上看医生或者买东西，考虑到可能要花几个小时排队等公交，可能会被骗钱，那她通常宁愿步行 5 英里。奥蒙迪、奥塞娣和另外两个同学认为，要想解决巴士司机迟迟不开车的问题，就要想办法让巴士司机知道前面还有多少人在等车。现金购票既为小偷小摸提供了便利，还会抑制人们的乘车意愿，所以他们团队需要摆脱现金这个麻烦。

他们给解决方案起名为“神奇票务”，操作起来也很简单：任何人都可以用手机提前买票。这个设计方案利用了一种在肯尼亚已经普遍存在的心理模型，该心理模型的构建得益于世界上最先进的移动支付平台之一——M-Pesa。在肯尼亚，全国 GDP（国内生产总值）的 50% 是通过该平台流通的。不过神奇票务并非单纯复制了 M-Pesa 的模式，而是对该模式进行了调整。首先，你要向指定号码发送短信，该号码就会回复一个简单的菜单，引导你买票。巴士司机不仅能拿到钱，还能了解乘客的实时位置，从而有了在整条路线上行驶的动力。换句话说，这些司机会得到以前从未有过的反馈：完成整条路线后一共能赚多少钱。对于乘客来说，通过该系统能查询巴士位置的实时信息，购票也更方便了。

奥蒙迪和奥塞娣最终赢得了他们的目标奖金——100 万美元。一年后，我有机会见到他们并进行了一番交流。大四那年，他们拿到奖金之后，第一个想法不是“我们到底要怎么花这笔钱”，而是“我们所有的计划会把这笔钱用完的”。为了进行项目测试，他们通过 2 000 名乘客，总共预订了 5 000 多张票。不过仍有许多问题亟待解决，还有更多设计需要构建：所有乘车交易的后端数据，有效映射每位乘客路线的地图系统，汇总乘客需求的匹配引擎，等等。

在这个过程中，一位世界银行顾问给了他们这样的建议：你要知道，这个问题不光肯尼亚有，世界各地都有。所以他们也开始放眼内罗毕以外的地方。一旦所有技术都准备就绪，他们想把新的服务系统，也就是现在的“神奇巴士票务”带到 11 个国家的 29 个城市。而其中的一个城市就是印第安纳州的里士满，厄勒姆学院的所在地，该市在扩建公交线路方面遇到了很多问题。就像我们在这本书中介绍的许多其他人一样，这些初露头角的创业者在聚焦某一市场的过程中发现了问题，然后提出解决方案，而最终该方案的影响范围要更加深远。这两个远走他乡的年轻人，以建设家乡为初衷，结果却在印第安纳州创新创业，解决了当地人民的迫切需求，想想就让人满怀希望。

考虑一下，神奇巴士票务需要哪些基本条件？如果用户友好型手机没有普及，它不可能存在；如果不是人人都会发送信息，熟悉弹出式菜单，它不可能发挥作用；如果人们没有通过短信进行支付的心理模型，以及使其成为可能的简洁界面，该服务的内部运作原理就无法轻松解释。这些模式发挥着工具的作用，允许其理念找到匹配的受众，让受众主动地理解它，而不必被动地接受指导。[2]

这解释了为何奥蒙迪和奥塞娣不仅能够创造新事物，还能创造一些原本不存在的事物。肯尼亚与西方国家不同，没有政府管理的悠久历史，西方人认为政府提供的服务是理所当然的，比如准时可靠的公交时刻表。不过，以用户友好型的小工具取代这样的基础建设，它们的存在可以让自上而下的政府职能得以自下而上的发挥。神奇巴士票务代表了一种建立文明社会的全新方式，即发挥在别处创立的支持性条件和心理模型的作用来发展自己。重新谱写用户友好模式不是一件难事。如今，设计存在于许多我们意想不到的地方，原因正在于此。

*

亨利·德雷夫斯既有时间又有财力，为百姓家里增添了许多以前不为人知的东西，比如吸尘器、自动清洁烤箱和洗衣机。这些工具将日常生活中的体力劳动转变为自动化过程，为战后美国数百万的妇女带来了诸多便利。过去的 80 年里，消费领域从未停止前进的步伐。如今，这一趋势在西方国家已然成为常态，人们正在用新产品来解决越来越小且在某种程度上越来越荒谬的问题，包括能将烹饪视频上传智能手机的烤箱，以及向我们汇报睡眠质量的床。（有没有人想知道自己的睡眠质量如何？）这也解释了为何设计师现在创造的用户友好型产品中实物产品越来越少——毕竟在德雷夫斯时代，实实在在的东西是最容易想到的。不过正如神奇巴士票务系统所证明的那样，这并不意味着设计的机遇变小了。相反，在用户友好型世界为我们塑造的各项体系当中，仍然存在着许多不良因素，随着技术的发展，我们有能力将其消除，这就为我们提供了更大的设计空间。今天，想要设计全新的公交系统，无须设计别样的公交车；此外，要改善人们的生活，改善社会结构，也无须重塑政府的管理模式。

我与 Frog Design 的首席执行官哈里·韦斯特交流时发现，他传承了亨利·德雷夫斯将优秀设计置于现代生活中心的观念。韦斯特是一名机器人专家，接受过专业的训练，操着一口流利的英式英语，眉毛弯得出奇，稍微一动就能看出他的惊讶、专注、怀疑等不同情绪。一起吃午餐的时候，他向我传达了现在公司多项工作秉承的理念：设计，就像近一个世纪以来人们所想的那样，已经结束了。“从农业经济到都市经济的转变带来了新的选择，”韦斯特边说边将他那特别的眉毛扬了起来，“如今，这种选择正在民主化。你想联系保险员、理财顾问，不再只靠浏览公司名册。”[3] 例如，在医疗保健方面，开放交流的前景使人们倾向于专门面向自己产品的直接消费者，这也使得各个公司重新考虑它们的用户到底是谁。韦斯特指出，智能手机大大加快了这一趋势。银行和保险公司不再通过营业厅和销售代表联系我们，我们在手机上就能获取它们的服务，只要我们乐意，我们可以在任何环境下对它们的业务进行评估。我们选择的依据越来越多地取决于公司的服务质量和用户体验。

德雷夫斯见证了这一态势的诞生。如今，消费者的选择不仅包括数码产品，还包括与我们密切相关的服务。韦斯特继续说道：“唐纳德·诺曼从机械的角度思考设计，认为它是一种自上而下的解决方案。但问题不是说，人们不知道如何设计一扇容易打开的门（比如，门要具备一定的功能可见性，能让人看出该往哪个方向开），而是卖门的人意识不到门要容易打开的重要性。今天，一切从头开始。如果你设计的产品无法为用户提供不同寻常的体验，那任何宣传都没有意义。”对于许多行业来说，客户终于开始成为用户，公司的产品必须自己推销，这可是破天荒第一次。手机和社交媒体让公司有机会直接接触终端用户，这是前所未有的。它们产品的命运取决于其产生的社会效果，无论是通过口碑，还是应用商店上的应用评级。公司现在不能只想着搞定人力资源经理或保险代理人，它们提供服务时必须清楚，自己将与优步和爱彼迎竞争，只要轻轻一点，全都触手可及，差距显而易见。

从实物到虚拟的工业发展过程中，人们历经百年，终于搞清了“好用”的含义。现在，我们知道易用性意味着什么——它代表了反馈、心理模型，以及我们在本书中看到的所有其他细节。用户友好型设计的最大成就在于，用相同的工具去理解我们想做的诸多不同事情。只要你会使用某个应用程序，你几乎就可以访问到任何你想要的信息。而且设计人员都认为新的服务要符合相同的范例。目前，在日常生活中，用户友好型设计的应用范围更加广泛，设计也开始包含被我们排除在设计之外的东西。我们可能会要求应用程序易于理解，无须解释。那么我们为什么不能对政府、对食品供应商、对医疗保健体系提出同样的要求呢?

Frog 已经意识到了这一需求，并根据迪士尼魔法手环的启发，为信诺集团（Cigna）提出了一个彻底的解决方案。该方案包括一款应用程序和聊天机器人，只要你走进医疗诊所，它就会告诉你你的医疗保险范围，以及你会得到什么样的治疗。该智能助手的诞生，源于人们对医疗保健服务的期望，该公司对此做了深入的研究，设计时围绕顾问隐喻，重塑了医疗保险的服务形式，从而使其不再神秘，易于理解。

此外，设计工具本身也被应用于高阶问题。盖茨基金会是世界上最具影响力的慈善基金之一，它建立的前提是，通过设计的思维过程感知需要解决的问题。（事实上，该基金会多年来一直是 IDEO 最具成效、最知名的客户之一。[4] 最近，它聘请我的合作伙伴法布里坎特加入了 Dalberg Design 的设计团队，将以人为本的设计进一步整合到其全球健康产品的投资组合中。）芬兰政府专门设立了设计思维部门，即所谓的实验小组，出台了 26 项计划，从学校教授的语言种类到如何对儿童保育进行最佳管理，均有涉猎；每一个项目都将出具原型，进行用户测试，针对不足再出原型，然后再测试。为了寻找一批用户来测试服务的改进情况，芬兰政府通过了一项法律，允许删除了“每一位公民待遇必须平等”的宪法条款。[5]

单纯地认为设计可以解决世界上所有的问题，这个想法未免太过乐观了些。不过我们也能感受到，设计方法将有助于我们理解、接受并利用我们所能创造的所有解决方案。无论未来会如何发展，我们都将坚信，用户友好的概念能帮助人们更好地理解自己的世界，能为用户创造激励机制和反馈循环，为我们带来更好的产品和服务。21 世纪的设计悖论将与我们面临的社会难题如出一辙。过去的一百年里，消费者的选择呈爆炸式增长，面对纷杂的产品，我们眼花缭乱，无暇顾及消费成本，而这一切是在提高产品易用性的名义下进行的。现在的问题是，如何为实现个人幸福进行产品设计，同时让所有人向着更高的目标共同努力，因为仅凭一己之力，我们是做不到的。我们不能再想当然地认为，更好的世界只能是提高人们舒适感的副产品。不管是气候变化还是虚假新闻，面对这些问题，我们现在不仅要考虑什么好用，还要考虑什么该优先使用，并在此基础上，依赖设计做出决定。

我曾与苹果公司的一位设计师交流过，他在那里工作了近 20 年，先是设计台式电脑，后来在研发首台 iPhone 时也做出了不小的贡献。为了支持他的工作，全家人都买了第一代 iPhone。他来自一个南亚的大家族，圣诞节时所有远方的儿女都会放下工作，回家欢聚一堂。那一年，他回到父母家，按响了门铃，却没有人像往常那样来开门。他心生疑惑，猜测大家是不是出去了，走进家门却发现他们都在忙着用 iPhone 发信息。那时距离首代 iPhone 推出才几个月，他还沉浸在参与研发的成就感当中。但那一刻，他脑海中涌入的第一个想法是：我究竟做了些什么？

我遇到的几乎每一位设计师都在职业生涯中遇到过这样的时刻，他们怀疑自己创造的东西是否真的能让世界变得更好。消费是人类进步的途径，这是设计行业的基本信念，由此设计师难免会产生上述疑惑。这个问题也一直延续了下来。1971 年，维克多·帕帕尼克出版了《为真实世界而设计》（*Design for the Real World*）一书，告诫设计师们不要再只专注于为有钱人服务。尽管德雷夫斯真心觉得，社会进步归根结底就是设计出更好的产品，但他也产生过同样的怀疑。在其职业生涯后期，他承认自己扮演了让富人变得更富的角色——对于一个经历过 20 世纪中产阶级大繁荣的人来说，有这样的觉悟真的很难得。到了 20 世纪 60 年代，他悄悄修改了自己的三段式设计信条，删除了有关“如果设计师能激起消费者的购买欲，那就是成功了”的内容。虽然动作不大，但这无异于公开承认了他深深的不安。时至今日，这种担忧依然存在。但是，由于新产品的易用性如此之强，今天的设计师在为社会贡献力量的过程中，不得不应对德雷夫斯做梦也想不到的冲击。德雷夫斯的担忧在于，少数制造商赚取高额利润的同时，多数民众只是多了一些生活物资而已，生活水平往往没有显著提高。今天的设计师也面临同样的挑战，但其关注点有所不同。他们的产品对社会的影响难以估量，因为在今天，产品效力是如此之大，影响范围是如此之广。脸书的点赞按钮问世，说明一种新的反馈循环系统仅用短短十年就重塑了信息传播的方式，面对这样的事实，你将做何反应？苹果每年都努力地向我们灌输，手里的旧手机已经没那么好了，这样一来，“计划报废”不仅被划入生意成本之列，而且还成了响应技术进步的壮举。如果你设计了 iPhone，你将如何对这样的营销策略泰然处之？

或许，一个办法就是去做一些完全不同的东西。参与研发点赞按钮的软件天才贾斯汀·罗森斯泰因现在把主要精力放在一家新公司 Asana 上，“Asana”一词意为高度敏锐且深入平静的瑜伽状态。Asana 公司的主要业务是开发便于团队组织工作的软件。在 Asana，罗森斯泰因认为自己已经找到应对各种干扰的方法，那就是让合作朝着更高的目标迈进，成为“阻力最小的途径”。当他离开脸书时，他和 Asana 的联合创始人都有一个愿望，开发出能让世界上所有项目都提速 5% 的软件。这些软件发布几年之后，他们做了用户调查，询问使用 Asana 的产品之后，他们团队的工作效率提高了多少，答案是平均 45%。

如今，这个数字成了罗森斯泰因的护身符。“这听起来很老套，但确实有援助组织借助 Asana 的力量帮助了别人，我们得到了相关的照片证明。他们说，这个人因为 Asana 而康复了。”罗森斯泰因给一些生物科技公司做演讲时，其中一家公司的首席科技人员告诉他，Asana 正在帮助他们研制新型抗生素。“如果我所做的一切能帮到这些团队中的任何一个，我就觉得值了。”罗森斯坦因说。我问 Asana 是不是也在帮专业团队制造下一颗原子弹。罗森斯泰因点了点头，他也想过这个问题。“你必须相信人类做的是好事，过去我更有信心些，但现在我更着眼于实际的客户。”[6]

我问罗森斯坦因，硅谷是否真的有能力设计出不会让我们分心的东西，能将我们的注意力吸引到适合公司而不是个人的目标上。毕竟，应用商店的隐喻在我们手中创造了一个真正的竞争领域，每款应用程序都在利用弹窗来争夺我们有限的注意力，这也可能是最有效的方式了。罗森斯坦因提出了黑格尔辩证法的观点，即社会创造正题，正题会遭到反对，从而出现反题，对之前的正题进行修正，最后出现合题，解决了两者之间的紧张关系。举个例子，工业革命中的机器似乎把人变成了另一种原始输入，由此催生了让机器为人类生活服务的想法。社交媒体是另一个例证。微软设计师雷耶斯曾将自己的瘫痪状态转化为一种新的设计理念。他曾告诉我，社交网络是小时候挂着钥匙长大的那代人的作品，他们在市郊长大，过着“与世隔绝”般的生活。罗森斯泰因也表示，互联网让我们“超级关联”，是对电视隔离效应的回应。我们仍在等待某种更加人性化的方式，来重塑我们的公共领域，让我们既能拥有独立主权，又能与他人高度关联。

这可能需要新一代人来找到这一合题，而且有迹象表明，在社交媒体的作用下，这一代人已经形成了。利亚·珀尔曼是罗森斯泰因设计点赞按钮时的合作者，我在和他交流时惊讶地发觉，点赞按钮只可能诞生在美国，因为只有在这里，你的个人身份与你的行为才息息相关。[7] 你会从更多的点赞中获得快乐。但在试图将世界上的每一个个体联系起来的过程中，脸书也让所有人都敏锐地意识到自己错过了什么：那些被人遗忘的聚会，那些敷衍的微笑，等等。越来越多的研究表明，正是由于这种错失恐惧让人们感觉到似乎是社交网络给自己带来了不愉快。[8] 有趣的是，这种不愉快好像也仅限于那些早年没有用过社交网络的人。不知怎的，在社交网络中长大的孩子找到了一种方法，避免自己陷入过度联系的危险。研究人员发现他们对“何为过度”有一种自我认知，他们知道在必要的时候如何远离社交网络。我们有理由期待，这些孩子未来将进一步展现这种本能的自控性。毕竟，我们可能没有办法将错失恐惧与脸书脱离开来。脸书就是错失恐惧。脸书要想变得更好，就要进行彻底的蜕变，同时满足同样的联系需求。就目前而言，我们只能想象，什么样的产品才能让我们的世界变得更小、更好把握。

*

德雷夫斯认为，给予人们便利和资金，让他们把节省的时间用来追求更高的目标，这会带来更多的好处，而我们现在知道了，更高的目标要纳入我们创造的事物当中。这些事物不仅可以让我们生活得更加轻松，而且还在改变着我们。这一理念比一开始听起来更加严谨了。我们以为我们的思想终结在头脑当中，但认知科学家（或许也是当今最具影响力的心灵哲学家）安迪·克拉克却认为，心灵和世界是融合在一起的。想一想，有这么一位数学家：就他自己而言，他可以完成逻辑跳跃和联系，但他却无法想象出证明费马最终定理所需的每一个详细步骤和回调函数。但是，如果给他纸笔，以及一些可供参考的资料，他就有能力证明出来。你可以在自己的生活中印证这一点：想想如果没有日历功能，你的一天会是什么样子，你的效率会大大下降，会落下许多事情。克拉克认为，我们与动物之所以有思维上的差别，原因就在于我们能将周围的人造物品植入我们自己的思想，通过它们来获得一些其他任何方式都无法触及的理念，这非常不可思议。[9]

假如这是真的，而且有足够的逻辑和神经科学依据，那么当设计师创造出新东西时，他其实是为某种提升他人的理念赋予了形式。这些新设计以广泛深刻的外在形式建立起了新的思维。乔布斯之前表达过类似的意思，他曾将计算机称为“头脑的自行车”，一种能延伸人类思维的工具；恩格尔巴特也曾希望实现计算机加速人类潜能的梦想。这种思路给设计增加了新的伦理分量，恰好印证了本书介绍的大量观点。例如，克拉克看到了其相关研究、具身认知以及包容性设计之间的紧密联系，其建立基础在于：残疾不是用户的能力局限，而是用户与我们设计的世界之间的不匹配。从这个意义上说，我们在某些方面都是残疾的，因为这个设计的世界永远不可能完全符合我们的需要。要想发展得更好，能力提高得更强，我们就要找到可能激发新设计的需求。

我们之前介绍的苏瑞试图在日常生活中寻找隐藏的机会，这就是工业同理心的起点。但是今天，现代的测试和学习方法在谷歌和脸书这样的公司得到了最好的印证，它们已经开始侧重于创造可以快速测试的产品，而不是把精力耗费在更长时间的观察实验。举个例子，想要告诉手机我们的喜好特别容易，比如我们是否喜欢开启通知，是否喜欢推送新闻，这类交互的优化程度已经很高。然而，我们却无法告诉手机，在我们的数字生活中，我们想要的整体体验是什么样的。奇怪的是，我们竟然接受了这一点。如果你去找私人教练，你不会在一开始就告诉她，你想练多少块肱二头肌。你可以从多个小目标开始，你或许会说："我就是想变得自我感觉好一些，我想在一年之内变得更健美、更匀称，不像现在这么臃肿。"但我们与手机互动时可不是这样的，因为手机的建立基础是一个不同的隐喻，即它们是用来完成既定任务的工具。因此，我们不可能给手机设定更加宽泛抽象的目标，比如让心情好起来，或者与我们关心的人更亲近。

随着时间的推移，我们的社会使我们不由自主地投入我们所创造的产品中：我们让产品越来越清楚地认识到我们是谁，我们想成为什么样的人。这些借助人工力量出现的产品反过来又让人变得比以前更强大。目前，这项工作还没有完成，用户体验的下一个阶段将是改变我们的基础隐喻，这样我们就可以表达更高的需求，而不仅仅是即时的喜好。这将需要用户解决一些看似无法解决的问题：如何加强人与更多事物的联系，同时让他们的世界更容易理解，好让人在面临不断更新的诸多选择时，有更少更好的选择。那我们首先要做的就是重新构建那些隐藏在浅显表面下的设想。

*

我为本书所做的数百次采访中，有些人对新的设计生态系统下了很大的赌注，从他们那里，我深受启发。与实力强大的脸书和苹果相比，他们的付出或许还算不了什么，但他们的努力同样在鼓舞着我们。其中一位是来自加拿大的年轻企业家，他始终坚持着自己的计算机创意。他目前仍和父母同住，即使躺在卧室里的时候他也在想：如果你能买到一台设备和一种数字法宝，里面储存了你需要的所有数据，包括你使用的应用程序和注册的服务，那你就不用老买各种新设备了。只要你有需要，周围的屏幕就只会访问你数字法宝里的所有信息，情况又将如何？这其实是在尝试利用日常环境中的屏幕，感知房间里有谁，他们需要什么。这一愿景非常类似于嘉年华公司的海洋勋章，或者 20 世纪 80 年代马克·威瑟创立的普适计算。

这位企业家的观点是：像苹果这样的公司卖给我们越来越多的设备，功能都是一样的，比如 iPhone, iPad, iMac。为什么我们需要三套计算机芯片，让每个设备都大致相同？当然了，从苹果的角度出发，所有设备都能实现其他设备的功能，说明其每一件产品都物有所值。冗余是一种特点，但不是缺陷，由此，产品之间的连接高度活跃也实属必然。但是，如果我们能够解决这个棘手的问题，抛弃关于当今电子产品生态系统如何运作的所有假设，那会发生些什么呢？如果你只带着你的数字法宝，周围的屏幕只是默默地等待你的数据，它们都很廉价，没必要频繁更新，丢掉也没关系，情况又会如何？为什么这样的世界就不能存在呢？“我们要挑战三星和苹果！”这位年轻企业家告诉我。他的话似乎既鼓舞人心，又毫无根据。尽管如此，他还是筹集了 200 万美元来实践他的想法。见过他五六次以后，我都怀疑他是不是疯了，但这并不意味着他是错的。随着个人设备的不断增多，我们就好比站在一个挂满镜子的大厅里，每面镜子都呈现出相似的我们，淡化了本应更加人性化的数字世界生活方式，我们原本可以更清晰地看到自己的。虽然用户友好原则将持续存在，但我们可能需要新的心理模型和隐喻来更好地管理我们的数字生活。

我在一家初创公司身上看到了这种可能性的痕迹，这家公司筹集了6 300万美元风险资本，希望成为物联网的基石。公司创始人林登·蒂贝茨曾在IDEO担任过工程师和设计师，当时的他阅读了苏瑞的作品《无意的行为》(*Thoughtless Acts*)，书中记录了我们从周围环境中获取工具的奇思妙想：我们是怎么把铅笔别到耳朵后面的，又是如何用一根软木撑开门的。蒂贝茨说："我们忽视了周围事物的用途。它们无时无刻不在我们身边，可要是没有别人的提醒，我们就发现不了它们。"苏瑞告诉了他一个显而易见的事实："一旦你看到了这样的世界，你便无法视若无睹，不用走很远，你就能在所处的世界获得全新的体验。"[10]

我们会不自觉地注意周围的事物，不仅是为了它们能做什么，还出于它们能成为什么。这是我们人类想象力的一个重要特征。拨火棍不只是用来拨火的，它也是一根又长又重的杆子，一头说尖不尖，可以用来钩滚入沙发下的东西。然而，我们人类重塑世界的根本能力在数字生活中几乎发挥不了作用。我们看到了一款应用程序、一个网站或一项数字服务，它只拥有我们看到它时所期望的使用功能。我们不知道这些数码产品还能有什么其他用处，这是一个充满了"只会拨火的拨火棍"的世界。

蒂贝茨认为，这是一种显而易见的人类需求，即随时闯入我们的内心世界，满足我们即时需要的能力。他想知道围绕这个想法开发出的产品会如何运作。后来，他在一家印度餐馆里看到了服务员是怎么提供服务的：如果服务员看到你点了饮料，那他往厨房走的时候，会顺道从吧台上取来。整个过程就像电脑编程一样，十分自然：如果发生情况A，那么就有动作B。蒂贝茨说："我产生了一种奇怪的冲动，那就是从名字开始把握整个产品。从产品的名字，到人们对其产生的情感联系，我们要具备顺藤摸瓜的能力。”换句话说，他首先发现的是其相关隐喻，就像我们在本书其他章节中介绍过的一样。

辞掉工作后，他在自家客厅里忙活了一整年，然后开办了一家新公司，他给这家公司起名为“If This Then That”，简称“IFTTT”。该公司产品允许用户通过拖放界面将一项数字服务与另一项连接。网络行为会自动引发连锁反应。这就好比有了“综合管家”，当 Fitbit 记录器感知到你睡醒时，它会煮上咖啡；当恒温器感知到你不在家时，它会把灯关掉；甚至当你出现在别人的 Instagram 照片上时，它会让你家里的灯闪烁起来。这里有些功能可能听起来很荒谬，可你会这样想只是因为你不是这项服务的发明者。蒂贝茨说，关键是要为数字世界创造前所未有的东西：真正的功能可见，用户一看就会说“嗯，不错。换成它怎么样？”蒂贝茨希望把各家网络公司全部变成句子中的动词，句子则由用户亲自来写。

迄今为止，该公司已经创建了数百万个 IFTTT 脚本，而且其数量以每天几百个的速度增长。公司用户已达数百万。然而，由于发展所依赖的风险投资数额不足，这家刚起步的公司还是面临不确定因素。许多公司已经取得了巨大的商业成功，但仍在寻求更为持久的发展道路，相比之下，IFTTT 和它们经历着一样的风险。尽管如此，它代表了一种新的公司类型，利用用户友好型设计把更多元素拆分开来，而不是捆绑到一起。这是一项新的隐喻，喻指我们淘汰了旧世界，同时也意味着新世界里还有更多的精彩在等着我们去发现。[11]

这些可能性隐藏在一层薄薄的清漆之下，使得用户友好型世界看起来比其应有的样子更加完美。自从苹果推出 iPhone 以后，几乎在每一次主要产品发布会上，都会有设计传奇乔纳森·伊夫的视频，他操着悦耳的伦敦腔，讲述神奇的新产品是如何设计出来的，直到他 2019 年退休。他一直信奉设计中存在必然之举。“我们所做的很多努力都是为了达到某种程度，让某种解决方案成为必然。你心里明白，难免会想，‘当然是这样了，怎么还会有其他方式呢？’”这是他在为数不多的采访中说过的。[12] 但是我们所做的事情没有什么是必然的。他们之所以这样认为，是因为有人去掉了那些由于错误的原因而分散注意力的东西，比如毫无意义的按钮，或者难以理解的菜单。用户觉得必然如此，是因为有人进行了专门的设计，这样一来，那些原本可能会存在的选择迹象就被抹去了。但这并不意味着这些迹象就不存在，也不意味着这些产品服务本身无法被取代。我们所做的事情反映了我们所重视的东西，它们都是可以改变的。尽管用户友好型世界在试着更好地理解我们时表现得很吃力，但这并不意味着它做不到。

结　语
用“用户友好”的眼光看待世界

> 简单和容易不是一回事。发现真正简单的事物，并根据这一发现采取行动是非常困难的。
>
> ——约翰·杜威，《经验与教育》（*Experience and Education*）

2014年，当克里夫和我一起构思这本书的时候，我们定下的目标是：不仅要介绍设计领域中具有重要意义而又鲜为人知的故事，还要帮助读者了解设计，提升他们在设计，特别是用户体验设计方面的品位，毕竟这些东西已经渗透到了我们新生活的方方面面。作为一名设计师，我认为以用户为中心的设计理念应该应用到我们所有的体验当中，我们的期望值永远不应该降低。所以阅读本书也是一种用户体验，设计核心就是读者的需求：你就是这本书的用户，是这个用户友好型世界的中心。

你已经读过了用户友好型设计的发展历程以及其中的原理，而我的目标是让你从一个日常实践者的角度，对设计工作有一个简要的了解。这种创造用户友好体验的方法是在25年的设计实践过程中发展起来的，它不仅能应用于生活中耀眼的新产品，比如新应用程序或便携式电子设备，还适用于那些普普通通的东西，比如健康保险公司的报告。刚成为设计师的时候，这些设计带来的挑战在我看来可以说是非同小可。要想使其充分地发挥作用，人们确实要具备不同的专业技能，但是所有设计不论大小，都可以且应该采用以用户为中心的思维模式。

虽然本章节的补充内容不一定能让你成为一名设计师，但我希望你能够在阅读中汲取一些工作中可能有待检验的东西，无论是哪个方面。我希望，也是最重要的，是你能够更好地审视那些所谓为你量身打造的用户友好型体验。话说回来，你是什么时候开始意识到营销和广告在你的日常生活中已经无处不在的？追溯到 20 世纪五六十年代，那时公众才刚刚开始认识到营销对消费文化的影响。而现在，我们觉得这种认识理所当然，我们正在尽最大努力确保自己的孩子在成长过程中能理性地应对、辨别这些营销策略，不会盲信盲从。在用户友好的世界中，我们正处于类似于克里夫口中的拐点。

*

要想实现这一目标，我们就要试着把世界看成是一系列有待重新塑造的体验。就像唐纳德·诺曼和他之前的亨利·德雷夫斯一样，我总是以用户友好的眼光来看待所处的环境，不断地发觉怎样才能使事物更好地为人服务，更好地反映他们的价值观。周围有太多的东西都辜负了这一起码的承诺，对此，我常常失去耐心。想想你在便利店自助结账时，会有各种糟糕的交互设备：触摸屏选择菜单、商品扫描器、付款读卡器、密码输入键盘、触控笔。也许你最终弄清楚了如何按恰当的顺序来完成这些不相干的步骤，但却因为没有把商品放在装袋区而被罚款，我也经常这样。显然，这些交互设备都是在没有实际操作的情况下单独开发和设计的。我感觉到了它们之间的不协调，这成了我研究的动力。作为一名设计师，我想从各个角度来解决难题，而不仅仅是某一部分，无论是键盘、触摸屏，还是商店的设计布局。

我的想法有了很大的转变，在 20 世纪 80 年代中期刚成为平面设计师时，我对设计职业并没有这么长远宏大的设想。我开始为一些大公司设计商标，比如纽约市医疗保健公司。当时我属于一个设计师团队，我们要花费几周的时间来摸索医疗保健系统的当前状态，根据我们自己的经验，就医院未来如何发展开发新的视角，所有努力只是为了设计一个抽象的品牌标志。我发现这个过程既让人振奋，又让人沮丧。为什么要把大量的创造性思维花在一个标志上？它就算再漂亮，也不能改善该系统为用户服务的方式。同样的一番话，我也可以用来形容“设计新的病床、候诊室或床边数码监视器”。要改进像医疗保健系统这样复杂的东西，不仅需要大量的技能（从工业设计到服务设计，再到环境设计等），还要有必要的资金将其结合起来。

*

这正是我和众多同僚迫切希望有机会去做的事情，尤其是在2001年互联网泡沫破灭之后，当时有许多专攻数字业务的企业在一夜之间消失了。幸运的是，我来到了Frog Design，这是这一行业为数不多的几个拥有多种设计能力的公司之一。多种设计能力相融合，是一件令人兴奋的事情。它为用户友好设计开辟了新的领域，同时也承担了许多新的责任（例如Frog为迪士尼魔法手环项目所做的努力，见第八章）。这些能力应该往哪里发挥呢？回答这个问题成了我的一大困扰。但是我唯一能找到答案的方法就是不再关注我们正在做的东西。日本著名工业设计师深泽直人是IDEO的早期员工，他发表了一番精彩的言论，认为最好的设计是“融入行为”，这样设计本身就会被忽视，而不是因其艺术性脱颖而出。换句话说，设计工作的成功不在于结果的璀璨，而在于观察它如何适应和支持用户的实际行为。[1]这一点很重要，即使读过本书之后，你会觉得显而易见，可还是会经常忽视它。以谷歌眼镜为例，尽管它是一群杰出设计师和工程师努力的结晶，但最终还是失败了。

我喜欢对团队里的新设计师说“行为是我们的媒介”，它不是产品，也不是技术。这个想法与我最初设计字体和颜色（不管怎么说，这并不是我最擅长的）、创建用户界面的时候完全不同。它代表了一种前所未有的转变，可我们不免会对其感到失望，因为结果证明，好的设计并不依赖于任何单一的才能。相反，我们只能通过人们对设计的反应与回馈来判断。这种转变也意味着设计师必须接受其设计的后果，而不仅仅是设计的意图或者美好的结局。这些后果包括环境问题（例如，不希望产生更多的一次性垃圾）以及影响人们行为所带来的更广泛的社会冲击。

为了解决这一层面的问题，有越来越多像我这样的设计师正在寻找多样的客户和合作伙伴，尤其是公共机构，它们构成了我和合作伙伴拉维·查特帕尔于 2014 年在 Dalberg Design 设计公司开始的设计实践的核心。但是，是什么赋予了我们应对广泛社会挑战的资格呢？毕竟，我们所做的并非是绝对安全的。Smart Design 的创始人之一塔克·维迈斯特经常调侃说，设计是"世界上最危险的职业"。他的父亲是塔克汽车（Tucker automobile）的设计者。设计师既不是医生，也不是电气工程师，我们接手设计无人驾驶汽车或 HIV 自检试剂盒之前，无须经历任何形式的认证。但我们是训练有素的修补匠，拥有专业的原型设计技能，不用再申请正式的项目资格。有赖于本书中提到的原则，我们想办法确定用户的需求，快速开发和测试解决方案，并收集用户的反馈。我希望这些设计原则像常识一样深入人心——从用户出发，收集反馈，修改纠正。但是，不管用户是到药店买药的顾客，还是想与家人朋友保持联系的老人，我们如何才能从一系列原则中跳出来，创造出令人满意的用户体验呢？

遵循以用户为中心的设计需要一步一步地进行。

1. 从用户出发

想象一下，按照委托，你要设计一台家用电器或者一款个人健康管理的应用程序。你怎么才能知道哪些用户和哪些需求是值得你在设计中加以考虑的呢？你可以从自己开始，但这种思路很快就会变成一个陷阱，因为你会理所当然地认为自己的需求才是最重要的。更好的办法或许是从在某些方面与你相似的人群开始，比如同事、朋友、家人，或者在当地药店消费的顾客。这是一个合理的切入点，因为你就此出发就能了解这些用户的情况和期望。不过，即使该人群有一定的相似之处，只要你开始观察他们的实际行为，你就会发现个人需求往往会迅速分化。只要看看人们在点咖啡这样的小事上所采取的不同方式就知道了。在当今高度个性化的文化中，你如何才能发现能反映多数人需求的要点呢？

我在 Frog 担任设计师期间，我们开发了许多方法来帮助团队绕开这些思维定式。如果我们面临新的研究情境——不论是华尔街的交易平台，还是卢旺达的储贷机构，我们往往都会与用户携手绘制决策树，直观映射上面的每一个节点，以更好地理解他们的第一选择和最信任的选择。这样的做法往往会带来意想不到的发现。比如有一次，我们应邀为美国一家大型医疗保健公司重新设计顾客体验，我从来没有想到我们 Frog 团队最终的交流对象竟然是佛罗里达州彭萨科拉的一群美发师。不过我们还是要先询问普通用户，“孩子生病时，你会向谁寻求建议呢？”很多受访女性都提到了，她们会经常和美发师讨论个人健康问题。美发师不像药剂师或医生，不会推销任何保健品，在这样的情况下，客户立马就会对他们产生信任，向他们吐露心声，因此美发师在无形之中获取了宝贵的信息来源，这是医疗保健行业所不具备的，是能为其提供启发的。与医生不同的是，美发师通常会多花点时间为顾客带来舒适的体验，并以最基础的方式为用户提供护理服务，比如在美发之前帮他们洗头或按摩头皮。我们发现，如果消费者在接受更吸引人的服务方式（如按摩或足疗）时听到了健康建议，他们的接受度更高。因此，我们建议重新设计一个项目，向患有高额开销的慢性病（如糖尿病和类风湿性关节炎）患者提供保健医师。

一旦你确定了感兴趣的学习对象，你就得按照他们的方式来。营销机构经常犯的一个错误是，先开发一种新产品，然后试着让它吸引顾客。这种做法鲜有成功，很多新产品问世不久就显得很多余，主要原因就在这里。相反，公司应该从了解用户的需求开始，然后反向开发正确的产品、功能或信息。这就解释了我们为什么要深入了解用户的处境，要把他们放在研究的首要位置。用户应该成为自己世界里的向导。斯坦福大学设计学教授戴夫·帕特奈克称之为“盛大的旅行”。通常，正是生活中一些普普通通的东西给予了他们最丰富的灵感，无论是在家里还是在工作中。

设计师们研究出了许多聪明的技巧，为用户的生活开启新的窗口。例如，你可以请别人打开自己的手提包或背包，说出他们随身携带某些物品的理由，有些是实用性的，比如钥匙或唇膏，有些则是情感性的，比如近期旅行中购买的小饰品。我在 Frog 时有一位同事名叫简·奇普切斯，他将这种技巧称为“包裹映射”（bag-mapping），后来他到诺基亚做全球研究期间对其进行了完善。他说：“包裹映射是熟悉社会规范的有效练习。”“我们决定带什么或不带什么反映了我们自身以及我们的生活和工作环境。”换句话说，我们使用这些技巧不是为了了解物品（尽管这可能很有趣），而是为了了解用户选择，尤其是习惯性选择背后的深层动机。通过这种方法，我们可以探知人们的表述和日常行为之间的差距。在很多方面，我们智能手机上的应用程序是类似选择的翻版，这就是简为诺基亚完善包裹映射的原因。要知道，当时的诺基亚可是全球最大的移动电话公司。

2. 站在用户的立场思考

用户友好型设计的一个基本前提是，最好的工作始于对用户需求的清晰理解，而不是追求产品或界面的个性华丽。[2] 亨利·德雷夫斯是第一个真正遵循这种设计理念的设计师。德雷夫斯喜欢“站在顾客的角度思考”，这或许意味着他要去开拖拉机、做缝纫工或者加油工。对于今天的设计师来说，德雷夫斯式的沉浸于典型用户的日常体验是理所应当的。设计师面临的挑战就是要用不寻常的眼光来看待寻常的事物，这种做法听起来很容易，但实际上需要很大的耐心，尤其是考虑到当前我们的世界充斥着过度的刺激，有着各种各样的干扰。比方说，你观察一下人们上下班时是如何寻找公交站或地铁站的，尤其是那些看起来特别迷茫的人。当车站在高峰时间人满为患时，他们是怎么找到属于他们的班次的呢？他们是向谁求助的呢？在 Frog，我们经常两人一组，在多个城市，一连几周，每天进行几个小时的观察。不管是人群熙攘的高峰期，还是空荡荡的深夜，这种观察同样重要。

设计师通常会先亲身体验某些新的事物，比如日常锻炼，或者像 Blue Apron 这样的在线送餐服务，以更好地理解用户的需求和行为。我们密切关注体验过程中的高潮和低谷、感觉最好的时刻，以及各种麻烦和挫败。[3] 虽然这听起来理所当然，但令人惊讶的是，很少有高管从头到尾体验过自己的产品，无论是注册新的 401（k）账户还是采取新的避孕方式。廉价航空公司捷蓝的前首席执行官戴维·尼尔曼很特别，他每年都专门花时间到本公司航班上体验几次空乘。他这样做是为了跟顾客和员工走得更近，了解他们的日常需求和难处。这真的很难得，因为就我的经验来看，愿意这么做的高管实在太少，这是设计业的不幸。

2017 年，我在 Dalberg 的团队与其他机构合作，为非洲南部的年轻女性开发了一种私护新产品。第一次与客户团队进行研讨时，我们的创意主管很好奇，想知道他们当中有多少人亲自试过。这位女主管试过了，但是剩下的人里，唯一举起手来的是合作公司的 CEO。这件事给了我们一个重要的启示——我们的客户似乎没有完全理解，对于他们即将面向的产品受众，也就是那些年轻女性来说，第一次接触这种产品会是件多么奇怪的事。在其他方面，我们的后续研究确定了一系列设计隐喻，使产品更易理解。例如，我们鼓励用户在会议期间嚼口香糖，并注意口香糖的味道是如何在嘴里慢慢消失的，就像预防艾滋病的抗逆转录病毒药物会在他们体内溶解、耗尽并重新服用一样。

从以上案例可以看出，设计师变成新用户，对产品应有的运作方式尚不习惯，这样一来，他们的观察视角往往是非常有价值的。可他们要是无法亲自测试或体验某个产品的话，就有必要通过“购物”去寻找新的视角。我经常鼓励设计师尝试情境的大幅度转变。比如说，我们要帮助药品零售商 CVS 旗下的一分钟诊所改善用户的等待体验，我们可以从观察夜间拥挤的急症候诊室开始，然后再走进一家高端水疗中心。我们的设计师会尽可能地转换角色。正如苏瑞所说："关键是不仅要注意人们在做什么，还要真正理解他们的动机。"这句话可以从多个角度来理解。有时你甚至可以站在销售柜台后面，从另一角度观察人们的行为。德雷夫斯经常把这当作一种消遣，不管他当时在做什么工作，只要到一个新城市，他就会去商店和购物中心逛一逛。

在这些设计实践的背后，隐藏的是用户友好时代的重大事实：世界并非杂乱无章，即使一开始似乎如此。人们的行为和选择遵循一定的模式和路径，你第一次接触时，它们不一定符合逻辑。但是，如果你关注人们的生活模式，设身处地地为他们着想，你就能了解他们日常生活中隐藏的真相，不管他们是生活在佛罗里达州的彭萨科拉，还是卢旺达首都基加利。

3. 使不可见变得可见

正如克里夫的观察那样，反馈无时不在，帮我们理解这个用户友好的世界。如果反馈设计完善，我们大概就会觉得它理所当然。早上出门上班，一系列习以为常的反馈循环就开始了，引导着你的日常生活。"咔嗒"一声，门锁上了，听到这个声音，你就能放心地去开车了。你走出院子，穿过街道，来到停车的地方，其间手机会发出电子邮件提醒。按下遥控钥匙，你的车就会发出响声，告诉你它就在你停车的地方，随时准备出发。反馈是用户友好设计的基本语言。但是设计反馈的最大挑战是搞清楚在何时何地提供反馈。

*

现在，设计师提供反馈的方式越来越多了，这让我由衷地敬佩。然而，反馈经常会很烦人，比如有些电话提醒音似乎总是会在不合时宜的时间响起。事实证明，要想解决"给予适当的反馈"这一设计问题，比你想象的还要难，而且如果反馈不当，我们都会有直观的感受。走进纽约地铁，刷一下地铁卡。对于像我这样的普通上班族来说，这个动作已经成为习惯，几乎是无意识的。刷卡的同时通过旋转栅门，衔接非常自然。可是，如果刷卡太慢，或者略有迟疑，旋转栅门就会锁上，你的腿就会撞到冰冷的不锈钢挡杆上。这是谁设计的呢？你可能没有注意到，刷卡的时候是有提示音的，确认你刷卡成功，只不过声音不够大。在设计室里进行测试的话，这个声音完全没有问题，但在嘈杂的布鲁克林地铁站，实际上却没人能听到。[4]

20 世纪 90 年代初，我刚开始从事用户体验的设计工作，当时的设计目标大多为自助式体验，比如早期自动取款机的界面。它们就像斯金纳博士发明的斯金纳箱（见第九章），在机器和用户之间建立简单的反馈回路。设计的挑战在于为物理按钮和屏幕信息建立基本的映射，以完成单一流畅的交互。这一挑战与唐纳德·诺曼在《设计心理学》中描述的问题并无不同。对于令用户满意的解决方案，我们可以一次开发，多次应用。但是，反馈已经从简单的斯金纳箱转移到了用户友好的世界，在那里它需要进行广泛的测试，否则数百万的通勤者将忍受不良设计所带来的后果。[5]

这项工作听起来好像很艰巨，但其实没有必要。我认识的许多设计师都喜欢采用一种叫作“绿野仙踪”的技巧，即在客户投资建造智能系统之前，用烟雾和镜子模拟智能系统的行为，看看它对用户是否有意义。如前所述，帕吉特和霍姆斯在为嘉年华和微软开发新用户体验时都使用了这种技巧。其基本思想很简单：弄清楚你和同事是如何设计原本缺少的反馈的，也许是通过闪灯，也许是通过增强声音，来确认某种行为，然后再进行测试。如果没有特别好的设计工具，利用这种技巧，时间、位置和感觉反馈都可以进行模拟。我们在 Frog 的一个团队非常擅长将这种方法应用于语音识别服务的设计，比如你 iPhone 上的 Siri。“绿野仙踪”技术允许我们模拟该服务的人工智能组件，并根据参与研究的用户的提问，利用不同的信息屏幕进行响应。

设计师应如何保持敏锐，并发展“第二听觉”，让用户体验的这一关键层面更加精致有趣呢？每个设计工作者都有自己的小窍门。旅行时，我总是特别注意一些细节（正如帕特里夏·摩尔在洛威设计工作时的俄罗斯之旅，见第七章）。还记得第一次去欧洲或亚洲的酒店时，我房间里的灯完全不亮。我拨动开关，也不见任何反馈——什么都没发生。最后，有人教我把房卡插到门口的插槽里，“砰”的一声，整个房间奇迹般地亮了起来。更好的是，我离开的时候不用担心关灯的事，把房卡从卡槽里拔出来就可以走了。这一次，没有反馈（我离开的那一刻，灯暂时亮着）在某种程度上反而是好事。为什么我们家里不能设计成这样呢？比如用智能控制器来调节灯的开关。关于个性化空间设计，我们可以从微观（电灯开关的物理功能可见性）到宏观（适应用户需求的环境）的反馈转变来入手，这是一种全新的思考方式。你的预期与略带新鲜感的体验之间存在细微的差别，这些差别可以从根本上改变我们对产品（或智能环境）的心理预设。

我经常通过旅行获得灵感，不过在家里也有不少新发现。在 iOS 和 Android（安卓系统）之间，或者在谷歌地图及其同类应用（比如 Waze）之间切换，所有的设计细节都一览无余，就像来到异域国家一样。[6] 正如谷歌风投的用户体验合作伙伴迈克尔·马戈利斯常挂在嘴边的那句话：“把你的竞争对手当作你的首批原型。”一些设计师已经投入他们的工作，得到了许多经验，请利用这些宝贵的经验并加以学习。不同设计师在面临同样的挑战——设计反馈时，会做出自己的选择，这是理解他们选择的绝佳方式。

4. 建立在现有行为之上

我经常鼓励身边的设计师一起观察生活情境，让他们发挥摄影师的作用，把对准细节（比如用户折餐巾或撕支票的方式）的镜头推近或者拉远，使其周围的场景得以展开（比如旁边的人，尤其是餐厅的经营管理人员），从而找到各个层面的行为模式。人们使用的是什么？他们在哪些场景下看上去十分的自信和投入，而不是犹豫或沮丧？人群往往聚集在哪里，为什么？我让团队仔细记录下令人惊讶或不解之处，行为模式就会自然地浮出水面。[7]

利用这种方法，你就会注意到一些与众不同的行为。在观察用户的过程中发现这些不寻常之处，对设计师来说是好事。如果你在特定情况下观察那么六七个人，总会有一两个会因他们不寻常的行为或反应脱颖而出。这种方法的巧妙之处在于，只要有一个突出者，你就能获得一个全新的视角，但你必须对突出者进行一对一的跟进（不带任何评判），以便更准确地理解他（她）的需求或动机是如何偏离常规的。也许这个人在与家人庆祝佳节，或者招待客户方面已经建立了一种不同的心理模型，这对 OpenTable、领英或美国运通来说或许很有参考价值。

设计师通常更倾向于以现有行为为观察基础，而不是营销主管们想象中的潜在未来行为。人们会通过与冰箱对话来订购商品吗？谁知道呢，这些问题可能很难回答，特别是在没有现有用户可供观察的情况下。因此，对于某些特定的产品或服务，用户研究通常不能仅限于目标用户。比如要拟定新的膳食计划服务，你可能要对拥有十个或十个以上孩子的家庭进行调研。或者要改善医院的礼宾服务，你可以与那些对医疗保险一头雾水的移民聊一聊。关键是要考虑那些有较大或者明显需求的用户，高需求会使他们发展出不寻常的行为。此方法的根本理念是用户友好设计的另一关键原则：今天的利基市场将成为明天的大众市场。当前对异常行为研究的小规模投资，可以推动未来的大规模采用。在 Frog，我们将极端或异常研究视为竞争差异化的重要一环，因为它往往会激发出一些客户意想不到的解决方案，因为他们太过专注于自己的领域，根本无暇顾及其他。

在 Dalberg，我们在多文化的背景下工作，意想不到的行为模式便经常会浮现出来。特别是在资源有限的环境中（比如那个印度德里雷努卡的例子，见第五章），我们常常发现：人们总是把几种产品或服务组合在一起来满足他们的需求。我们与联合国儿童基金会（UNICEF）的创新办公室合作时，走访了雅加达、内罗毕和墨西哥城等三个城市的用户，目的是更好地了解当地人如何呵护自己的健康、如何让孩子安全地上学。我们采访了一位名叫杰西卡的妇女，她靠出售餐食养家糊口，顾客遍及内罗毕一个最大的贫民窟。她利用 YouTube 在网上搜索新食谱，然后通过 WhatsApp（瓦茨普）向不断壮大的当地客户群发布午餐菜品。你在生活中可能也做一模一样的事情，比如计划和朋友晚上出去玩，就得从几个应用程序之间来回切换。虽然你可能觉得每个应用程序都各司其职，但设计师会看到，我们完全可以寻求一种综合性更强的解决方案，其价值要大于各部分的总和。想一想日常锻炼的问题，或许会涉及运动装备、应用程序和健身课程。健身公司 Peloton 发现了机遇，为人们提供集家用健身器材、流媒体和虚拟教练为一体的优质健身体验。这些元素不难发现，但通过巧妙的设计，就会带来更加方便、更加友好的体验。该理念极具市场价值，用户乐意花钱，投资者能得到回报。2018 年，Peloton 的市场估值已经达到 40 亿美元。

一些用户并不满足于日常事物，他们会进一步调整或扩展自己的世界，以更好地满足自己的需求。大多数设计师都受过相关培训，特别关注现有体验的改善与延伸，只不过用户本人已经注意不到这些所谓的小技巧了。在这种情况下，你会看到许多有趣的定制化改进，苏瑞将其称为我们的“小系统”。一个常见的例子是人们上班时贴在电脑屏幕上的便利贴，以及贴在录像机或机顶盒旁边的功能列表。我最近在肯尼迪机场延误了航班，看到一位同行的商务人士把他的拉杆箱变成了一个迷你电影院，用拉杆支撑 iPad，观影视角绝佳。人们常常会为他们的黑客行为感到抱歉，仿佛它们是软弱的象征，是自身能力不足的表现，而不是令其世界更具包容性、灵活性的创意方式。当你对用户的做法和建议表示出兴趣时，他们往往会很吃惊，但他们的确是非常宝贵的创意来源。他们甚至可以帮助设计师发现当前体验中的重大缺口，其填补方式就是研发全新的产品或服务（见第五章的苹果快捷指令和第十章的 IFTTT）。找到几百个像杰西卡这样的人，你就有机会推出一站式家常菜送餐服务，就像 Holachef 的创始人那样，模仿印度历史悠久的“达巴瓦拉”（dabbawalas）[8]，在孟买开创了餐饮速递。或者你能看到某种契机，为难民提供新的收入来源。他们可以做一些家乡菜，展示他们独特的烹饪传统，就像“厨房联盟”（League of Kitchens）的创始人在纽约和洛杉矶开创的服务一样。

5. 攀登隐喻的阶梯

正如乔治·莱考夫所说（见第五章），我们都通过隐喻来理解世界。隐喻是设计师强有力的工具，其灵感几乎可以来自任何地方。我在 Frog 工作时有一位同事，名叫科德尔·拉茨拉夫，多年来一直负责苹果操作系统的设计团队。据他说，史蒂夫·乔布斯曾经在一位用户体验设计师的电脑显示器上粘了 Life Saver（一种救生圈形状的水果糖商标名）作为一种隐喻，喻指图标色彩丰富、有光泽，后来就有了深受用户欢迎的苹果最新操作系统 OS X。今天，不同之处在于，隐喻早已超越了表面的个性，塑造了产品的行为方式，提出了未来如何一步步与之交互的建议，发挥了第五章里讲到的“梯子”的作用。设计师总是在寻找能够帮助组织和引导更广泛关系的隐喻。比如说，你可能会认为迪士尼魔法手环的隐喻来自珠宝，因为它戴起来像手镯。但那只是外形像手环而已。Frog 为迪士尼设计的指导思想来自《圣经》中“天国的钥匙”的隐喻，游客被赋予了特权（就像皇室贵胄一样），舒适自在地在公园里玩。这个隐喻包含了多项品质和行为，并体现在整个公园的设计当中，有可能将用户的体验提升到一个全新的“魔法”水平。

在某些情况下，某产品范畴中已出现了主导隐喻——比如目前广泛采用的信息流隐喻，最初由 RSS 建立，后来经推特得以推广，其目的是把用户通过社交网络所接收的流动信息组织起来。有了这样的隐喻助力，设计师的工作要容易得多。Snapchat 等公司的个人设计师通常会考虑改进脸书或推特的信息流设计方式，但他们不太可能完全放弃这种隐喻。可用性专家雅各布·尼尔森是唐纳德·诺曼在尼尔森-诺曼集团的合作伙伴，他专门描述了这种效应，这就是大家熟悉的雅各布定律：“用户把大部分时间花在其他网站上，这说明用户更希望你网站的运作方式能跟他们已经熟悉的其他网站一样。”[9]

我们跳出数字世界，就能看到这种效应。我们熟悉的汽车的许多设计形式仍然要归功于“无马马车”的比喻。它最早出现在 19 世纪与 20 世纪之交，并最终被各大主要汽车制造商采用。正如我们在第四章中曾介绍的，汽车在我们生活中的作用正在发生根本性的变化。[10] 自动驾驶汽车最有用的隐喻到底是什么？我曾与戴姆勒-克莱斯勒公司的一位高管共事，他认为汽车的未来在于工作间隐喻，而不是车厢隐喻，汽车应该是办公室和休息室的结合，其使用目标应该是提高效率，而不仅仅是快速的代步工具。作为设计师，我们经常收到邀请，去帮助客户转型产品或服务，熟悉的产品加以设计会变得新颖不同。在 Frog 时，我们曾为美国点唱机供应商的领头羊工作过。我们走进酒吧，口袋里的笔记本上记着所有爱听的音乐，眼前的点唱机是干吗的呢？这两台设备如何联机工作？有什么隐喻可以帮我们过渡到新的体验呢？

幸运的是，隐喻往往会在正常的用户研究过程中陆续出现，你只需密切注意人们的言行即可。我们在 Dalberg 的设计团队最近采访了印度尼西亚一项移动储蓄服务的潜在客户，团队发现：如果把储蓄转换成更熟悉的单位，比如几公斤大米或几升食用油，客户就会理解并看重储蓄的价值。对于我们的客户（一家移动运营商）即将推向市场的数字储蓄账户，情况尤其如此。与实物货币不同，数字货币是虚拟无形的，因此食用油或大米的隐喻增强了新用户对这项服务的信心。你可能会把这种转变仅看作巧妙的营销策略，但这项隐喻揭示了消费者行为背后更深层的真相。如果你很穷，那么你储存的财富必须一直能用才行。它要做的不能只有一件事。西方人心理模型中的“把东西锁起来”显然不适用于这群人，也不适用于发展中国家其他数十亿没有银行账户的人。这并不是说他们不理解“存钱”的目的，但在他们的日常生活中，金钱可以发挥更加灵活的作用，比如买牛、做嫁妆、借给朋友做小买卖等，这样一来，储蓄就没什么意思了。

6. 揭示内部逻辑

给本书命名时，我的父亲理查德·法布里坎特给了我启发，88 岁高龄的他耳聪目明，精神矍铄，就是对技术产品没什么耐心。每当他搞不定手机时，就会对我说：“我还以为 iPhone 属于用户友好型的玩意呢！”“用户友好”一词听起来从未显得如此尖刻。近来，每次我们见面，他都会把他的 Kindle 递给我，上面有很多《纽约时报书评》的剪报，这样我就可以购买和下载他感兴趣的东西，供他在闲暇时阅读。我曾无数次带他演练搜索标题的步骤，但他就是无法形成相关的心理模型。他很难理解在设备上搜索和数字商店搜索之间的转换。对他来说，要厘清我们的对话是具有相当挑战性的，因为语言沟通的方向迅速分化了。我们以为自己说的是同一件事，但事实并非如此。

心理模型隐藏在表面之下，用户通常既没有意识，也没有专业的语言来表达他们对产品或服务的运作方式更深层次的概念性理解。然而，我们每天都在依赖无意识的心理模型来使用产品。我们通过构建自己的内在逻辑来感知世界，尤其是在面对新体验的时候。因此，多数设计师都设计了一些方法，通过引导练习来测试用户心理模型的边界，从而揭示其内在逻辑。就像我在上文中描述的任何一种活动，设计师不应该假定某种产品或服务都有正确的心理模型。当人们出现理解困难的时候，通常责怪自己。而设计师的工作就是站在用户的立场上，尽可能地将一切问题归咎于产品本身或产品设计师。这并不容易，假如这件产品首先出自你手，情况尤其如此！[11]

事实上，我们都有迷惑不解的时候。日常健身怎么就成了应用程序？咖啡研磨机又如何变成了咖啡粉胶囊？在用户友好的世界里，我们重新定义产品时，会更多地考虑我们会对其采取何种新的且往往是数字化的交互方式，而不仅仅是产品的功能，无论我们谈论的是一本书、一台电视还是一辆汽车。产品的概念变得比以前更难理解。[12] 当产品可以和你交流，关注你，或者向你提出更好的使用建议时，这意味着什么？在这个新时代，我们在摸索向前的过程中不断建立心理模型，主要靠的就是反馈回路。设计师的工作就是将这些心理模型呈现出来，这样产品才能更好地对应用户的期望，更容易融入我们的生活。

让用户根据记忆勾勒出事物的运作方式，这是我在工作中一贯使用的方法。这种练习对于用户普遍接触的产品（如电视遥控器）尤其有效。大多数用户会记住一些基本的东西，比如音量和频道按钮，但是他们的心理模型却由此产生了偏差。一些更复杂的任务，比如管理录像机中可用的存储空间，可能会暴露出同一家庭中不同用户之间心理模型的有趣差异。我们应该保存多少集《海绵宝宝》？我们是不是应该按时间排序？那《权力的游戏》呢？关键是让用户根据记忆画出各种选项和选择，并贴上标签，这样你就可以更深入地了解他们的理解（请记住，用户友好的世界是没有文字说明的）。在观察用户的绘图时，我不仅会关注其中包含的内容，还会特别留意遗漏的部分。然后，我会要求用户讲述他们完成一个简单任务的步骤（设计师称之为“有声思维法”）。我让他们描述一系列动作，有些是他们已经习惯了的，有些是他们可能从未尝试过的，比如他们在电视上搜索凯文·贝肯主演的电视剧。（是的，机顶盒或许有这项功能！）

这样的练习可以揭示用户所构建的关于产品如何运作以及为什么这样运作的心理模型的局限性。你会逐渐理解为什么某些定制功能虽然有一定的实际用处，使用频率却很低，比如汽车的定速巡航、微波炉的“烤土豆”按钮，以及电视遥控器的画中画等。尽管这些功能已经标准化了，但并不适合所有人。但是，即使有些人感受到了这些功能的优势，他们也很难将这些功能与他们现有的心理模型联系起来，并最终忘记这些功能的存在。它们变得不可见了。你还会逐渐明白我们对事物如何运作的理解在发生重要转变的过程中会遇到巨大的阻力。比如从普通汽车过渡到电动汽车，可能会伴随着意想不到的情绪后果，例如“里程焦虑”（即害怕走到半路电池没电）就是其中的一种。许多设计师正为此努力，希望通过提高仪表盘可视化程度和其他形式的反馈来解决这个问题。

早在 1958 年，认知心理学家乔治·米勒就在短时记忆极限的研究基础上率先提出了认知负荷的概念。这也推动了米勒定律的普及：在短时记忆内，一般人平均只能记下 7 个（正负两个）项目。至于“7”这个数字是不是很神奇，还存在一定的争议。但大多数设计师都对这条定律背后的原理有一种直觉上的理解，他们会把相关的选项“合并成块”，以减少认知负荷，强化更加一致的心理模型。你可能希望将这种设计策略统一应用到生活中那些眼花缭乱的产品上，比如遥控器，上面的按钮无论是标注、形状，还是颜色，简直让人摸不着头脑。反正我是这么希望的。

7. 拓展

本书强调的一个原则是，随着时间的推移，用户友好型产品应该与用户建立更强的联系。某些产品的使用周期长达数年甚至数十年，比如汽车或在线家庭相册，要想在此过程中创造令人满意的体验，设计师该如何做好预测并提前计划？你可能觉得拓展当前的设计任务很有挑战性，因为这会引入更多的变量。即使是几小时的产品之旅，用户在同时应付多个需求和目标时也会分心。许多公司都忽略了这一基本事实，并假设用户一次只专注于一项任务或活动。这就解释了为什么用户友好型设计要将顾客的各个使用步骤联系起来，不管是短期还是长期的。操作中，任何未解决或不连贯的部分都可能破坏我们对品牌或服务提供商的信心。为什么我打电话给客服时，明明输入了账号，可客服还要再问一遍？这种观察不仅是设计过程的必要步骤，而且与认知心理学有很深的联系。20 世纪 20 年代，苏联精神病学家布鲁玛 · 乌尔福夫娜 · 蔡加尼克在研究中发现，未完成的任务比成功的任务更容易记忆，这一现象被称为蔡加尼克效应（Zeigarnik effect）。

用户体验应该贯穿整个使用过程，而不仅限于某一时刻或某种交互。[13] 想想从网上预订酒店房间，到成功入住，再到几天后退房，其间有多少事情。每一步都应该通过一系列反馈循环相互连接，就像菊花排列紧密的花瓣一样，让你一直在舒适、自信和放松的感受中不断前进。即使像万豪国际和迪士尼等成功的消费者驱动型公司，考虑到其主要业务往往采用筒仓式架构（各职能部门分化独立），如市场营销、产品管理、客户服务、零售和数字化管理等，那么让这些公司退后一步，站在顾客的角度去观察用户的每一步体验，着实有些难度。如果你详细地列出普通用户必须克服的各种麻烦，那一刻定会让你瞠目结舌。这些盲点可能会成为有效用户友好体验的巨大障碍，这就是本书大力倡导约翰 · 帕吉特理念（见第八章）的原因。人们容易以为，一个小小的勋章或者手环可以弥补许多不足。但是，考虑到某一机制的各个部分通常步调不一致，要想实现这一点就没那么简单了，正如帕吉特的故事所说明的那样。

作为设计师，我们试图解决的一个最重要的问题是，用户的使用之旅何时开始，又何时结束，这往往没有明确的界限。你的客户可能会认为，顾客走进商店或打开应用程序就是起点，而事实上，在顾客直接接触产品之前，或许因各种因素和机遇早就有了一些用户体验。这些在接触产品之前、期间、之后被忽视的地方，通常隐藏着最佳的设计契机，因为它们可以通过反馈得到加强，从而以意想不到且往往令人愉快的方式更好地连接各个步骤。有时，用户的使用之旅可能会延续多年，甚至一生。我在全球卫生领域做了大量的设计工作，并越来越多地关注新生儿或年轻母亲的长期跟踪保健。整个过程是什么样子的？

一个答案是，这与嘉年华邮轮的例子并没有太大的不同，只是时间周期更长，且要围绕着个人习惯和生活事件来设计。我最近为一家名为 Khushi Baby 的组织担任顾问，该组织开发了一种低成本的佩戴式护身符，可以存储婴儿的唯一标识符，并获取他们的早期医疗数据。该产品目前正在印度乌代普尔的 70 多个村子首先投入使用，并进行了随机对照试验。它没有任何技术创新，采用的都是一些基础性的技术，其关键吸引力在于能与母亲群体产生共鸣。起初，设计师走访了村里数百名母亲，他们观察到这里的孩子都用黑绳系着护身符戴在身上来抵御疾病。这种项链文化增强了产品长期存续的可能性，即作为一种仪式和习惯在家庭中代代相传。如何将这些文化元素拓展到母婴跟踪保健当中呢？基于仪式、成于习惯的设计是我们在 Dalberg 工作时关注的前沿课题，也是许多设计师解决广泛社会问题的长期目标。

8. 形式服从于情感

用户的满意度在很大程度上是由情感体验而非功能利益驱动的，设计师常常对这一点感到意外。但是，与用户建立正确的情感联系可以弥补上述从不良反馈到复杂心理模型的许多问题。（1995 年，日立公司设计中心的研究人员邀请了 250 多名参与者，对不同的自动取款机用户界面进行了测试，首次记录了情感美学和感知易用性之间的联系。[14]）作为设计师，我们的职责并非仅限于改良产品，便于用户使用，随着时间的推移，这个行业会带给你惊喜、愉悦，帮助你建立一种有意义的关系。像星巴克这样的公司，虽然顾客每天早上光顾的时间相对短暂，但公司却花了大量精力为顾客创造审美和情感体验。一杯完美的卡布奇诺，其情感回报是显而易见的。那么所得税报税该怎么进行？虽然我们不情愿，可还是每年都要交啊。

财捷（Intuit）首席执行官布拉德·史密斯为倡导情感设计屡次发声，不过如果知道他的公司以报税软件闻名，这可能会让人感到惊讶。通过用户友好的研究方法，他的财捷团队发现了驱动用户感知其产品的多个情感层面："消费者每年花费 60 亿小时使用软件来整理报税，要是我们能做点什么来减少这一时间，大家一定会受益良多。所得税交完以后，大多数纳税人都等待退税，对于其中 70% 的人来说，这笔钱是他们一年内收到的数额最大的一笔款项。在这种情况下，我们考虑的重点不再是单纯的软件功能，而是减少麻烦和加快退税的情感回报。"在他的指导下，财捷产品开发团队花了几万个小时与客户一起工作，了解他们使用财捷产品的实际情况。史密斯说："我们在实施过程中，会在客户喜欢的元素旁边加上笑脸，在他们碰钉子的地方加上哭脸，利用设计来简化反馈机制。我们已经向工程师、产品经理和设计师强调，仅看重产品的功能是不够的，我们必须在产品中融入情感。"[15]

有时候，我会让设计师把产品的使用过程想象成一场爱情、激情与情绪低落共存的旅行。我们甚至会请用户给不再使用的产品和服务写分手信。从这些信件中你就能看出，用户友好型设计关注的不仅是可用性。

Frog 的创始人和我的前上司哈特穆特·艾斯林格，是第一批真正倡导情感力量推动积极用户体验的设计师之一，[16]他的座右铭"形式服从情感"仍然是 Frog 设计团队的工作准则。[17]就连一直强调设计科学性的唐纳德·诺曼，也逐渐转向这种理念，并在 2003 年出版了著作《情感化设计》(*Emotional Design*)。但很少有公司能真正接受这种思维模式，这就是为什么大家在看到一家金融服务软件公司带头采取行动时会如此惊讶。同样令人惊讶的是，像苹果这样能激发用户深刻情感体验的公司，有时也会出现类似的失误。想想看，苹果花了多长时间才意识到表情符号的力量，并将其直接嵌入 iOS 系统。我永远不会忘记我女儿艾薇 13 岁时买的第一部 iPhone。我们把手机带回家，安装调试好，她马上就给她最好的朋友伊索拉发短信。然而，当她开始输入信息时，没有任何表情符号可用，因为我们没有安装特殊键盘。她垂头丧气地看着我说：“爸爸，你买错了！”就这样，她的关键时刻严重失败。

设计师的关键时刻

虽然用户友好在设计领域已经成为正统，且在美国企业界也已成惯例，但我们的建议并不能确保你一定能创造出好的产品。从许多方面来看，我们之前讲到的方法只是进入用户友好设计世界的敲门砖。许多最关键、最艰巨的工作都体现在细节上，需要经过反复的测试和原型制作，直到实现整体的完善。

关键时刻要比你想象的来得更早：把你的设计第一次摆在别人面前，无须指导，无须解释。正如大多数设计师所说的那样，你一定会期待看到首位用户的反应，在这个过程中，时间会慢下来。他们将如何使用这件产品？对于你精心制作的元素，他们会做何回应？我经常发现，在首位用户做出回应之前的几秒钟之内，我可以清楚地看到我们设计的方方面面，那时的观察是前所未有的。也许是工作中的同理心发挥了作用。通过用户的眼睛第一次看到自己的作品，这种价值是不可衡量的。尽管你尽了最大努力，但还是免不了会有许多小问题隐藏在产品里面。你常常幻想能让时间停止，把设计原型带回去稍做调整。可用不了多久，你又会有这种想法，然后继续完善你的设计，一遍又一遍。设计师与用户之间的反馈循环是用户友好世界的动力源泉。[18]

每次你把产品放到用户面前，你都会注意到不同的东西。回忆起我在 Frog 工作的日子，当时我们在为一家大型消费品公司设计一款微晶焕肤仪。从工程学角度来看，这并不难，所以我们有余力检验一下，控制元件采用不同的形状、设定不同的位置，会有什么不一样的效果。多轮用户研究下来，我们拿出了约 12 种不同的产品原型，尤其关注年轻女性用户的优先选择，以及最持久选择。起初，她们的偏好似乎没什么明显的逻辑。但我们的用户研究负责人，一位年轻的女士注意到，用户一边拿着我们制作的不同模型，一边会观察自己精心修剪、保养得体的双手。她们会被这些产品所吸引，是因为产品外形能让她们的手看起来更优雅。[19] 这样一来，如果我们的工业设计团队想改善或敲定产品的整体外观和表面质地，就可以从这方面入手进行简单的测试。[20] 年轻女性对该设计的积极反应给我们的设计师带来了信心，他们将产品战略转向不同的受众，最终产品上市以后十分畅销。[21]

*

具体的事例摆在眼前，这些理论听起来很清晰，有时甚至很明显。但当你身处其中的时候，你就不会有这种感觉了。产品设计历时漫长，过程艰苦，得出答案很不容易，设计团队经常受挫，士气低落。因此，如果这些内容最终开始落实到位，尤其是你已经在着手一些社会层面的问题（我目前设计实践的核心），那结果就非常令人满意了。

在某些情况下，你可能需要很多年才能看到真正的进展。2008 年，我和几位设计师以及南非当地的民间机构合作，计划创建一种自助服务体验，能为所有人，特别是害怕接受性健康诊断的年轻人，提供一种私密而谨慎的艾滋病毒检测方式。伊登代尔是南非夸祖鲁-纳塔尔省的一个小城市，是世界上艾滋病感染率最高的地方。四年后，我坐在这里一家大型公立医院的办公室里。一位年轻妇女坐在旁边的房间，紧张地打开了一个 HIV 自检试剂盒。该试剂盒是我们精心设计的，除了检测之外，盒子里还提供了通过手机向艾滋病专家进行咨询的联系方式。我们的设计意图是让这两种体验像居家验孕一样简单。我们已经连续两个晚上没睡了，对产品进行了几十次调整：包装盒怎么折叠、印在试剂内盖上的使用说明如何准确标记要取三滴血，而不是两滴血。

那位妇女打开了包装，慢慢地阅读上面的祖鲁语说明。她曾一度拿起手机，想给专家打电话咨询，不过还是决定放弃，自己独立完成检测。她的操作流程正确，结果为阴性。我们如释重负，随后的检查显示，她的自我诊断和后来从医院艾滋病专家那里得到的结果一样准确。在接下来的几个月里，我们又找了几百名测试者，结果都成功了，我们又对产品进行了无数次的改进，以确保检测步骤更简单，结果更准确。这次痛苦的设计过程非常缓慢，耗费了不少工夫，有 64% 的时间是失败的，经过多次重复修改，最终使其在临床研究中达到了 98% 的准确率。[22] 正如 52 Weeks of UX 的联合创始人约书亚 · 波特常说的那样：“你看到的行为就是你要为之设计的行为。”后来，我们第二次在同一个社区开展自测活动时，希望参与测试的年轻人在外面排起了长队。

我跟大家分享这位年轻女性的故事，免得大家误以为用户友好型设计做起来很简单，其实恰恰相反。世界上很多地方，比如斯坦福设计学院，会采用公式化的方法向商务和工程专业的学生教授复杂的设计过程。每每看到这样的场景，许多设计界人士难免会觉得无语至极。不过我们也不能把设计当作某种神秘的炼金术，一个对我们周围的世界、对像您这样的用户完全不透明的黑盒子。考虑到可能出现大量意外后果的风险，特别是我们目前正在处理的问题的广度，我们必须将用户友好型设计包含的信念和思想传递给世人，接受大家的检验和质疑。最后，是您——用户，让我们对本书阐述的原则负起责任。除此之外，我们还能如何处理这本书中出现的用户体验，并让它们更好地为我们和整个社会服务呢？

附　录

“用户友好”发展简史

日常生活中，似乎每天都有新技术涌现，让一切变得更加轻松、舒适、便利。不过，究竟是哪些因素让某种产品能独占鳌头，淘汰其他产品？历史可以证明。将这些新的体验纳入更深远的发展历程，该历程历时几百年，远远早于计算机和数字技术的兴起。用户友好型设计的核心原则可以追溯到古希腊时期。以下是一些具有重要意义的里程碑产品。

1716 年：路易十五扶手椅

路易十五彻底改变了人们对于权威的定义，他放弃了凡尔赛宫那种僵硬、笔直的王座，选择了舒适的休闲座椅，说明安逸才是力量和特权的终极体现。

1874 年：QWERTY 打字机键盘，克里斯托弗·莱瑟姆·肖尔斯

19 世纪 70 年代早期，克里斯托弗·莱瑟姆·肖尔斯设计了 QWERTY 键盘布局。后来，雷明顿公司为了放慢打字速度，避免机械故障，推广了这一设计。雷明顿并没有选择将其垄断，从而使之成为被广泛采用的标准键盘布局，占据了不可撼动的地位。

1894 年：“临时产品”，威廉·莫里斯

威廉·莫里斯创造了“makeshift”（临时产品）一词，用来描述工业革命初期充斥在欧洲市场上的那些劣质、难用的廉价产品。

1898 年：方向盘，查尔斯·劳斯

经历了早期的意见分歧，利用各种杠杆和舵柄进行了一系列试验，几家汽车制造商最终达成一致，用驾船的隐喻来演绎用户如何操控汽车。（劳斯莱斯公司的）查尔斯·劳斯是将这一设计推向大规模生产的第一人。

1900 年：柯达布朗尼相机，伊士曼柯达公司和沃尔特·多温·提格

伊士曼柯达公司的相机之所以人人皆知，主要得益于其简单易用的特点，公司广告语为“您只要按下快门，其他交给我们”。为了实现这一目标，乔治·伊士曼围绕电影开发将整个供应链进行了重建，将摄影从一种专业爱好（就像早期的个人电脑一样）转变为一项真正的消费技术。

1907 年：AEG 家用电器，彼得·贝伦斯

20 世纪初，随着一系列家用电器的出现，首次家庭科技应用的浪潮随之而来。这些电器（像热水壶）旨在为家庭主妇提供便利、节约时间。现代工业设计先驱彼得·贝伦斯意识到了设计的力量，他精心的构思、巧妙的设计使得公司电器成为易用性强、深受大众喜爱的标志性产品，也使得包豪斯学派后来对现代工业前景充满信心。

1909 年：塞尔福里奇百货公司，哈里·戈登·塞尔福里奇

塞尔福里奇是第一家把商品从柜台下转移到开放式货架上的百货商店，如此一来，顾客可以直接接触和感受商品，不再需要请店主帮忙。

1911 年：《科学管理原理》，弗雷德里克·温斯洛·泰勒

泰勒密切观察工厂工人的生产效率，为了减少无用功，提高生产力，他开始关注人体工程学和产品易用性。他倡导优化人类行为，适应机器性能，将人为失误降到最低。这是他提效方法的基础理念。

1915 年：福特装配线，亨利·福特

福特装配线是泰勒科学管理原理的最终应用。福特优化了他的装配线，使 Model T 价格低廉，外形统一，没有为个性定制或满足消费者特殊口味留下任何余地。这样一来，到 1924 年，一辆汽车的成本就从 825 美元降到了 260 美元。

20 世纪 20 年代：家政学，克里斯汀·弗雷德里克

家政学尝试为女性腾出更多的闲暇时间，让她们拥有自己的追求。提高家务效率的需求为洗衣机等各种家用电器的出现奠定了基础，成了贝伦斯、德雷夫斯、洛威等许多早期工业设计师的长期工作内容。

1921 年：现代人种学，弗朗茨·博厄斯

20 世纪 20 年代，人类学家弗朗茨·博厄斯致力于研究太平洋西北部的印第安人。其间，他形成了观察日常生活实践的具体方法，为查帕尼斯、德雷夫斯、苏瑞、诺曼、奇普切斯等人的现代人种学研究奠定了基础。

1925 年：“新精神”，勒·柯布西耶

勒·柯布西耶引入了一种现代主义的生活美学，摒弃了装饰性元素，注重简化的、大规模生产的产品，设计了“机器公寓”。他的开创性成就体现了包豪斯的设计理念，即美可以在美学和工程学的交集中找到。

1927 年：Model A，亨利·福特

亨利·福特多年来一直拒绝对 Model T 进行多样的设计改造，但迫于通用汽车等公司日益激烈的竞争，他最终决定推出 Model A。由此，福特汽车首次出现了多种款式和颜色。

1927 年：电影《大都会》中的机器人 Maschinenmensch，弗里茨·朗和沃尔特·舒尔茨-米滕多夫

对于科技的社会影响，弗里茨·朗存在一种反乌托邦式的设想，其标志性的角色就是一个女性机器人。她代表了一个更加先进的世界，在雕塑家沃尔特·舒尔茨-米滕多夫手中变得生动鲜活。

1930 年：艾奥瓦州苏城 RKO 剧院，亨利·德雷夫斯

RKO 在苏城新开了一家剧院，上座率不高，亨利·德雷夫斯花了三

天时间来观察剧院的顾客。他注意到当地的农民和劳工穿着脏兮兮的鞋子，走进地毯奢华的大厅，这让他们很不自在。于是，他马上把地毯换成了廉价的橡胶垫，解决了问题。这个想法预示着在现代认知当中，社会习俗对新产品，尤其是技术性产品，具有引领作用。

1930 年：斯金纳箱，B.F. 斯金纳

通过分离动物对受控输入的反应，斯金纳箱揭示了反馈回路引导行为的方式。虽然很多人不赞成斯金纳过分简化的心理学观点，但它催生了关于反馈和奖励在人脑中的作用的里程碑式的研究。

1933 年：西尔斯特普瑞特洗衣机，亨利 · 德雷夫斯

德雷夫斯设计的第一款大热产品特普瑞特洗衣机采用了流线型的艺术装饰设计，避免了洗衣机上难以清洁的接缝。这是对用户生活方式的初步认可。后来，生活方式成了设计界广泛响应的主题。还有另一个细节考虑了用户的心理，并预测了现代应用程序和产品界面设计的基本原理：德雷夫斯把控制按钮全都放在洗衣机顶部，以便用户能够轻松了解其所有功能，因此得名特普瑞特［Toperator，来自“top”（顶部）和“operator”（控制按钮）的合成词］。

1936—1945 年：B-17 轰炸机着陆襟翼操纵系统，阿尔方斯 · 查帕尼斯

基于对二战中飞行员失误原因的广泛研究，阿尔方斯 · 查帕尼斯将飞机的操纵按钮设计成不同的形状，飞行员可以通过形状来识别。查帕尼斯的形状编码系统至今仍应用于各种类型的商用飞机。

1947 年：宝丽来拍立得相机，埃德温 · 兰德和威廉 · 多温 · 提格

在柯达主导摄影的时代，宝丽来的出现颠覆了这一行业，使胶片冲洗的整个过程简单易行，满足了消费者即时得到照片的需求。Instagram 最早的标志就是宝丽来拍立得相机。

1950 年：《人有人的用处——控制论与社会》，诺伯特 · 维纳

控制论最初就机器如何接近人类的反应能力做了形式化研究，此举

最终影响了现代计算机科学。该领域的创始人维纳普及了控制论的社会含义，将反馈在控制系统（如计算机）和社会系统（如游乐园或社交网络）中的作用进行了类比。

20 世纪 50 年代：迪士尼乐园，华特·迪士尼

迪士尼乐园是华特·迪士尼第一次尝试将他的美好想象转化为现实生活，该乐园设计精致，采用了主题公园的形式。它预示着端到端体验设计的出现，该设计形式现如今已十分普遍。

1953 年：霍尼韦尔圆形恒温器，亨利·德雷夫斯

霍尼韦尔恒温器是德雷夫斯最成功、最具标志性的设计之一，其产品外观和交互形式完美结合，方便用户使用。后来，Nest 智能恒温器的研发也深受该产品的启发。

1954 年：费茨定律，保罗·费茨

费茨的同名定律指出了按钮大小和其易用性之间的关系，他为人机交互跨学科研究的确立做出了贡献。

1956 年：米勒定律，乔治·米勒

认知心理学家乔治·米勒对短时记忆极限进行了深入探索，是最早提出“认知负荷”概念的人之一。后来，设计师普遍采用米勒定律作为经验法则，以降低设计的复杂程度，减轻产品功能多样化的压力。

1959 年：公主电话（Princess Phone），亨利·德雷夫斯

德雷夫斯的公主电话符合人体工程学的设计原则，创作灵感来自年轻的女孩，她们蜷缩在床上费力地摆弄笨重的 AT&T 电话机的样子给他带来了灵感。公主电话有多种颜色可供选择，是根据社会环境为用户量身定制通信设备的开创性范例。

1960 年：《人体度量》，亨利·德雷夫斯和阿尔文·蒂利

《人体度量》通过所谓的“乔”和“约瑟芬”，首次系统呈现了普通男女的身体比例，为产品设计提供了数据参考。后来，NASA 出版了《人体测量源》（*Anthropometric Source Book*）一书，成为产品设计师的参考标准。

20 世纪 60 年代：聊天机器人 Eliza，约瑟夫·维森鲍姆

由麻省理工学院开发的 Eliza 是世界上第一个聊天机器人。这是一种模仿心理治疗师表现的语言程序，根据用户的输入内容对其提问。令维森鲍姆惊讶的是，用户有时会与 Eliza 聊上几个小时。这表明人们很乐意向机器互动投入情感因素。

1968 年："演示之祖"——超文本、光标、鼠标、互联网，道格·恩格尔巴特

这一现场演示介绍了许多核心设计概念，为后来个人计算机的诞生奠定了基础。演示中的各项成果由恩格尔巴特在斯坦福研究所研发成功，该研究所后来以大约 4 万美元的价格将鼠标专利授权给了苹果公司。

20 世纪 70 年代："最佳设计十原则"，迪特·拉姆斯

在担任博朗首席设计官的 34 年职业生涯中，拉姆斯创造了大量标志性的家电和消费电子产品，他坚信简单（而非装饰）是用户友好设计的核心价值。20 世纪 70 年代，拉姆斯制定了十原则，总结了他的设计哲学，如今被许多设计师奉为神谕。在乔纳森·伊夫的设计指导下，苹果公司的几款产品与拉姆斯的标志性设计遥相呼应，比如第一款 iPod 和博朗 T3 收音机、最早的 iPhone 计算器应用程序和博朗 ET44 计算器、G5 Mac Pro 和博朗 T1000 收音机。

1972 年："用户友好"，哈伦·克劳德

一份晦涩的编程白皮书，书中首次将"用户友好"一词作为术语应用到软件设计当中。12 年后，苹果公司推出麦金塔电脑，并以"为我们所有人而生"为产品的行销标语。至此，用户友好设计更宽泛的概念才真正开花结果。

1979 年：三里岛事件

认知心理学家唐纳德·诺曼对美国历史上最严重的核反应堆熔毁事

故原因进行了开创性的研究，揭示了大量的设计缺陷，表明了工程模型与我们的思维方式之间存在严重的不匹配现象，尤其是面对压力的时候。在其开创性著作《设计心理学》中，这些概念得到了进一步的阐释与拓展。

20 世纪 80 年代早期：割草机的易用性，简·富尔顿·苏瑞

受英国政府聘请，富尔顿·苏瑞调查了割草机、链锯和其他产品的使用事故。她的研究侧重于了解人们体验产品设计时所处的日常环境，后来成为 IDEO 公司乃至整个设计行业的支柱性理念。

1982 年：Grid Compass 笔记本电脑，比尔·莫格里奇

它不仅是世界上第一台笔记本电脑，而且是第一台可随时根据坐姿调整屏幕的翻盖电脑，Grid Compass 的出现预示着一个便携易用、用户友好的高科技世界。后来，莫格里奇帮助创建了 IDEO 公司，并提出了术语“交互设计”，用以指代用户使用技术的各种方式。

1984 年：旋风真空吸尘器（原型），詹姆斯·戴森

在第一台旋风真空吸尘器的研发过程中，戴森造了 5 000 多个原型机。他的灵感来自过滤灰尘的工业方法，设计出的原型机不会有堵塞的困扰，也不需要除尘袋。戴森设计的首款产品 DA001 最终于 1993 年发布，该产品的重大改进之处在于一个透明的塑料尘筒，用户可以看到他们清除的灰尘量，这就创建了反馈回路，激发人们继续吸尘的愿望。

1984 年：麦金塔电脑，史蒂夫·乔布斯

苹果的首件杰作，在很多层面上都有重大突破，新技术以前所未有的方式满足了用户的需求。麦金塔电脑通过隐喻（桌面和窗口）引入了无数新概念；通过人脸形状的方形图标与用户拉近距离；人们可以直接操作鼠标和光标，与数字对象的交互变得真实直观。苹果公司为麦金塔电脑精心设计了营销策略，将其定位于“所有人”，即用户的首要选择。早先的一则广告中有人问道：“既然电脑这么聪明，教电脑认识人就好了，也不用人去学习电脑，这多有意义啊？”苹果在设计上的投资推动了该行业在硅谷的崛起，Frog、IDEO等公司都为最初麦金塔电脑的成功做出了贡献。

1985年：老年服，帕特里夏·摩尔

作为一名年轻的设计师，摩尔质疑为普通用户设计的前提，德雷夫斯的《人体度量》就是一个例证。为此，摩尔模拟老年人的样子和感受，设计了一套束缚行动的衣服穿在身上，她希望成为弱势群体的忠实代表，为他们去做设计。其间，她开创了包容性设计的理念，倡导优先考虑弱势群体，为他们设计更好的产品。

1988年：《设计心理学》，唐纳德·诺曼

诺曼开创了将设计与认知原则相结合的工作方式，数十年来一直被产品和用户体验设计师所奉行。后来，他发觉了用户友好设计中情感和愉悦的重要性，于2003年出版了后续著作《情感化设计》。

1990年：OXO削皮器，山姆·法伯和丹·福尔摩萨

OXO是一个流行的国际厨具品牌，其最早产品是一款削皮器。该削皮器的手柄设计，类似于自行车的把手，厚实且好用。OXO削皮器也成为包容性设计（帕特里夏·摩尔开创的设计理念）的产品原型。OXO的创始人山姆·法伯曾经看到患有关节炎的妻子贝茜削起苹果皮来实在费力，受到启发，发明了这款配有厚实橡胶把手的削皮器。

20世纪90年代：用户画像，艾伦·库珀

库珀开创了一种主要用户研究过程，将用户未被满足的需求以合成画像的形式表现出来。这样做的目的是帮助设计师理解用户而不是他们自己的需求，避免了自然而然地将用户理想化，德雷夫斯的《人体度量》就存在这样的问题。用户画像在今天的设计中很是普遍。

1992年：艾伦办公椅，唐·查德威克和比尔·斯坦普夫

艾伦办公椅的标志性网眼材料最初是为了防止久坐的老年人长褥疮而开发的，但事实证明，这种材料同样有利于提高上班族的座椅舒适

度，因此成了历史上最赚钱的办公产品之一。

1996 年：论文《即将到来的平静技术时代》，马克·威瑟和约翰·西利·布朗

两位作者的开创性论文提出了一种崭新的计算机处理愿景，它可以实现技术与外围设备的无缝融合。斯派克·琼斯在电影《她》中为人们带来了别样的生活想象，而亚马逊则通过 Alexa 将这种新愿景引入千家万户。在如今这个智能手机麻烦不断的时代，实现这一愿景也变得越来越紧迫。

1997 年：一键下单，亚马逊

亚马逊为其一键下单功能申请了专利，该功能去掉了几乎所有的支付步骤，满足了用户即时网购的快感，从而将用户友好设计变成了自身的决定性优势。2009 年脸书发明“点赞”按钮之前，一键下单绝对算得上有史以来最有价值的按钮，没有之一。

1997 年：谷歌搜索引擎，拉里·佩奇和谢尔盖·布林

佩奇和布林发明了一种全新的算法，除了根据网页内容，还按照链接到网页内容的实际用户对网页进行排序，从而彻底改变了互联网的面貌。谷歌标志性的“one box”搜索引擎就是要将最简单的操作转化为最艰巨的任务：在无限的知识宇宙中寻找任何给定的信息。

1999 年：表情符号（EMOJI）

日本电信公司 NTT Docomo 最早将表情符号作为 i-mode（当时最先进的移动互联网平台）的一项功能引入日本，通过在对话中添加新的、富有感染力的内容来增加信息的使用和频率。如今，许多语言学家认为，表情符号正在重新定义我们的交流方式。

1999 年：后退两秒，保罗·纽比

TiVo 开创了电视和数字视频的新时代，除了跳过广告之外，它最早且最受欢迎的一个功能是“后退两秒”。它的发明源于对用户看电视时的行为观察，以及对他人所说内容的好奇与关注。

2001 年：苹果 iPod，乔纳森·伊夫，托尼·法德尔和菲尔·席勒

就像 20 世纪 70 年代末的索尼随身听一样，iPod 引领了一波小型产品流行浪潮，其动力源于用户体验创新而非新的功能。iPod 的点击式转盘体现了苹果长期以来对硬件和软件无缝集成的信念。虽然它的设计最初是受到了 Bang & Olufsen 电话的启发，但也与德雷夫斯的霍尼韦尔圆形恒温器和迪特·拉姆斯的杰作布朗 T3 个人收音机有相似之处。

2003 年：iTunes 商店，苹果公司

iTunes 商店不仅轻松替代了盗版音乐，稳定了音乐行业，还展示了用户友好设计是如何重塑整个商业生态系统的。iPod（以及后来的 iPhone）用户可以轻松地浏览、购买、下载和管理音乐，形成了一个自我强化的使用和接纳循环。

2004 年：Fusion 仪表盘，IDEO 和 Smart Design

为了塑造驾驶行为，福特在其主流混合动力汽车 Fusion 的仪表盘用户界面中引入了一个特别有效的隐喻。驾驶员轻踩油门和刹车时，仪表盘上会出现绿叶生长的图案，为环保驾驶实践提供了积极的情感强化，这是对将用户友好设计和可持续发展相融合的早期尝试。

2007 年：iPhone 多点触控屏幕，苹果公司

iPhone 发布之前，苹果公司的市值为 740 亿美元；到 2018 年，它的价值超过 1 万亿美元。史蒂夫·乔布斯一直渴望用户与电脑的界面交互方式能越来越自然。后来，苹果推出了 iPhone，汇集了至少六种不同设备的功能，至此，公司终于找到了一种既能让电脑个性化，又能永久存续的界面交互方式。但是，苹果也因此带来了频繁访问手机和干扰的问题，其后果仍在逐步显现。

2008 年：应用商店，苹果公司

iPhone 或许是苹果公司的第一步，也是最重要的一步，但其应用商店真正开启了移动革命。移动应用能为人们带来便利、轻松、乐趣和沟

通，不过也有可能造成过度使用；它重塑了你对几乎所有行业的期望，同时也使用户体验设计师的需求和相关工作大大增加。

2009 年：说服式设计的行为模型，B.J. 福格

福格是斯坦福大学行为设计实验室的创始人，提出了影响用户行为的简单模型——激励用户，在正确的时间提示他们，使其按照提示轻松地完成行为。这一模型为后代程序设计人员和开发人员，包括 Instagram 的创始人提供了启发。时至今日，很多科技公司有时还会运用福格的模型，让自己的产品成为数十亿用户的习惯。我们是否能戒掉它们，又是否愿意去这么做，这个问题至今悬而未决。

2009 年：点赞按钮，贾斯汀·罗森斯泰因、利亚·珀尔曼、亚伦·西蒂希、马克·扎克伯格等

作为历史上最成功的按钮，点赞功能让用户哪怕只有一点点喜欢或厌恶，也能轻松地做出反应。点赞数量成倍增长，数十亿人获取的信息就会发生变化。点赞按钮引入了一个新的社会交流层面，这是前所未有的，它再次证明反馈拥有塑造心理的力量。

2011 年：Nest Learning 恒温器，托尼·法德尔、本·费尔森和费雷德·伯德

像 iPhone 这样的高端设备，我们在研发过程中会采用用户友好的设计方法，而 Nest Learning 恒温器则是将此类方法运用到所谓普通家电上的里程碑式的产品。与福特 Fusion 的仪表盘一样，Nest 恒温器也加入了一些微妙的行为暗示元素，以提高产品的易用性和环保性。它的界面与德雷夫斯的霍尼韦尔圆形恒温器相辅相成。

2012 年：设计原则，英国政府

为了确保公共服务既能满足用户需求，又能便于大众享用，英国率先采用了以用户为中心的设计原则。了解用户需求，设计方案原型，根据反馈进行产品迭代，这个过程很快就被其他国家政府采用，包括芬兰、法国和西班牙。

2013年：电影《她》，斯派克·琼斯

这既是一个爱情故事，也带给了人们警示，告诫我们用户友好型技术可能会嵌入我们的情感生活。电影《她》描绘了这样的未来：电脑已融入了我们周围的世界，无形且无所不在。

2013年：迪士尼魔法手环、“MyMagic+智能系统”，约翰·帕吉特，Frog Design

迪士尼的魔法手环系统预示了一个不一样的未来，物质世界会先于我们的意识，对我们的需求做出反应。这个系统的设计初衷就是发挥魔法的作用，消除了日常生活中常规性的麻烦，比如带钥匙、收银缴费、排队等候等，还满足了从小习惯智能手机的新一代人的期望。

2013年：谷歌眼镜，谷歌

谷歌急于将增强现实技术推向市场，却没有考虑到把电脑裹在脸上的尴尬。尽管谷歌眼镜尚不稳定、速度缓慢、功能有限，但数字世界覆盖现实世界的进程仍在飞速前行，比如Instagram的Face Filters和Google Lens，它可以让你的手机镜头对准现实世界进行信息搜索。

2014年：Alexa，亚马逊

亚马逊的智能语音助手于2014年低调推出，却出人意料地成了消费者的宠儿，数百万台设备迅速售出，同时引发了一场科技巨头开发新对话界面的竞赛。其间现出了一个问题，该问题由来已久，至少可以追溯到第一个聊天机器人Eliza的诞生：技术究竟应该被拟人化到何种程度？

2014年：Model S自动驾驶，特斯拉

特斯拉通过快速简单的软件升级，将其所谓的自动驾驶功能引入了大众市场。在用户友好的时代，人们认为新产品和应用程序不需要太多指令，而自动驾驶传递的信息不够明确，它能做什么，又不能做什么让人很模糊，有时会产生致命的后果。

2016年：Instagram Stories

2016年，Instagram注意到用户发帖越来越谨慎，于是复制了Snapchat的“阅后即焚”功能，继而大获成功。就在几年前，iPod的点击式转盘已经证明，用户体验的创新会广受用户青睐，Snapchat的做法再次印证了这一点。但在数字产品的时代，这些创新几乎不可能长期不受模仿。

2016年：《通用数据保护条例》，欧盟

欧盟的决策者制定该条例，旨在让用户掌握其个人数据，开辟了用户友好设计的新领域。不过，还有一个更大的设计问题尚未提出，这个问题似乎也越来越重要：允许用户了解他们所有的数据都去了哪里，以及他们因此得到了什么实际的好处。

注释

第一章

1. 麦克·格雷，艾拉·罗森,《警报：三里岛事故》，纽约：诺顿出版社，1982，第 73 页。

2. 同上，第 84 页；丹尼尔·F. 福特,《三里岛：熔毁前 30 分钟》，纽约：维京出版社，1982，第 17 页。

3. 格雷和罗森,《警报：三里岛事故》，第 85 页。

4. 同上，第 74 页。

5. 同上，第 77 页。

6. 同上，第 43 页。

7. 同上，第 87 页。

8. 同上，第 90 页。

9. 同上，第 91 页。

10. 同上，第 111–112 页。

11. 同上，第 187–188 页。

12. 同上，第 188–189 页。

13. 埃利安·佩尔蒂换，詹姆斯·格兰茨，米卡·格伦达尔，维意·卡伊，亚当·诺斯特，利兹·奥尔德曼,“难以想象，巴黎圣母院几近垮塌，得益于此才幸免于难。”《纽约时报》，2019.07.18，www.nytimes.com/interactive/2019/07/16/world/europe/notre-dame.html。

14. 希娜 · 里昂，《“用户体验” 一词从何而来？》，Adobe Blog，https://theblog.adobe.com/where-did-the-term-user-experience-come-from。

15. 更多历史资料，详见唐纳德 · A. 诺曼，《软件设计的艺术》，波士顿：Addison-Wesley 出版社，1996，https://hci.stanford.edu/publications/bds/12-norman.html。

16. 唐纳德 · 诺曼访谈，2014.12.11–12。

17. 福特，《三里岛：熔毁前 30 分钟》，第 101 页。

18. 格雷和罗森，《警报：三里岛事故》，第 104 页。

19. 福特，《三里岛：熔毁前 30 分钟》，第 133 页。

20. 乔恩 · 格特纳，《原子软膏？》，载于《纽约时报杂志》，2006.07.16，www.nytimes.com/2006/07/16/magazine/16nuclear.html。

21. 卡姆 · 阿伯内西，《核管理委员会批准建设沃戈托核电站——34 年来核项目的首次批准》，Nuclear Street，2012.02.09，http://nuclearstreet.com/nuclear_power_industry_news/b/nuclear_power_news/archive/2012/02/09/nrc-approves-vogtle-reactor-construction-_2d00_-first-new-nuclear-plant-approval-in-34-years-_2800_with-new-plant-photos_2900_-020902。

22. 马克 · 李维，《三里岛负责人即将关闭这座不幸的核电站》，美联社新闻，2017.05.30，www.apnews.com/266b9aff54a14ab4a6bea903ac7ae603。

23. 格雷和罗森，《警报：三里岛事故》，第 260 页。

24. 米切尔 · M. 沃德罗普，《梦想机器》，纽约：维京出版社，2001，第 54–57 页。

25. 或者说，正如行为经济学家丹尼尔 · 卡尼曼所写的那样：“假如人因为没有采取行动而后悔，但悔恨程度尚在可忍受范围之内，那唯一且最重要的因素就在于，对于这次行动的结果，人没有明确的认知。我们永远无法绝对确定，假如我们换个职业或者配偶，幸福指数是否更高……因此，我们通常不会因为决策的好坏而感到痛苦。”参见迈克尔·刘易斯，《思维的发现》，纽约：诺顿出版社，2016，第264页。

26. 蒂姆·哈福德，《卖家评价》，载于《塑造现代经济的50项伟大发明》，英国广播公司国际频道，2017.08.06，www.bbc.co.uk/programmes/p059zb6n。

27. 沃德罗普，《梦想机器》，第57–58页。

28. 罗比·斯坦访谈，2016.11.11。

29. 格雷和罗森，《警报：三里岛事故》，第19–21页。

30. 要说明的一点是，1号反应堆和2号反应堆在设计上毕竟不完全一样，2号反应堆建设仓促，问题也就更多。

31. 三里岛还有另外一件更加微妙的事情。有一套操作规程指导工人们在发现问题时如何操作。2号反应堆出事的时候，工人们都受过培训，事故预警时，他们有一套固定的操作规程。而今天，他们不再依从程序，而是从分析现象开始，有条不紊地检查监视器显示的一系列问题。他们不再试图将各种相互矛盾的信息分解开来，而是系统性排查可能出现的故障。操作规程旨在帮助工作人员搞清楚当时的状况，但不一定绝对正确。换句话说，事故是如何发生的，他们拥有新的心理模型。之前的处理方法让韦莱兹、豪瑟以及2号反应堆的所有人员都陷入了混乱，因为可能性太多了，操作规程上从来没见过。而新的处理方法就好比流程图上的走线，工作人员每一步都需要考虑几种可能性，这样一来，查找问题就容易多了。心理模型的优势就在于帮助我们预测事情的发展状态，做出正确的判断。

32. 有些产品会让人觉得恼火，主要就是因为我们对其没有心理模型，或者心理模型出现了混乱。比如苹果推出的最糟糕的功能之一——iCloud，它本应是备份电脑全部文件的简单方式。可这是什么玩意？谁知道呢？有时候，它是下拉菜单中的一个选项：“备份到iCloud”；有时候，它是一个网址；有时候，它是一个需要你登录的表格；还有的时候，它就是一个让你不明所以的提示。有的功能没记得开通过，却一再骚扰你。实际上，你根本想象不出它们是干吗用的。毫不夸张地说，它就是各种选项的混合。Dropbox 也是用来备份文件的，与之相比，iCloud 的缺点就显现出来了。Dropbox 只是电脑里的一个文件夹。其心理模型很简单：文件夹的功能就是储存。把东西放进去，就存在里面。Dropbox 是成功的，其用户爆炸性增长，员工成千上万，公司价值近 100 亿美元，这完全要得益于它提供了一种前所未有的心理模型。

33. 有时，心理模型形成映射的同时自身也会瓦解。比如电视：之前，我们都是上下翻找选择频道，就跟收音机一样，因为电视是通过电波接收信号的，每个频道都是无线电频率的一个波段。而今天，在网飞、HBO Go 和 Amazon Prime 占据主导的世界里，电视的易用性就显得很差了，因为现在的电视已经没有换台这种操作了。

34. 这种趋势又叫“IT 消费化”，不过这种说法比较晦涩，无法让我们感受它将为我们带来的巨大变革。

第二章

1. 姆拉登 · 巴巴里克访谈，2015.08.11。

2. 博 · 吉莱斯皮访谈，2015.10.31。

3. 姆拉登 · 巴巴里克访谈，2015.08.11。

4. 约翰斯通的工作重点在于性侵犯的预防，而不是抵抗。想象一下，在酒吧里，一个女人喝多了酒，忽然发现一个整晚跟她们玩在一起的男人盯上了她。这个人有可能跟谁一起上过课，或者是朋友的朋友。之后，其他人都走了，这个男人还在向她献殷勤。约翰斯通开始思考：旁人该怎么过去问一句，看看那个女人是否还好呢？（杜史迪 · 约翰斯通访谈，2016.02.18。）

5. 姆拉登 · 巴巴里克访谈，2015.09.15。

6. 比尔 · 戴维森，《买下他们的梦想》，载于《科利尔》，1947.08.02，第

23 页。

7. 亨利 · 德雷夫斯,《工业设计师和生意人》, 载于《哈佛商业评论》, 1950.11.06, 第 81 页。

8. 拉塞尔 · 弗林查姆, 亨利 · 德雷夫斯,《工业设计师》, 纽约: 里佐利出版社, 1997, 第 22 页。

9. 贝弗利 · 史密斯,《势不可当》, 载于《美国杂志》, 1932.04, 第 150 页。

10. 吉尔伯特 · 赛尔德斯,《工厂里的艺术家》, 载于《纽约客》, 1931.08.29, 第 22 页。

11. 史密斯,《势不可当》, 第 151 页。

12. 我曾到新泽西州的库珀 · 休伊特设计博物馆查阅德雷夫斯的文章, 有些或许是他本人的手稿, 从中我能感觉到他的这种态度。当时有一份德雷夫斯设计成果的纸质清单, 有人在他所有的剧院项目上画了大大的“×”。

13. 弗林查姆, 亨利 · 德雷夫斯,《工业设计师》, 第 48 页。

14. 面对这种状态, 工业设计领域的鼻祖威廉 · 莫里斯提出了“临时产品”的说法。威廉 · 莫里斯,“临时产品”讲座, 安科斯娱乐委员会主办会议, 曼彻斯特安科斯新伊斯灵顿大厅, 1894.11.18, www.marxists.org/archive/morris/works/1894/make.htm。

15. 阿尔瓦 · 约翰斯顿,《挑剔无比的德雷夫斯》, 载于《周六晚报》, 1947.11.22, 第 132 页。

16. 同上, 第 20 页。

17. 同上。

18. 亚瑟 · J. 普洛斯,《美国设计理念》, 剑桥: 麻省理工学院出版社, 1986, 第 261 页。

19. 同上, 第 304 页。

20. 同上。

21. 同上, 第 305 页。

22. 杰夫里 · L. 米克尔,《美国设计》,纽约:牛津大学出版社,2005,第91页。

23. 同上。

24. 普洛斯,《美国设计理念》,第331–221页。

25. 戴维 · A. 霍恩谢尔,《从美国体系到大批量生产,1800—1932》,巴尔的摩:约翰 · 霍普金斯大学出版社,1985年,第280–292页。

26. 普洛斯,《美国设计理念》,第330页。

27. 约翰斯顿,《挑剔无比的德雷夫斯》,第21页。

28. 同上。

29. 同上。

30. 史密斯,《势不可当》,第151页。

31. 约翰斯顿,《挑剔无比的德雷夫斯》,第135页。

32. 赛尔德斯,《工厂里的艺术家》,1931.08.29,第24页。

33. 她的父亲是一名富商,退休后致力于社会事业;母亲倡导妇女参政和避孕,曾经为美国实行夏令时、更加合理地利用工作时间做出努力。

34. 史密斯,《势不可当》,第151页;约翰斯顿,《挑剔无比的德雷夫斯》,第135页。

35. 米克尔,《美国设计》,第108页。

36. 同上,第107页。

37. 约翰斯顿,《挑剔无比的德雷夫斯》,第135页。

38. 米克尔,《美国设计》,第114页。

39. 以使用者为中心的厨房最早出现在17世纪的荷兰,这并不是巧合,因为当时荷兰的女性在家里占主导地位,其房屋建筑就反映了这一点。在英国和法国上流社会的房子里,厨房要么同主要房间分开,要么藏在地下室里。而荷兰则截然相反,厨房是家里的核心区域。荷兰女性将厨房视为家庭生活的一部分。这样的设计,一方面是为了使用方便,另一方面也是为了展示挂在墙上的铜制炊具和摆在橱柜里的昂贵器皿。更多内容请见维托尔德·罗伯津斯基,《家居设计简史》,纽约:维京出版社,1986。

40. 亨利·德雷夫斯,《工业设计师和生意人》,第 79 页。

第三章

1. 史蒂文斯,《机器不能单打独斗》,载于《美国科学家》,第 34 期,No.3,1946.07,第 389–390 页。

2. 弗朗西斯·贝罗,《让机器适应人类》,载于《财富》,1954.11,第 152 页。

3. 史蒂文斯,《机器不能单打独斗》,第 390 页。

4. 同上。

5. 同上。

6. 唐娜·哈拉维,《类人猿、赛博格和女人——自然的重塑》,纽约:劳特利奇出版社,1990,第 47–50 页。

7. 今天,费茨在人机交互领域广为人知,他提出的费茨定律,是计算机界面中按钮设计的支撑性理念。该定律为一个直观现象提供了数学公式,即按钮越大、距离越近,就越容易点击。因此,越重要的按钮就应该设计得越大,这种模式在现代软件中随处可见。略有不同的是,任务栏大多位于桌面程序的顶部。任务栏其实找起来很快,也很容易,因为只要光标移到这里就会马上停下。其实,它们是无限大的,就算光标移动幅度过大超过了一点儿或者很多,也没关系。因为光标没法移到屏幕以外的地方,其停止位置始终在屏幕以内。

8. 阿尔方斯·查帕尼斯,《仪表盘上的心理学》,载于《科学美国人》,1953.04.01,第 75 页。

9. 贝罗,《让机器适应人类》,第 154 页。

10. 查帕尼斯,《仪表盘上的心理学》,第 76 页。

11. 史蒂文斯,《机器不能单打独斗》,第 399 页。

12. 同上，第 394 页。

13. 同上，第 76 页。

14. 同上，第 399 页。

15. 查帕尼斯，《仪表盘上的心理学》，第 76 页。

16. 贝罗，《让机器适应人类》，第 135 页。

17. 比尔·戴维森，《买下他们的梦想》，载于《科利尔》，1947.08.02，第 68 页。

18. 拉塞尔·弗林查姆，亨利·德雷夫斯，《工业设计师》，纽约：里佐利出版社，1997，第 89–90 页。

19. 拉塞尔·弗林查姆，《亨利·德雷夫斯的另一面》，艺术硕士设计评论系列讲座，纽约：视觉艺术学院，2011.10.25，https://vimeo.com/35777735。

20. 亨利·德雷夫斯，《工业设计师和生意人》，载于《哈佛商业评论》，1950.11.06，第 80 页。

21. 同上，第 135 页。

22. 亨利·德雷夫斯，《为人的设计（第四版）》，纽约：沃尔沃斯出版社，2012。

23. 乔和约瑟芬的形象最终演变成了大约 200 幅图像，展示了各种类型的人体，内容十分详细。

24. 亨利·德雷夫斯，《工业设计师和生意人》，第 78 页。

25. 豪尔赫·路易斯·博尔赫斯，《关于科学的准确性》，载于《虚构集》，纽约：维京出版社，1998。

26. 这种避免人手妨碍屏幕操作的想法，实际上是促进优步迅速发展的设计细节之一。最初使用这款应用程序时，你需要用指尖长按某个点来标记你的位置。但是这样的话，你的手指就会遮挡这个位置。于是，优步很快做了修改，屏幕中间会有使用者的位置标记，你只需要用手指移动地图就可以了。

27. 亨利·德雷夫斯,《工业设计师和生意人》,第 79 页。
28. 弗林查姆,德雷夫斯,《工业设计师》,第 168 页。
29. 拉尔夫·卡普兰访谈,2016.04.29。
30. 在过去十年里,罗伯特·法布里坎特不断强调这一观点。参见法布里坎特,《行为是我们的媒介》,在交互设计协会会议上的演讲,温哥华,2009,https://vimeo.com/3730382。

第四章

1. 亚历克斯·戴维斯,《奥迪强大的自动驾驶系统令美国人望洋兴叹》,《连线》,2018.05.15,www.wired.com/story/audi-self-driving-traffic-jam-pilot-a8-2019-availability。
2. 维克多·克鲁兹·希德,《沃尔沃自动刹车系统故障》,YouTube,2015.05.19,www.youtube.com/watch?v=47utWAoupo。
3. 车主 RockTreeStar,《特斯拉自动驾驶,险些让我丧命!》,YouTube,2015.10.15,www.youtube.com/watch?v=MrwxEX8qOxA。
4. 安德鲁·J. 霍金斯,《地图显示,目前真正上路的自动驾驶汽车太少了》,The Verge(美国科技媒体网站),2017.10.23,www.theverge.com/2017/10/23/16510696/self-driving-cars-map-testing-bloomberg-aspen。
5. 这其中包含了一种讽刺:奥迪属于大众旗下品牌,而大众也同时涉及排放性能不良的问题。这个故事中的工程师和设计师没有参与其中。
6. 布莱恩·莱斯罗普访谈,2016.01.08。
7. 阿萨夫·德加尼,《驯服哈尔》,纽约:麦克米伦出版社,2004。
8. 伊夫·贝哈尔访谈,2017.06.22。
9. 克利福德·纳斯,《你会对你的电脑撒谎吗?》纽约:现代出版社,2010,第 12 页。
10. 同上,第 6–7 页。
11. 威廉·亚德利,《为数据泛滥敲响警钟者——克利福德·纳斯去世,享年 55 岁》,《纽约时报》, 2013.11.06, www.nytimes.com/2013/11/07/business/clifford-nass-researcher-on-multitasking-dies-at-55.html。

12. 巴伦·李维斯, 克利夫·纳斯,《媒体等同: 人们该如何像对待真人实景一样对待电脑、电视和新媒体》, 纽约: CSLI 出版社, 1996, 第 12 页。

13. H.P. 格莱斯,《逻辑与对话》,《语法与语义》, 第 3 卷,《语言与语用》, 剑桥大学出版社, 1975, 第 183–198 页。

14. 纳斯,《你会对你的电脑撒谎吗?》, 第 8 页。

15. 埃里克·格拉泽访谈, 2016.10.20。

16. 弗兰克·O. 弗莱米等,《H 隐喻——汽车自动化和人机交互的指导性原则》, 美国国家航空航天局, 2003.12; 肯尼斯·H. 古德里奇等,《H 模式——一个高自动化汽车的设计和交互理念在飞机上的应用》, 美国国家航空航天局, 2006.10.15。

17. 威廉·布莱恩·莱斯罗普等,《基于注视的手势输入控制系统、组件及方法》, 大众汽车公司, 受让人, 专利号 9244527, 于 2013 年 3 月 26 日申请, 并于 2016 年 1 月 26 日发布。

18. 布莱恩·莱斯罗普访谈, 2016.07.10。

19. 布莱恩·莱斯罗普访谈, 2016.02.22 和 2016.02.25。

20. 莱斯罗普等,《基于注视的手势输入控制系统、组件及方法》。

21. 瑞秋·艾布拉姆斯, 安娜琳·库尔茨,《测试特斯拉无人驾驶极限的约书亚·布朗不幸意外身亡》,《纽约时报》, 2016.07.01, www.nytimes.com/2016/07/02/ business/joshua-brown-technology-enthusiast-tested-the-limits-of-his-tesla.html; 戴维·谢泼德森,《自动驾驶死亡事故中的特斯拉驾驶员收到美国政府的无数次警告》, 路透社, 2017.06.19, www.reuters.com/article/us-tesla-crash/tesla-driver-in-fatal-autopilot-crash-got-numerous-warnings-u-s-government-idUSKBN19A2XC;《特斯拉死亡事故说明交通安全缺乏规则保障》,《卫报》, 2017.12.12, www.theguardian.com/

technology/2017/sep/12/tesla-crash-joshua-brown-safety-self-driving-cars。

22.《特斯拉死亡事故说明交通安全缺乏规则保障》。

23. 瑞安·兰达佐等,《优步自动驾驶汽车致坦佩49岁女性身亡》, AZCentral.com, 2018.03.19, www.azcentral.com/story/news/local/tempe-breaking/2018/03/19/woman-dies-fatal-hit-strikes-self-driving-uber-crossing-road-tempe/438256002/。

24. 卡洛琳·赛德,《坦佩警察局长表示:初步调查显示,责任不在优步》,《旧金山纪事报》, 2018.03.26, www.sfchronicle.com/business/article/Exclusive-Tempe-police-chief-says-early-probe-12765481.php。

25. 杰瑞德·M. 斯普尔,《夏威夷导弹警报的罪魁祸首:文件名选择错误》, Medium, 2018.01.16, https://medium.com/ux-immersion-interactions/the-hawaii-missile-alert-culprit-poorly-chosen-file-names-d30d59ddfcf5;杰森·科特基,《糟糕设计的实践后果:夏威夷弹道导弹虚假警报》, Kottke.org, 2018.01.16, https://kottke.org/18/01/bad-design-in-action-the-false-hawaiian-ballistic-missile-alert。

26. 埃里克·利维茨,《演习过于真实,造成夏威夷导弹恐慌》,《纽约》, 2018.01.30, http://nymag.com/intelligencer/2018/01/the-hawaii-missile-scare-was-caused-by-too-realistic-drill.html;尼克·格鲁伯,《误发导弹警报者,十年来"备受关注"》, Honolulu Civil Beat, 2018.01.30, www.civilbeat.org/2018/01/hawaii-fires-man-who-sent-out-false-missile-alert-top-administrator-resigns;吉恩·帕克,《夏威夷无能者受到嘉奖,导弹机构员工酿成大错》,《华盛顿邮报》, 2018.02.01, www.washingtonpost.com/news/posteverything/wp/2018/02/01/the-missile-employee-messed-up-be-cause-hawaii-rewards-incompetence。

27. A. J. 德林杰,《与Alexa和Siri相比, Google Assistant略胜一筹,不过说实话,它们都很烂》, Gizmodo, 2018.04.27, https://gizmodo.com/google-assistant-is-smarter-than-alexa-and-siri-but-ho-1825616612。

28. 详情请见 Tubik 工作室，《用户体验设计术语：如何在用户交互中运用功能可见性》，UX Planet，https://uxplanet.org/ux-design-glossary-how-to-use-affordances-in-user-interfaces-393c8e9686e4。

29. 萨米尔 · 赛普鲁访谈，2016.05.05。

第五章

1. 雷努卡访谈，2016.07.03。

2. 杰西 · 亨佩尔，《脸书连接世界的宏伟计划怎么了？》，《连线》，2018.05.17，www.wired.com/story/what-happened-to-facebooks-grand-plan-to-wire-the-world。

3. 同上。

4. 研究员记录，2015.02.24–28。

5. 克劳斯 · 克里彭多夫，《设计：语意学转向》，佛罗里达州波卡拉顿：CRC 出版社，2005，第 168 页。

6. 研究员记录，2015.02.24–28。

7. 乔治 · 莱考夫和马克 · 约翰逊，《我们赖以生存的隐喻（第二版）》，芝加哥：芝加哥大学出版社，2003，第 15 页。

8. 同上，第 158 页。

9. 同上，第 7–8 页。

10. 数字世界中，信息流的第一个范例或许就是 RSS feed，最初由苹果公司的高级技术小组研发。

11. 米什莱恩 · 梅纳德，《排队购车已不再，普锐斯的激励措施即将出台》，《纽约时报》，2007.02.08，www.nytimes.com/2007/02/08/automobiles/08hybrid.html。

12. 戴维 · 沃森访谈，2016.07.12；伊恩 · 罗伯茨访谈，2016.11.28；杰夫 · 格林伯格访谈，2016.05.26；理查德 · 怀特霍尔访谈，2016.05.10；丹 · 福尔摩萨访谈，2016.05.10。

13. 如何处理驾驶反馈，这是个问题。如何将你当下的行为与以后的良好行为联系起来？我们无法很好地应对长期的行为改变，其中一个原因在于我们缺乏洞察事物运作方式的能力。为了让人们改变行为，他们需要获得反馈，通过反馈能立即看到驾驶技术提高的长期效果。这种提高不是只有几分钟就行的，而是需要好多个几分钟叠加在一起。

14. 简 · 富尔顿 · 苏瑞，《救命的设计》，《人体工程学设计》，2000，第2–10页。

15. 比尔 · 阿特金森和安迪 · 赫兹菲尔德访谈，2018.05.14。

16. 布鲁斯 · 霍恩访谈，2016.05.05。

17. 阿特金森访谈；迈克尔 · A. 希尔兹克，《创新未酬》，纽约：哈珀柯林斯出版集团，1999，第332–345页。

18. 雷努卡访谈，2016.07.03。

19. 希尔兹克，《创新未酬》，第340页。

20. 艾伦 · 凯，“适合所有年龄儿童的电脑”，美国计算机协会全国会议记录，施乐帕洛阿尔托研究中心，1972，视点研究所，http://worrydream.com/refs/Kay%20-%20A%20Personal%20Computer%20for%20Children%20of%20All%20Ages.pdf。

21. 2010年之前，泰斯勒的斯巴鲁车牌上一直写着“无模式”。

22. 我们不仅能描述事物，还能发明事物，在这个过程中，隐喻的作用至关重要。最早发现这一点的人之一是逍遥学派哲学家唐纳德 · 舍恩，他致力于研究创造力的内在原理。为了观察创意是如何形成的，他终于找到了一家公司，让他跟踪产品的发明过程。这是一家制作画笔的公司，当时想要设计新款，以人造刷毛为原材料，成本更低。一连几个月，所有的产品雏形都失败了，因为画不出连续的着色效果，总是糊成一团。直到某一天，一位研究人员随口打了个比方：“画笔就像个水泵！”当时舍恩就在旁边。一开始，大家都不理解他这种跳跃性思维的逻辑。不过，这位研究人员想表达的是，画笔的好坏不光在刷毛上。由于毛细力的作用，颜料可以吸附在画笔的刷毛之间。当刷毛压向墙壁发生弯曲时，刷毛之间的空隙就会变大，这样就产生了颜料流出并均匀涂抹的通道。在这个想法的基础上，研究人员开始形成了一种全新的思维模式。他们的设计重点不再是人造刷毛的粗细或者多少，而是它们的弯曲方式。正如舍恩所说："从某种意义上讲，画笔像水泵这一隐喻激发了研究人员的创造力，让他们从新的角度来规避缺陷、解释产品、完成发明。"

23. R. 波尔克 · 瓦格纳，托马斯 · 杰茨科，"为什么亚马逊的'一键下单'会改变游戏规则"，宾夕法尼亚大学沃顿商学院开放课程：沃顿知识在线，2017.09.14，http://knowledge.wharton.upenn.edu/article/amazons-1-click-goes-off-patent。

24. 最早的方向盘出现在拖拉机和雪橇上。其前身就是舵柄，借用了船只的驾驶技术。当人们通过舵柄将船舵左转时，船就会右转行驶。因此，方向盘原型实际上是根据你的操纵，以相反方向来驾驶汽车的。但是汽车逐渐演变成人们熟悉的交通工具，有关船只的隐喻消失了。所以，右打方向盘，汽车右转，也就成了"自然而然"的事情了。

25. 再举一个隐喻转换的例子：如果你用的是苹果笔记本电脑，你或许会发现，2010 年前后触摸板手势对应的页面滚动方向发生了变化，从原本的手指上滑页面下行，变成了"自然的"手指下滑页面下行。前者就像望远镜：你移动时，望远镜对准的是你视野中的位置，你读到的部分就会出现在屏幕上。"自然"滚动则不然。这就好比你在现实中阅读的时候，把纸张往上推一样。在台式机时代，Windows 对页面内容的操作就像望远镜，所以第一项隐喻合情合理。而触摸屏出现以后，你之前所认为的屏幕实际上已经变成类似纸张的东西，所以第二项隐喻就起作用了。我曾经问过一些人，电脑是怎么设置的，不是一代人，回答就不一样：只有那些从小使用台式电脑的人才会关闭自然滚动功能。而抱着智能手机长大的年轻人就会把这项功能打开。

26. 研究员记录，2015.02.17–21。

27. 埃利斯·汉姆伯格，《2008年应用商店发布，iPhone最佳应用程序排名前十的产品现在何方？》，《商业内幕》，2011.05.17，www.businessinsider.com/the-best-iphone-apps-when-the-app-store-launched-2011-5。

28. 林迪·伍德海德，《购物、诱惑和塞尔福里奇先生》，纽约：兰登书屋，2013；蒂姆·哈福德，“百货公司”，《塑造现代经济的50项伟大发明》，英国广播公司国际频道，2017.07.02，www.bbc.co.uk/programmes/p056srj3。

29. 阿里·温斯坦，迈克尔·马特拉尔，《Siri快捷指令介绍》，在苹果全球研发者大会上的演讲，麦克恩利会议中心，圣何塞，2018.06.05，https://developer.apple.com/videos/play/wwdc2018/211/。

30. 克利夫·库昂，《谷歌实验性移动设备操作系统“灯笼海棠”解决了苹果无法克服的突出问题》，《快公司》，2017.05.10，www.fastcompany.com/90124729/fuchsia-googles-experimental-mobile-os-solves-glaring-problems-that-apple-doesnt-get。

31. 笛卡儿曾经想象，有一个恶魔缠住了他，让他在梦中沉睡，并控制他在梦中所经历的一切。现代哲学家称之为“缸中之脑”假想；你也可以想象一下《黑客帝国》。

32. 在心理学的各个领域，所谓的可重复危机已成为普遍存在的问题，因此越来越多的心理学家开始对具身认知领域的某些实验加以审视。不过，“基础认知”研究依然十分活跃。

33. 塞缪尔·迈克纳尼，《具身认知简明指南：你为何不是你的大脑》，《科学美国人》，2011.11.04，https://blogs.scientificamerican.com/guest-blog/a-brief-guide-to-embodied-cognition-why-you-are-not-your-brain。

34. 菲利帕·马瑟西尔访谈，2016.03.22。

35. 早在1921年，心理学家就已表示，人们会将有棱角的线条与“愤怒”、“严肃”和“激动”联系在一起，将弯曲的线条与“悲伤”、“安静”和“温柔”联系在一起。

36. 最近，一位学者想搞清楚为什么汽车前脸大多设计得很宽。她研究了一些造型较宽的手表和汽车，最后得出结论，这些设计似乎更占优势，因为我们倾向于认为脸型较宽的人更具攻击性。详见马克·威尔逊，“大脑喜欢宽型设计的原因”,《快公司》, 2017.08.24，www.fastcodesign.com/90137664/the-reason-your-brain-loves-wide-products。

第六章

1.《辛普森一家》，第二季，第 28 集，《兄弟，你在哪里？》1991 年 2 月 21 日上映，www.dailymotion.com/video/x6tg4a5。

2. 托尼·哈默尔，米歇尔·哈默尔，《历史败笔——Edsel》，ThoughtCo.，2019.01.06，www.thoughtco.com/the-edsel-a-legacy-of-failure-726013。

3. 鲍勃·麦克基姆访谈，2016.11.11。

4. 朱莉娅·P. A. 冯·甸南，威廉姆·J. 克兰西，克里斯托弗·迈内尔，《设计思维研究》，瑞士卡姆：施普林格·自然出版集团，2019，第 15 页，https://books.google.com/books?id=-9hwDwAAQBAJ。

5. 威廉姆·J. 克兰西，《创造工程学》，作者自行出版，亚马逊数字服务，2017，第 9 页。

6. 约翰·E. 阿诺德，《大角星 4 号案例研究》，小约翰·阿诺德编辑并撰写简介，1953；斯坦福大学数字资源库，2016，https://stacks.stanford.edu/file/druid:rz867bs3905/SC0269_Arcturus_IV.pdf。

7. 墨顿·M. 亨特，《学生摆脱世俗束缚的课程》，载于《生活》，1955.05.16，第 188 页。

8. 约翰·阿诺德，《大角星 4 号案例研究》，第 139 页。

9. 拉里·莱费尔访谈，2016.04.22。

10. 亨特，《学生摆脱世俗束缚的课程》，第 195–196 页。

11. 小威廉 · 怀特,《趋同思维》，载于《财富》，1952.03。

12. 克兰西,《创造工程学》，第 8 页。

13. 同上。

14. 参见巴里 · M. 卡茨,《创新：硅谷设计史》，剑桥：麻省理工学院出版社，2015。

15. 戴维 · 凯利访谈，2016.12.15。

16. 凯瑟琳 · 施瓦布,《麦肯锡对 300 家公司的最新调查全面揭示了每个企业在 2019 年需要了解的设计知识》，载于《快公司》, 2018.10.25，www.fastcompany.com/90255363/this-mckinsey-study-of-300-companies-reveals-what-every-business-needs-to-know-about-design-for-2019。

17. 珍妮 · 利德卡 ,《为什么设计思维发挥了作用》,《哈佛商业评论》，2018.09/10，https://hbr.org/2018/09/why-design-thinking-works。

18. 简 · 富尔顿 · 苏瑞访谈，2016.06.30。

19. 丹 · 福尔摩萨访谈，2016.05.20。

20. 蒂姆 · 布朗访谈，2016.01.07。

21. 后来，出于这个原因，莫格里奇创造了术语“交互设计”，它不仅包括产品的物理特性，还包括数字特性，也就是完整的产品体验。

22. 库珀因为研发了 Visual Basic 而在软件设计界声名鹊起。Visual Basic 是一种图形化工具，后来被微软收购，程序员可以使用它提供的组件构建新的程序。当库珀开始着手了解他的早期用户时，他注意到用户之间存在共同点。例如，疲惫不堪的程序员找不到别人开发的代码，产品经理不明白程序员为什么总是逾期。于是，他提出了用户画像，将所有细节放到一起，这样更易于解释。更多信息参见艾伦 · 库珀等的《交互设计精髓（第四版）》，纽约：沃尔沃斯出版社，威利出版社，2014。

23. 这些快照最终变成了一本小册子，由简 · 富尔顿 · 苏瑞和 IDEO 共同完成，名为《无意的行为》，旧金山：Chronicle 出版社，2005。

24. 六年后，梅奥的“杰克和吉尔”会诊室诞生了，且依然保持了医疗保健的黄金标准。他们的观点是，更好的临床护理不是提供更多的检测和技术，而是帮助医生和病人更好地交流。因此，“杰克和吉尔”的谈话间都是围着一张“餐桌”而设的。这里没有医疗床或检查器械，只有一个单独的诊室，里面划分了多个谈话间。

25. 艾维瑞 · 特鲁费尔曼，《芬兰实验》，99% Invisable，2017.09.19，https:// 99percentinvisible.org/episode/the-finnish-experiment。

26. 帕干 · 肯尼迪，《未来的卫生棉》，《纽约时报》，2016.04.01，www.nytimes.com/2016/04/03/opinion/sunday/the-tampon-of-the-future.html。

第七章

1. 约翰 · 马尔科夫，《睡鼠说过什么》，纽约：企鹅出版集团，2005，第148–150 页。

2.《军人道格拉斯 · C. 恩格尔巴特》，道格拉斯 · 恩格尔巴特研究所，www.dougengelbart.org/about/navy.html。

3. 约翰 · 马尔科夫，《睡鼠说过什么》，第 48 页。

4. 约翰 · 马尔科夫，《与机器人共舞——人工智能时代的大未来》，纽约：艾柯出版社，2016。

5. 马修 · 帕萨雷诺，“谷歌的埃里克 · 施密特认为 Siri 是一个重大的竞争威胁”，The Next Web，2011.11.04，https://thenextweb.com/apple/2011/11/04/googles-eric-schmidt-thinks-siri-is-a-significant-competitive-threat。

6. 德雷克 · 康奈尔访谈，2016.05.20。

7. 亚历克斯 · 格雷，《微信吸引 10 亿月活用户的秘密》，世界经济论坛，2018.03.21，www.weforum.org/agenda/2018/03/wechat-now-has-over-1-billion-monthly-users/。

8. 在电脑还没进入人们的想象之前，我们就梦想着创造出能与我们对话的机器。弗里茨 · 朗 1927 年的经典电影《大都会》是在工业设计行业刚刚在美国诞生的时候拍摄的。在这部电影中，一个傲慢的上层阶级生活在地上，另一个不安分的下层阶级则在机器主导的地下城辛苦劳作。一位科学家希望把有产者和无产者结合在一起，他制造了一个机器人作为理想的媒介——一个代表新工业世界说话的机器人，而且其说话方式人类可以理解。剧透：机器人最后成了杀人凶手。

9. 罗奈特 · 劳伦斯访谈，2018.05.13。

10. 凯特 · 霍姆斯访谈，2015.11.17；2016.02.12；2015.05.19。

11. 例如，从《少数派报告》到《钢铁侠》再到《普罗米修斯》等科幻片中的人物使用电脑时，会搜索大量全息数据，尽管内容无比复杂，但其读取速度却超快，我们根本跟不上。他们的意思是说，人类现在还不能做到，但总有一天会的。届时，他们能在一瞬间处理所有这些信息。总有一天，人类会变成超人。这一愿景对道格拉斯 · 恩格尔巴特这位"演示之祖"的创始人很有吸引力。在他眼里，未来的方向是让人们以一种新的计算方式成为专家，这样他们就可以把过去的生活抛诸脑后。（事实上，他想要创造一个虚拟世界，人们可以在其中快速浏览数据。）

12. K. K. 巴雷特访谈，2014.11.18。

13. 奥古斯特 · 德雷斯 · 雷耶斯访谈，2016.02.12。

14. 德雷斯 · 雷耶斯访谈，2015.11.17，2015.12.02。

15. 帕特里夏 · 摩尔访谈，2015.10.16。

16. 帕特里夏 · 摩尔，查尔斯 · 保罗 · 康恩，《伪装：一个真实的故事》，得克萨斯州韦科：沃德出版社，1985，第 63 页。

17. 克里夫 · 库昂，《艾伦座椅的诞生——一个不为人知的故事》，《快公司》，2013.02.05，www.fastcompany.com/1671789/the-untold-history-of-how-the-aeron-chair-came-to-be。

18.《微软人工智能原则》，微软，www.microsoft.com/en-us/ai/our-approach-to-ai。

19. 乔恩 · 弗里德曼访谈，2018.02.09。

20. 詹姆斯 · 文森特，《谷歌的人工智能在电话里听起来跟真人无异——我们是否应该为此担心？》，The Verge，2018.05.09，www.theverge.com/2018/5/9/17334658/google-ai-phone-call-assistant-duplex-ethical-social-implications。

21. 尼克·斯坦特，《谷歌表示，有争议的人工智能语音呼叫系统将向人类声明自己是机器》，The Verge，2018.05.10，www.theverge.com/2018/5/10/17342414/google-duplex-ai-assistant-voice-calling-identif-itself-update。

22. 史蒂夫·海访谈，2017.05.23。

23. 奥德拉·科奥克莱斯访谈，2017.05.23。

第八章

1. 奥斯汀·卡尔，《重塑欢乐的棘手业务》，《快公司》，2015.04.15，www.fastcompany.com/3044283/the-messy-business-of-reinventing-happiness。

2. 梅格·科洛夫顿访谈，2014.08.01。

3. 卡尔，“重塑欢乐的棘手业务”。

4. 约翰·帕吉特访谈，2016.12.21。

5. 雷切尔·克劳斯，《谷歌邮箱的智能回复可能会吓你一跳，不过其发展速度相当之快》，Mashable，2018.09.20，https://mashable.com/article/gmail-smart-reply-growth/。

6. 约翰·耶利米·苏利文，《嘿，米奇！你让我神魂颠倒》，《纽约时报》，2011.06.08，www.nytimes.com/2011/06/12/magazine/a-rough-guide-to-disney-world.html。

7. 吉尔·莱波雷，《这些真理：美国的历史》，纽约：诺顿出版社，2018，第528页；有关华特·迪士尼审美情感的深入分析，参见苏利文，《嘿，米奇！你让我神魂颠倒》。

8. 约翰·帕吉特访谈，2016.10.31，2016.11.08，2016.12.28，2017.07.31，2017.08.01。

9. 汤姆·斯塔格斯访谈，2014.08.01。

10. 尼克 · 富兰克林访谈，2014.08.01。

11. 斯塔格斯访谈。

12. 科洛夫顿访谈。

13. 布鲁克斯 · 巴尔纳斯，《在迪士尼乐园，戴上手环就成了忠实游客，公园利润应运而生》，《纽约时报》，2013.01.07，www.nytimes.com/2013/01/07/business/media/at-disney-parks-a-bracelet-meant-to-build-loyalty-and-sales.html。

14. 卡尔，《重塑欢乐的棘手业务》。

15. 同上。

16. 斯科特 · 科尔斯纳，《大公司创新的最大障碍》，《哈佛商业评论》，2018.07.30，https://hbr.org/2018/07/the-biggest-obstacles-to-innovation-in-large-companies。

17. 约翰 · 帕吉特访谈，2017.07.31，2017.08.01。

18. 同上。

19. 目前，最接近这一理想的公司不是美国公司，而是中国的腾讯集团，其通信平台 QQ 是访问该公司众多子公司的门户。这些子公司提供的服务几乎与你能想象到的所有美国科技公司类似，包括亚马逊、谷歌、脸书、贝宝、优步和 Yelp 点评——所有这些都是在单一品牌的支持下运行的。

20. 关于全球最大的邮轮排名，请见维基百科“最大的邮轮排名”，2019.03.12，https://en.wikipedia.org/wikipedia.org/wiki/List_of_largest_cruise_ships。

21. 简 · 斯瓦茨访谈，2017.07.31。

22. 帕吉特访谈，2017.07.31，2017.08.01。

23. 迈克尔 · 容根访谈，2017.07.31，2017.08.01。

24. 帕吉特访谈，2017.07.31，2017.08.01。

25. 帕吉特访谈，2017.07.31，2017.08.01。

26. 蒂姆·吴,《便捷的强势推进》,《纽约时报》, 2018.02.16, www.nytimes.com/2018/02/16/opinion/sunday/tyranny-convenience.html。

27. 卢克·斯坦格,《这是否表明,苹果公司对深入挖掘原创新闻是认真的?》,《硅谷商报》, 2018.05.09, www.bizjournals.com/sanjose/news/2018/05/09/apple-news-journalist-hiring-subscription-service.html。

28. 塞姆·莱文,《脸书是出版商吗?在公开场合,它回答"不是",在法庭上却回答"是"》,《卫报》, 2018.07.03, www.theguardian.com/technology/2018/jul/02/facebook-mark-zuckerberg-platform-publisher-lawsuit。

29. 南森·马克龙,《摩根大通透露,亚马逊今年将花费45亿美元来对抗网飞》,《商业内幕》, 2017.04.07, www.businessinsider.com/amazon-video-budget-in-2017-45-billion-2017-4。

30. 尼克·德拉·马雷访谈, 2017.01.13, 2017.08.29。

第九章

1. 利亚·珀尔曼访谈, 2017.05.02。

2. 贾斯汀·罗森斯泰因访谈, 2017.03.16。

3. 实际图形由亚伦·西蒂希创作。

4. 贾斯汀·罗森斯泰因,《爱改变了形式》, 脸书, 2016.09.20, www.facebook.com/notes/justin-rosenstein/love-changes-form/10153694912262583; 维基百科,"贾斯汀·罗森斯泰因", https://en.wikipedia.org/wiki/Justin_Rosenstein。

5. 参见脸书的上市申请:美国证券交易委员会,表格S-1:注册声明,脸书股份有限公司,华盛顿特区:美国证券交易委员会, 2012.02.01, www.sec.gov/Archives/edgar/data/1326801/000119312512034517/d287954ds1.htm。

6. 内莉·鲍尔斯,《科技企业家重振公共生活》,《旧金山纪事报》, 2013.11.18, www.sfgate.com/bayarea/article/Tech-entrepreneurs-revive-

communal-living-4988388.php；奥利弗·史密斯，《如何成为 Asana 公司联合创始人贾斯汀·罗森斯泰因这样的上司》，《福布斯》，2018.04.26，www.forbes.com/sites/oliversmith/2018/04/26/how-to-boss-it-like-justin-rosenstein-cofounder-of-asana/。

7. 丹尼尔·W. 比约克，《B. F. 斯金纳的一生》，华盛顿特区：美国心理学协会，1997，第 13、18 页。

8. 同上，第 25–26 页。

9. 同上，第 54–55 页。

10. 同上，第 81 页。

11. 同上，第 80 页。

12. XXPorcelinaX，《斯金纳——自由意志》，Youtube，2012.07.13，www.youtube.com/watch?v=ZYEpCKXTga0。

13. 娜塔莎·道·舒尔，《设计上瘾：拉斯维加斯的老虎机》，新泽西州普林斯顿：普林斯顿大学出版社，2014，第 108 页。

14. 莱斯利·斯特尔，《六十分钟》，《老虎机：一场豪赌》，CBS 新闻，2011.01.07，www.cbsnews.com/news/slot-machines-the-big-gamble-07-01-2011/。

15. 戴维·扎尔德访谈，2017.01.20。

16. 亚历克西斯·C. 马德里加尔，《机器地带：当你在脸书上翻看图片停不下来的时候，这就是你真正去的地方》，《大西洋月刊》，2013.07.31，www.theatlantic.com/technology/archive/2013/07/the-machine-zone-this-is-where-you-go-when-you-just-cant-stop-looking-at-pictures-on-facebook/278185。

17. 对于社交互惠和错失恐惧，这些借口的使用不仅对其赋予各种奖励，还为其赋予了“黑暗模式”。要想更深入地了解这一点，可以参考特里斯坦·哈里斯的文章“技术如何劫持你的思想——一位魔术师和谷歌设计伦理学家的思考”，《媒介》，2016.05.18。该文章引发了用户体验领域关于科技成瘾的大量讨论。

18. 萨利·安德鲁等，“超越自我报告：未来世界和现实世界中智能手机使用的比较工具”，《公共科学图书馆·综合》，2015.10.18，https://journals.plos.org/plosone/article?id=10.1371/journal.pone.0139004。

19. 朱莉娅·奈夫图林，《我们每天触碰手机的次数》，《商业内幕》，2016.07.13，www.businessinsider.com/dscout-research-people-touch-cell-phones-2617-times-a-day-2016-7。

20. 萨拉·佩雷斯，《HBO 纪录片“狂扫”令 Tinder 难堪不已，我已看过，你无须再看》，TechCrunch，2018.09.12，https://techcrunch.com/2018/09/11/i-watched-hbos-tinder-shaming-doc-swiped-so-you-dont-have-to/。

21. 贝琪·谢夫曼，《斯坦福大学学生研究脸书的受欢迎程度》，《连线》，2008.03.25，www.wired.com/2008/03/stanford-studen-2/。

22. 米格尔·赫尔夫特，《创建应用程序和财富的班级》，《纽约时报》，2011.05.07，www.nytimes.com/2011/05/08/technology/08class.html。

23. B. J. 福格，《事实：福格与诱导技术》，《媒介》，2018.03.18，https://medium.com/@bjfogg/the-facts-bj-fogg-persusive-technology-37d00a738bd1。

24. 西蒙尼·斯通佐夫，《手机上瘾，治疗难度加倍》，《连线》，2018.02.01，www.wired.com/story/phone-addiction-formula/。

25. 诺姆·施赖伯，《优步是如何利用心理技巧激发司机工作动力的》，《纽约时报》，2017.04.02，www.nytimes.com/interactive/2017/04/02/technology/uber-drivers-psychological-tricks.html。

26. 泰勒·洛伦兹，《17 位青少年带我们进入 Snapchat 的火花世界，这里是友谊存续或消失的地方》，*Mic*，2017.04.14，https://mic.com/articles/173998/17-teens-take-us-inside-the-world-of-snapchat-streaks-where-friendships-live-or-die#.f8S7Bxz4i。

27. 艾伦·库珀，《奥本海默时刻》，在 2018 年互动会议上发表的演讲，2018.02.06，https://vimeo.com/254533098。

28. 麦克斯里德，《唐纳德·特朗普因脸书而胜出》，《纽约》，2016.11.01，http://nymag.com/intelligencer/2016/11/donald-trump-won-because-of-facebook.html。

29. 约书亚·本顿，《致使这次选举中媒体失败的力量或许会加剧》，《尼曼实验室》，2016.11.09，www.niemanlab.org/2016/11/the-forces-that-drove-this-elections-media-failure-are-likely-to-get-worse/。

30. 汤姆·迈尔斯，《联合国调查人员认为脸书在缅甸危机中扮演了重要角色》，路透社，2018.03.12，www.reuters.com/article/us-myanmar-rohingya-facebook/u-n-investigators-cite-facebook-role-in-myanmar-crisis-idUSKCN1GO2PN。

31. 阿曼达·陶布，麦克斯·费舍尔，《在那些一点就着的国家，脸书简直就是火柴》，《纽约时报》，2018.04.21，www.nytimes.com/2018/04/21/world/asia/facebook-sri-lanka-riots.html。

32. 艾米·B. 王，《脸书前副总裁称，社交媒体正在用“多巴胺驱动的反馈回路”破坏社会》，《华盛顿邮报》，2017.12.12，www.washingtonpost.com/news/the-switch/wp/2017/12/12/former-facebook-vp-says-social-media-is-destroying-society-with-dopamine-driven-feedback-loops/。

33. 陶布和费舍尔，《在那些一点就着的国家，脸书简直就是火柴》。

34. 马修·罗森伯格，《剑桥分析与特朗普关系密切，助其笼络政客》，《纽约时报》，2018.03.19，www.nytimes.com/2018/03/19/us/cambridge-analytica-alexander-nix.html。

35. 迈克尔·科辛斯基访谈，2017.04.25、05.18、07.07、12.04。

36. 迈克尔·科辛斯基，戴维德·史迪威和托勒·格雷佩尔，《从人类行为的数字记录中可以预测个人的特征和属性》，《美国科学院院报》110 号，第 15 期，2013.04.13，5802-805，www.pnas.org/content/110/15/5802.full。

37. 肖恩·伊林，《可疑的数据公司——剑桥分析，可能是特朗普与俄罗斯之间的关键联系》，*Vox*，2018.04.04，www.vox.com/policy-and-

politics/2017/10/16/15657512/cambridge-analytica-facebook-alexander-nix-christopher-wylie。

38. 约书亚·格林和萨沙·伊森伯格,《特朗普的战斗堡垒还将持续多天》,彭博新闻社，2016.10.27，www.bloomberg.com/news/articles/2016-10-27/inside-the-trump-bunker-with-12-days-to-go。

39. 肯德尔·塔格特,《特朗普数据团队的真相让人抓狂》, BuzzFeed News，2017.02.16，www.buzzfeednews.com/article/kendalltaggart/the-truth-about-the-trump-data-team-that-people-are-freaking。

40. 塞姆·马可维奇,《脸书帮助广告商瞄准那些觉得自己"一文不值"的青少年》, 2017.05.01，https://arstechnica.com/information-technology/2017/05/facebook-helped-advertisers-target-teens-who-feel-worthless。

41. 伊丽莎白·科尔伯特,《为什么事实无法改变我们的想法》,《纽约客》, 2017.02.27，www.newyorker.com/magazine/2017/02/27/why-facts-dont-change-our-minds。

42. 马克·纽卡顿和保罗·卡拉斯克,《如何阅读"南希"：三个简单面板中的漫画元素》, 西雅图：Fantagraphics 出版社，2017，第 98 页。

43. 托马斯·温迪,《人本设计或离心设计的批判》, 发表于 2017 年互动会议，2017.02.07，www.slideshare.net/ThomasMWendt/critique-of-human-centered-design-or-decentering-design。

44. 蒂姆·吴,《便利的暴政》,《纽约时报》, 2018.02.16，www.nytimes.com/2018/02/04/technology/early-facebook-google-employees-fight-tech.html。

45. 内莉·鲍尔斯,《早期的脸书和谷歌员工组成联盟来对抗他们所建立的一切》,《纽约时报》, 2018.02.04，www.nytimes.com/2018/02/04/technology/early-facebook-google-employees-fight-tech.html。

第十章

1. 莱斯利·萨霍莉·奥塞娣访谈，2016.11.18。

2. 发展中国家正经历这样的变化：在墨西哥城、雅加达和德里，手机带动了全新的、以设计为主导的交通实验。与此同时，世界上最流行的移动货币系统 M-Pesa 的普及，为许多新服务提供了平台，如电子农场（Digifarm，由肯尼亚电信巨头 Safaricom 与 Dalberg Design 合作创建的农贸市场）。

3. 哈里·韦斯特访谈，2016.03.03。

4. 参见《IDEO：我们是如何做大做强的》，盖茨基金会，www.gatesfoundation.org/How-We-Work/Quick-Links/Grants-Database/Grants/2010/10/OPP1011131；《锁不住的移动货币》，IDEO.org，www.ideo.org/project/gates-foundation；《为教育科技企业家打开了一扇通往课堂的窗户》，IDEO.org，www.ideo.com/case-study/giving-ed-tech-entrepreneurs-a-window-into-the-classroom。

5. 艾维瑞·特鲁费尔曼，《芬兰实验》，99% Invisible，2017.09.19，https://99percentinvisible.org/episode/the-finnish-experiment/。

6. 贾斯汀·罗森斯泰因访谈，2017.03.16。

7. 利亚·珀尔曼访谈，2017.05.02。

8. 珍·M. 特吉，《手机毁掉了年青一代吗？》，《大西洋月刊》，2017.09，www.theatlantic.com/magazine/archive/2017/09/has-the-smartphone-destroyed-a-generation/534198/。

9. 拉丽莎·麦克法夸尔，《安迪·克拉克的思想延伸》，《纽约客》，2018.04.02，www.newyorker.com/magazine/2018/04/02/the-mind-expanding-ideas-of-andy-clark。

10. 林登·蒂贝茨访谈，2015.01.20。

11 蒂贝茨的观点与马克·威瑟的主张有异曲同工之妙。从谷歌到迪士尼世界，普适计算预见了我们今天在许多地方看到的东西。威瑟认为无缝设计是一个陷阱，更好的目标应该是“有缝”设计，能让设备之间的切换清晰可见。

12. 马库斯 · 菲尔斯，《乔纳森 · 伊夫》，《符号》杂志，2003 年 7–8 月刊，www.iconeye.com/404/item/2730-jonathan-ive-%7C-icon-004-%7C-july/august-2003。

结 语

1. 亨利 · 德雷夫斯在苏城 RKO 剧院留意观影人群获得了重大发现，就是很好的例证。

2. 该原则现在已被纳入英国政府的内部工作机制，并通过《数字发展原则》为大多数联合国机构所采纳，其部分灵感来自由我主持的 Frog Design 与联合国儿童基金会创新办公室之间的合作。

3. “‘experience’（体验）一词可以追溯到拉丁语，意为‘试验或尝试’。它既与‘experiment’（实验）有关，也与‘expert’（专家）有关，既指反复尝试，又指最终掌握。‘体验’是随着时间的推移，通过与世界的直接接触而获得的；它经体验者第一手获得，不受他人影响，且总会由内而外地体现出来。”卡瑞娜 · 可卡诺，《为什么要压制半个世界的“体验”？》，《纽约时报》，2018.11.28，www.nytimes.com/2018/10/23/magazine/why-suppress-the-experience-of-half-the-world.html。

4. 罗伯特 · 法布里坎特，《交互设计为何重要？一看地铁的发展经验便知》，《快公司》，2011.09.19。

5. 正如第一章所讨论的，维纳是大规模信息系统反馈研究的关键人物，他于 1950 年出版了畅销作品《人有人的用处——控制论与社会》。

6. 从 iPhone 5 开始，苹果手机将地图应用换为谷歌地图，一经发布，这看似微小、实则有力的设计改变硬是叫醒了诸多苹果用户，让他们意识到设计的力量。

7. 汤姆 · 埃里克森曾为苹果和 IBM 研究所工作，他于 2005 年在一篇名为《五个镜头：助力交互设计的工具箱》的文章中详细描述了如何遵循这些交互模式，http://tomeri.org/5Lenses.pdf。

8. 达巴瓦拉有着 125 年的发展史，它将热腾腾的午餐从家庭和餐馆送到印度 20 万上班族手中，称得上是一个有组织的午餐配送和午餐盒回收体系，业务主要在孟买。员工通过一个彩色编码系统来识别派送的目的地和接收者。

9. 乔恩 · 亚比朗斯基，“雅各布定律”，用户体验定律，https://lawsofux.com/jakobs-law。

10. Match.com 的首席科学顾问海伦 · 费希尔注意到，对于婴儿潮一代来说，汽车实际上只是一个“带轮子的卧室”。费希尔，《技术没有改变爱情，原因浮出水面》，2016 年 6 月在班夫拍摄，加拿大，TED 视频，www.ted.com/talks/helen_fisher_technology_hasn_t_changed_love_here_s_why。

11. 像 Frog 这样的设计公司通常会让没有负责过产品的设计师主持用户反馈会议，因为他们更有可能做到不偏不倚。

12. 设计教育家和作家乔恩 · 科尔科在《精心设计：如何用同理心来创造人们喜爱的产品》一书中曾阐述过这一观点，波士顿：《哈佛商业评论》，2014。

13. 约翰 · 杜威在其《经验与教育》一书中也有类似论述，纽约：Touchstone 出版社，1938。

14. 1983 年，乔纳森 · 格鲁丁和艾伦 · 麦克里恩发表了类似的研究结果。研究显示，即使用户熟悉更高效的替代方案，有时出于审美原因，他们还是会选择较慢的界面。他们的论文遭到了微软同事的反对，后者认为以科学的方法提高效率是用户界面成功设计的最终目标。

15. 布莱德 · 史密斯，《财捷 CEO 倡导建立以设计为导向的公司》，《哈佛商界评论》，2015.01/02，https://hbr.org/2015/01/intuits-ceo-on-building-a-design-driven-company。

16. 彼得·贝伦斯甚至在工业产品的设计中也认识到了情感和愉悦情绪的力量："不要以为一个工程师买了摩托车后，会把它拆开来仔细检查。即使他是个专家，也会因为喜欢造型而掏钱。摩托车的外观就应该像生日礼物一样招人喜欢。德雷夫斯也渴望创造一些外观低调的家用电器，比如真空吸尘器，不会显得与圣诞树格格不入。

17. 艾斯林格的座右铭与包豪斯学派的"形式服从功能"背道而驰，该理念在迪特·拉姆斯的标志性作品中得到了体现，当时，拉姆斯是德国产品设计界的领军人物。据说"形式服从功能"这句话可以追溯到美国建筑师路易斯·沙利文，他是弗兰克·劳埃德·赖特的导师。

18. 随着大量新技术的涌现，用户行为的追踪越来越细致，由此这个过程对数据的依赖程度也就越来越高。

19. 我们的观察与本书第五章中介绍的菲利帕·马瑟西尔为吉列工作时的灵感来源如出一辙。

20. 代尔夫特正向设计学院的一项最新研究表明，我们会根据产品抓握的手感，不自觉地表达与产品相关的积极情绪。

21. 这个故事与德雷夫斯在 1959 年为 AT&T 公司设计的"公主电话"经历很是相似。该款产品非常畅销，这要得益于当时他注意到很多年轻女孩躺在床上跟朋友聊天的时候，会把电话抱在膝头煲电话粥。

22. 玛丽·董等人的记录，《在高流行率的南非，医学门外汉能准确地进行 HIV 自我检测吗？》，发布于 2014 年国际艾滋病大会，澳大利亚墨尔本，2014.07.20-25，http://pag.aids2014.org/EposterHandler.axd?aid=10374。

参考文献

Abernethy, Cam. "NRC Approves Vogtle Reactor Construction—First New Nuclear Plant Approval in 34 Years." *Nuclear Street*, February 9, 2012. http:// nuclearstreet.com/nuclear_power_industry_news/b/nuclear_power_news /archive/2012/02/09/nrc-approves-vogtle-reactor-construction-_2d00_-first-new-nuclear-plant-approval-in-34-years-_2800_with-new-plant-photos _2900_-020902.

Abrams, Rachel, and Annalyn Kurtz. "Joshua Brown, Who Died in Self-Driving Accident, Tested Limits of His Tesla." *New York Times*, July 1, 2016. www.nytimes.com/2016/07/02/business/joshua-brown-technology-enthusi-ast-tested-the-limits-of-his-tesla.html.

Andrews, Sally, David A. Ellis, Heather Shaw, and Lukasz Piwek. "Beyond Self- Report: Tools to Compare Estimated and Real-World Smartphone Use." *PLoS ONE* 10 (October 18, 2015). Accessed August 28, 2018. https://journals.plos.org/plosone/article?id=10.1371/journal.pone.0139004.

Apple Computer, Inc. *Apple Human Interface Guidelines: The Apple Desktop Interface*. Boston: Addison-Wesley, 1987.

Arnold, John E. *The Arcturus IV Case Study*. Edited and with an introduction by John E. Arnold, Jr. Stanford University Digital Repository, 2016. Originally published 1953. https://stacks.stanford.edu/file/druid:rz867bs3905/SC0269 _Arcturus_IV.pdf.

Bargh, John. *Before You Know It: The Unconscious Reasons We Do What We Do*. New York: Touchstone, 2017.

Barnes, Brooks. "At Disney Parks, a Bracelet Meant to Build Loyalty (and Sales)." *New York Times*, January 7, 2013. www.nytimes.com/2013/01/07/business /media/at-disney-parks-a-bracelet-meant-to-build-loyalty-and-sales.html.

Bello, Francis. "Fitting the Machine to the Man." *Fortune*, November 1954.

Benton, Joshua. "The Forces That Drove This Election's Media Failure Are Likely to Get Worse." *Nieman Lab*, November9, 2016. www.niemanlab.org /2016/11/the-forces-that-drove-this-elections-media-failure-are-likely-to -get-worse/.

Bill and Melinda Gates Foundation. "How We Work Grant: IDEO.org." Accessed December9, 2017. www .gatesfoundation.org/How-We-Work/Quick-Links /Grants-Database/Grants/2010/10/OPP1011131.

Bjork, Daniel W. *B. F. Skinner: A Life*. Washington, D.C.: American Psychological Association, 1997.

Borges, Jorge Luis. "On Exactitude in Science." In *Collected Fictions*. New York: Viking, 1998.

Bowles, Nellie. "Early Facebook and Google Employees Form Coalition to Fight What They Built." *New York Times*, February 4, 2018. www.nytimes.com/2018/02/04/technology/early-facebook-google-employees-fight -tech.html.

———. "Tech Entrepreneurs Revive Communal Living." *SFGate*, November 18, 2013. www.sfgate.com/bayarea/article/Tech-entrepreneurs-revive -communal-living-4988388.php.

Buxton, William. "Less Is More (More or Less)." In *The Invisible Future: The Seamless Integration of Technology in Everyday Life*, edited by P. Denning (New York: McGraw-Hill, 2001), 145–79. www.billbuxton.com/LessIsMore.pdf.

Caplan, Ralph. *Cracking the Whip: Essays on Design and Its Side Effects*. New York: Fairchild Publications, 2006.

Carbon Dioxide Information Analysis Center, Environmental Sciences Division, Oak Ridge National Laboratory, Tennessee. "CO2 Emissions (Metric Tons per Capita)." World Bank. https://data.worldbank.org/indicator/en.atm.co2e.pc.

Carr, Austin. "The Messy Business of Reinventing Happiness." *Fast Company*, April 15, 2015. www.fastcompany.com/3044283/the-messy-business-of -reinventing-happiness.

Carr, Nicholas. *The Glass Cage: How Our Computers Are Changing Us*. New York: W. W. Norton, 2014.

CBS News. "Slot Machines: The Big Gamble." January 7, 2011. www.cbsnews.com/news/slot-machines-the-big-gamble-07-01-2011/.

Chapanis, Alphonse. “Psychology and the Instrument Panel.” *Scientific American*, April 1, 1953.

Chocano, Carina. “Why Suppress the ‘Experience’ of Half the World?” *New York Times*, November 28, 2018. www .nytimes.com/2018/10/23/ magazine/why-suppress-the-experience-of-half-the-world.html.

Cid, Victor Cruz. “Volvo Auto Brake System Fail.” YouTube, May 19, 2015. www.youtube.com/watch?v= 47utWAoupo.

Clancey, William J. Introduction to *Creative Engineering: Promoting Innovation by Thinking Differently*, by John E. Arnold. Self-published, Amazon Digital Ser vices, 2017. www.amazon.com/Creative-Engineering-Promoting-Innovation -Differently-ebook/dp/B072BZP9Z6.

Cooper, Alan. *The Inmates Are Running the Asylum: Why High-Tech Products Drive Us Crazy and How to Restore the Sanity.* Indianapolis: Sams, 2004.

———. “The Oppenheimer Moment.” Lecture delivered at the Interaction 18 Conference, La Sucrière, Lyon, France, February 6, 2018. https:// vimeo.com /254533098.

Cooper, Alan, Christopher Noessel, David Cronin, and Robert Reimann. *About Face: The Essentials of Interaction Design*. 4th ed. New York: Wiley, 2014.

Davidson, Bill. “You Buy Their Dreams.” *Collier's*, August 2, 1947.

Davies, Alex. “Americans Can't Have Audi's Super Capable Self-Driving System.” *Wired*, May 15, 2018. www.wired.com/story/audi-self-driving-traffic-jam-pilot-a8-2019-availablility/.

Degani, Asaf. *Taming HAL: Designing Interfaces Beyond 2001.* New York: Palgrave Macmillan, 2004.

Dellinger, A. J. “Google Assistant Is Smarter Than Alexa and Siri, but Honestly They All Suck.” *Gizmodo*, April27, 2018. https:// gizmodo.com/ google -assistant-is-smarter-than-alexa-and-siri-but-ho-1825616612.

Deutchman, Alan. *The Second Coming of Steve Jobs.* New York: Broadway, 2001.

Dewey, John. *Experience and Education.* New York: Touchstone, 1938.

Dong, Mary, Rachel Regina, Sandile Hlongwane, Musie Ghebremichael, Douglas Wilson, and Krista Dong. “Can Laypersons in High-Prevalence South Africa Perform an HIV Self-Test Accurately?” Presented at the 2014 International AIDS Conference, Melbourne, Australia, July 20–25, 2014. http://pag.aids2014.org/EPosterHandler.axd?aid=10374.

Doug Engelbart Institute. “Military Service—Douglas C. Engelbart.”

Accessed May9, 2017. www .dougengelbart.org/content/view/352/467/.

Dourish, Paul. *Where the Action Is: The Foundations of Embodied Interaction*. Cam-bridge, MA: MIT Press, 2001.

Dreyfuss, Henry. *Designing for People*. 4th ed. New York: Allworth, 2012.

———. "The Industrial Designer and the Businessman." *Harvard Business Review*, November 6, 1950.

Erickson, Thom. "Five Lenses: Towards a Toolkit for Interaction Design." http://tomeri.org/5Lenses.pdf.

Eyal, Nir. *Hooked: How to Build Habit-Forming Products*. Self-published, 2014.

Fabricant, Robert. "Behavior Is Our Medium." Presentation at the Interaction Design Association conference, Vancouver, 2009. https://vimeo.com / 3730382.

———. "Why Does Interaction Design Matter? Let's Look at the Evolving Subway Experience." *Fast Company*, September 19, 2011.

Fairs, Marcus. "Jonathan Ive." *Icon* 4 (July/August 2003). www.iconeye.com/404 /item/2730-jonathan-ive-%7C-icon-004-%7C-july/august-2003.

Flemisch, Frank O., Catherine A. Adams, Sheila R. Conway, Michael T. Palmer, Ken H. Goodrich, and Paul C. Schutte. "The H-Metaphor as a Guideline for Vehicle Automation and Interaction." National Aeronautics and Space Administration, December 2003.

Flinchum, Russell. *Henry Dreyfuss, Industrial Designer: The Man in the Brown Suit*. New York: Rizzoli, 1997.

———. "The Other Half of Henry Dreyfuss." Design Criticism MFA Lecture Series, School of Visual Arts, New York, October 25, 2011. http://vimeo.com /35777735.

Fogg, B. J. "The Facts: BJ Fogg and Persuasive Technology." *Medium*, March 18, 2018. https://medium.com/@bjfogg/the-facts-bj-fogg-persuasive-technology -37d00a738bd1.

Ford, Daniel F. *Three Mile Island: Thirty Minutes to Meltdown*. New York: Viking, 1982.

Gertner, Jon. "Atomic Balm?" *New York Times Magazine*, July 16, 2006. Accessed July16, 2017. www .nytimes.com/2006/07/16/magazine/16nuclear.html.

Goodrich, Kenneth H., Paul C. Schutte, Frank O. Flemisch, and Ralph A. Williams. "Application of the H-Mode, a Design and Interaction Concept for Highly Automated Vehicles, to Aircraft." National Aeronautics and

Space Administration, October 15, 2006.

Gray, Alex. “Here’s the Secret to How WeChat Attracts 1 Billion Monthly Users.” World Economic Forum, March21, 2018. www .weforum.org/agenda /2018/03/wechat-now-has-over-1-billion-monthly-users/.

Gray, Mike, and Ira Rosen. *The Warning: Accident at Three Mile Island.* New York: W. W. Norton, 1982.

Green, Joshua, and Sasha Issenberg. “Inside the Trump Bunker, with Days to Go.” *Bloomberg News*, October27, 2016. www .bloomberg.com/news/articles /2016-10-27/inside-the-trump-bunker-with-12-days-to-go.

Grice, H. P. “Logic and Conversation.” In *Syntax and Semantics*. Vol. 3, *Speech Acts*, edited by Peter Cole and Jerry L. Morgan, 183–98. Cambridge, MA: Academic Press, 1975.

Grube, Nick. “Man Who Sent Out False Missile Alert Was ‘Source of Concern’ for a Decade.” *Honolulu Civil Beat*, January30, 2018. www . civilbeat.org/2018 /01/hawaii-fires-man-who-sent-out-false-missile-alert-top-administrator -resigns/.

Guardian. “Transport Safety Body Rules Safeguards ‘Were Lacking’ in Deadly Tesla Crash.” September 12, 2017. www .theguardian.com/technology/2017 /sep/12/tesla-crash-joshua-brown-safety-self-driving-cars.

Hamburger, Ellis. “Where Are They Now? These Were the 10 Best iPhone Apps When the App Store Launched in 2008.” *Business Insider*, May 17, 2011. www.businessinsider.com/the-best-iphone-apps-when-the-app-store-launched -2011-5.

Hamer, Tony, and Michele Hamer. “The Edsel Automobile Legacy of Failure.” *ThoughtCo.* January6, 2018. www .thoughtco.com/the-edsel-a-legacy-of-failure -726013.

Haraway, Donna. *Simians, Cyborgs, and Women: The Reinvention of Nature.* New York: Routledge, 1990.

Harford, Tim. “Department Store.” *50 Things That Made the Modern Economy*. BBC World Service, July2, 2017. www .bbc.co.uk/programmes/p056srj3.

———. *Messy: The Power of Disorder to Transform Our Lives*. New York: River-head, 2016.

———. “Seller Feedback.” *50 Things That Made the Modern Economy*. BBC World Service, August6, 2017. www .bbc.co.uk/programmes/p059zb6n.

Harris, Tristan. “How a Handful of Tech Companies Control Billions of

Minds Every Day." Presented at TED2017, April2017. www .ted.com/talks/tristan _harris_the_manipulative_tricks_tech_companies_use_to_capture_your _attention.

———. "How Technology Is Hijacking Your Mind —from a Magician and Google Design Ethicist." *Medium*, May 18, 2016.

Hawkins, Andrew J. "This Map Shows How Few Self-Driving Cars Are Actually on the Road Today." *The Verge*, October 23, 2017. www.theverge.com /2017/10/23/16510696/self-driving-cars-map-testing-bloomberg-aspen.

Helft, Miguel. "The Class That Built Apps, and Fortunes." *New York Times*, May7, 2011. www .nytimes.com/2011/05/08/technology/08class.html.

Hempel, Jessi. "What Happened to Facebook's Grand Plan to Wire the World?" *Wired*, May 17, 2018. www .wired.com/story/what-happened-to-facebooks -grand-plan-to-wire-the-world/.

Hiltzik, Michael A. *Dealers of Lightning: Xerox PARC and the Dawn of the ComputerAge.* New York: HarperCollins, 1999.

Hounshell, David A. *From the American System to Mass Production, 1800–1932.* Baltimore: Johns Hopkins University Press, 1985.

Hunt, Morton M. "The Course Where Students Lose Earthly Shackles." *Life*, May 16, 1955.

Hutchins, Edwin. *Cognition in the Wild*. Cambridge, MA: MIT Press, 1995.

IDEO.org. "Giving Ed Tech Entrepreneurs a Window into the Classroom." Ac-cessed October 11, 2017. www.ideo.com/case-study/giving-ed-tech-entre preneurs-a-window-into-the-classroom.

———. *The Field Guide to Human-Centered Design*. Self-published, 2015.

Illing, Sean. "Cambridge Analytica, the Shady Data Firm That Might Be a Key Trump-Russia Link, Explained." *Vox*, April4, 2018. www .vox.com/policy-and -politics/2017/10/16/15657512/cambridge-analytica-facebook-alexander -nix-christopher-wylie.

Johnston, Alva. "Nothing Looks Right to Dreyfuss." *Saturday Evening Post*, November 22, 1947.

Katz, Barry M. *Make It New: The History of Silicon Valley Design*. Cambridge, MA:MIT Press, 2015.

Kay, Alan. "A Personal Computer for Children of All Ages." Proceedings of the ACM National Conference, Xerox Palo Alto Research Center, 1972. Viewpoints Research Institute. Accessed November 11, 2017. http://worrydream.com/refs/Kay%20-%20A%20Personal%20Computer%20for%20Children% 20of%20All%20Ages.pdf.

Kennedy, Pagan. *Inventology: How We Dream Up Things That Change the World*.New York: Eamon Dolan, 2016.

———. “The Tampon of the Future.” *New York Times*, April 2, 2016. www.ny times.com/2016/04/03/opinion/sunday/the-tampon-of-the-future.html.

Kirsner, Scott. “The Biggest Obstacles to Innovation in Large Companies.” *Harvard Business Review*, July30, 2018. https:// hbr.org/2018/07/the-biggest -obstacles-to-innovation-in-large-companies.

Kolbert, Elizabeth. “Why Facts Don't Change Our Minds.” *New Yorker*, February 27, 2017. www .newyorker.com/magazine/2017/02/27/why-facts-dont -change-our-minds.

Kolko, Jon. *Well-Designed: How to Use Empathy to Create Products People Love*. Boston: Harvard Business Review, 2014.

Kosinski, Michal, David Stillwell, and Thore Graepel. “Private Traits and Attributes Are Predictable from Digital Records of Human Behavior.” *Proceedings of the National Academy of Sciences* 110, no. 15 (April 13, 2013): 5802–805. Ac-cessed June6, 2018. www .pnas.org/content/110/15/5802.

Kottke, Jason. “Bad Design in Action: The False Hawaiian Ballistic Missile Alert.” Kottke.org, January 16, 2018. https:// kottke.org/18/01/bad-design-in-action-the-false-hawaiian-ballistic-missile-alert.

Kraus, Rachel. “Gmail Smart Replies May Be Creepy, but They're Catching On Like Wildfire.” *Mashable*, September 20, 2018. https://mashable.com/article /gmail-smart-reply-growth/.

Krippendorff, Klaus. *The Semantic Turn: A New Foundation for Design*. Boca Raton, FL: CRC, 2005.

Kuang, Cliff. “Fuchsia, Google's Experimental Mobile OS, Solves Glaring Problems That Apple Doesn't Get.” *Fast Company*, May 10, 2017. www.fastcompany.com/90124729/fuchsia-googles-experimental-mobile-os-solves-glaring -problems-that-apple-doesnt-get.

———. “The Untold Story of How the Aeron Chair Was Born.” *Fast Company*, February 5, 2013. www .fastcompany.com/1671789/the-untold-history-of -how-the-aeron-chair-came-to-be.

Lacey, Robert. *Ford: The Men and the Machine*. 4th ed. New York: Ballantine, 1991.

Lakoff, George, and Mark Johnson. *Metaphors We Live By*. 2nd ed. Chicago: University of Chicago Press, 2003.

———. *Philosophy in the Flesh: The Embodied Mind and Its Challenge to*

Western Thought. New York: Basic Books, 1999.
Lange, Alexandra. "The Woman Who Gave the Macintosh a Smile." *New Yorker*, April19, 2018. www .newyorker.com/culture/cultural-comment/ the-woman -who-gave-the-macintosh-a-smile.
Lathrop, William Brian, Maria Esther Mejia Gonzalez, Bryan Grant, and Heiko Maiwand. "System, Components and Methodologies for Gaze Dependent Gesture Input Control." Volkswagen AG, assignee. Patent 9,244,527, filed March 26, 2013, and issued January 26, 2016. https://patents.justia.com /patent/9244527.
Lepore, Jill. *These Truths: A History of the United States*. New York: W. W. Norton, 2018.
Levin, Sam. "Is Facebook a Publisher? In Public It Says No, but in Court It Says Yes." *Guardian*, July 3, 2018. www .theguardian.com/technology / 2018/jul/02/facebook-mark-zuckerberg-platform-publisher-lawsuit.
Levitz, Eric. "The Hawaii Missile Scare Was Caused by Overly Realistic Drill." *New York*, January 30, 2018. http:// nymag.com/ intelligencer/2018/01/the -hawaii-missile-scare-was-caused-by-too-realistic-drill.html.
Levy, Marc. "3 Mile Island Owner Threatens to Close Ill-Fated Plant." AP News, May30, 2017. www .apnews.com/266b9aff54a14ab4a6bea903ac7 ae603.
Levy, Steven. *Insanely Great: The Life and Times of Macintosh, the Computer That Changed Everything*. 2nd ed. New York: Penguin, 2000.
Lewis, Michael. *The Undoing Project: A Friendship That Changed Our Minds*. New York: W. W. Norton, 2016.
Liedtka, Jeanne. "Why Design Thinking Works." *Harvard Business Review*, September/October 2018. hbr.org/2018/09/why-design-thinking-works.
Lorenz, Taylor. "17 Teens Take Us Inside the World of Snapchat Streaks, Where Friendships Live or Die." *Mic*, April 14, 2017. https:// mic.com/ articles /173998/17-teens-take-us-inside-the-world-of-snapchat-streaks-where -friendships-live-or-die#.f8S7Bxz4i.
Lupton, Ellen, Thomas Carpentier, and Tiffany Lambert. *Beautiful Users: Designing for People*. Princeton, NJ: Princeton Architectural Press, 2014.
Lyonnais, Sheena. "Where Did the Term 'User Experience' Come From?" *Adobe Blog*, August28, 2017. https:// theblog.adobe.com/where-did-the-term-user -experience-come-from/.
MacFarquhar, Larissa. "The Mind-Expanding Ideas of Andy Clark." *New*

Yorker, April2, 2018. www .newyorker.com/magazine/2018/04/02/the-mind -expanding-ideas-of-andy-clark.

Machkovech, Sam. "Report: Facebook Helped Advertisers Target Teens Who Feel 'Worthless.'" *Ars Technica*, May 1, 2017. https:// arstechnica.com/ information-technology/2017/05/facebook-helped-advertisers-target -teens-who-feel-worthless/.

Madrigal, Alexis C. "The Machine Zone: This Is Where You Go When You Just Can' t Stop Looking at Pictures on Facebook." *The Atlantic*, July 31, 2013. www.theatlantic.com/technology/archive/2013/07/the-machine-zone-this -is-where-you-go-when-you-just-cant-stop-looking-at-pictures-on-facebook /278185/.

Markoff, John. *Machines of Loving Grace: The Quest for Common Ground Between Humans and Robots*. New York: Ecco, 2016.

———. *What the Dormouse Said: How the Sixties Counterculture Shaped the Personal Computer Industry*. New York: Penguin, 2005.

Maynard, Micheline. "Waiting List Gone, Incentives Are Coming for Prius." *New York Times*, February 8, 2007. www .nytimes.com/2007/02/08/ automobiles /08hybrid.html.

McAlone, Nathan. "Amazon Will Spend About $4.5 Billion on Its Fight Against Netflix This Year, According to JPMorgan." *Business Insider*, April 7, 2017. www.businessinsider.com/amazon-video-budget-in-2017-45-billion-2017-4.

McCullough, Malcolm. *Digital Ground: Architecture, Pervasive Computing, and Environmental Knowing*. Cambridge, MA: MIT Press, 2004.

McNerney, Samuel. "A Brief Guide to Embodied Cognition: Why You Are Not Your Brain." *Scientific American*, November4, 2011. https:// blogs. scientificamerican.com/guest-blog/a-brief-guide-to-embodied-cognition-why-you-are-not -your-brain/.

Meikle, Jeffrey L. *Design in the USA*. New York: Oxford University Press, 2005.

———. *Twentieth Century Limited: Industrial Design in America, 1925–1939*. Phila-delphia: Temple University Press, 1979.

Merchant, Brian. *The One Device: The Secret History of the iPhone*. New York: Little, Brown, 2017.

Mickle, Tripp, and Amrith Ramkumar. "Apple's Market Cap Hits $1 Trillion." *Wall Street Journal*, August 2, 2018. www .wsj.com/articles/ apples-market -cap-hits-1-trillion-1533225150.

Microsoft. "Microsoft AI Principles." Accessed September 9, 2018. www.microsoft.com/en-us/ai/our-approach-to-ai.

Miles, Tom. "U.N. Investigators Cite Facebook Role in Myanmar Crisis." Reuters, March 12, 2018. www .reuters.com/article/us-myanmar-rohingya -facebook /u -n -investigators -cite -facebook -role -in -myanmar -crisis -idUSKCN1GO2PN.

Moggridge, Bill. *Designing Interactions*. Cambridge, MA: MIT Press, 2007.

Moore, Pat, and Charles Paul Conn. *Disguised: A True Story.* Waco, TX: Word, 1985.

Naftulin, Julia. "Here's How Many Times We Touch Our Phones Every Day." *Business Insider*, July 13, 2016. www .businessinsider.com/dscout-research-people-touch-cell-phones-2617-times-a-day-2016-7.

Nass, Clifford. *The Man Who Lied to His Laptop.* New York: Current, 2010.

Newgarden, Mark, and Paul Karasik. *How to Read* Nancy*: The Elements of Comics in Three Easy Panels.* Seattle: Fantagraphics, 2017.

Norman, Donald A. "Design as Practiced." In *Bringing Design to Software*, edited by Terry Winograd. Boston: Addison-Wesley, 1996. https://hci.stanford.edu /publications/bds/12-norman.html.

———. *The Design of Everyday Things.* New York: Doubleday, 1988.

———. *Emotional Design: Why We Love (or Hate) Everyday Things.* 2nd ed. New York: Basic Books, 2005.

———. "What Went Wrong in Hawaii, Human Error? Nope, Bad Design." *Fast Company*, January16, 2018. www .fastcompany.com/90157153/don-norman -what-went-wrong-in-hawaii-human-error-nope-bad-design.

Panzarino, Matthew. "Google's Eric Schmidt Thinks Siri Is a Significant Competitive Threat." *The Next Web*, November 4, 2011. https://thenextweb.com/apple/2011/11/04/googles-eric-schmidt-thinks-siri-is-a-significant -competitive-threat/.

Park, Gene. "The Missile Employee Messed Up Because Hawaii Rewards Incompetence." *Washington Post*, February1, 2018. www .washingtonpost.com /news/posteverything/wp/2018/02/01/the-missile-employee-messed-up -because-hawaii-rewards-incompetence/.

Peltier, Elian, James Glanz, Mika Gröndahl, Weiyi Cai, Adam Nossiter, and Liz Alderman. "Notre-Dame Came Far Closer to Collapsing Than People Knew. This Is How It Was Saved." *New York Times*, July18, 2019. www .nytimes.com /interactive/2019/07/16/world/europe/notre-dame.html.

Perez, Sara. "I Watched HBO's Tinder-Shaming Doc 'Swiped' So You

Don't Have To." *TechCrunch*, September12, 2018. https:// techcrunch.com/2018/09 /11/i-watched-hbos-tinder-shaming-doc-swiped-so-you-dont-have-to.

Petroski, Henry. *The Evolution of Useful Things: How Everyday Artifacts—from Forks and Pins to Paper Clips and Zippers—Came to Be as They Are.* New York: Vintage, 1994.

Pulos, Arthur J. *American Design Ethic: A History of Industrial Design.* Cambridge, MA: MIT Press, 1986.

Rams, Dieter. "Ten Principles for Good Design." Vitsœ. Accessed November 2018. www.vitsoe.com/gb/about/good-design.

Randazzo, Ryan, Bree Burkitt, and Uriel J. Garcia. "Self-Driving Uber Vehicle Strikes, Kills 49-Year-Old Woman in Tempe." AZCentral.com, March 19, 2018. www.azcentral.com/story/news/local/tempe-breaking/2018/03/19/woman -dies-fatal-hit-strikes-self-driving-uber-crossing-road-tempe/438256002/.

Read, Max. "Donald Trump Won Because of Facebook." *New York*, November 9, 2016. http://nymag.com/intelligencer/2016/11/donald-trump-won-because -of-facebook.html.

Reeves, Byron, and Clifford Nass. *The Media Equation: How People Treat Computers, Television, and New Media Like Real People and Places.* New York: CSLI Publications, 1996.

RockTreeStar. "Tesla Autopilot Tried to Kill Me!" YouTube, October 15, 2015. www.youtube.com/watch?v=MrwxEX8qOxA.

Rose, David. *Enchanted Objects: Design, Human Desire, and the Internet of Things*. New York: Scribner, 2014.

Rosenberg, Matthew. "Cambridge Analytica, Trump-Tied Political Firm, Offered to Entrap Politicians." *New York Times*, March 19, 2018. www.nytimes.com/2018/03/19/us/cambridge-analytica-alexander-nix.html.

Rosenstein, Justin. "Love Changes Form." Facebook, September 20, 2016. Accessed April 30, 2018. www .facebook.com/notes/justin-rosenstein/love-changes-form/10153694912262583.

Rutherford, Janice Williams. *Selling Mrs. Consumer: Christine Frederick and the Rise of Household Efficiency*. Athens: University of Georgia Press, 2003.

Rybczynski, Witold. *Home: A Short History of an Idea.* New York: Viking, 1986.

Said, Carolyn. “Exclusive: Tempe Police Chief Says Early Probe Shows No Fault by Uber.” *San Francisco Chronicle*, March26, 2018. www . sfchronicle.com/business /article/Exclusive-Tempe-police-chief-says-early-probe-12765481.php.

Scheiber, Noam. “How Uber Uses Psychological Tricks to Push Its Drivers’ But-tons.” *New York Times*, April2, 2017. www .nytimes.com/interactive/2017/04 /02/technology/uber-drivers-psychological-tricks.html.

Schiffman, Betsy. “Stanford Students to Study Facebook Popularity.” *Wired*, March25, 2008. www .wired.com/2008/03/stanford-studen-2/.

Schüll, Natasha Dow. *Addiction by Design: Machine Gambling in Las Vegas*. Prince ton, NJ: Princeton University Press, 2014.

Schwab, Katherine. “Sweeping New McKinsey Study of 300 Companies Reveals What Every Business Needs to Know About Design for 2019.” *Fast Company*, October 25, 2018. www .fastcompany.com/90255363/this-mckinsey-study-of-300 -companies-reveals-what-every-business-needs-to -know-about -design-for-2019.

Seldes, Gilbert. “Artist in a Factory.” *New Yorker*, August 29, 1931.

Shepardson, David. “Tesla Driver in Fatal ‘Autopilot’ Crash Got Numerous Warnings: U.S. Government.” Reuters, June19, 2017. www .reuters.com/article/us -tesla-crash/tesla-driver-in-fatal-autopilot-crash-got-numerous-warnings-u-s -government-idUSKBN19A2XC.

The Simpsons. Season 2, episode 28, “O Brother Where Art Thou.” Aired February21, 1991. www .dailymotion.com/video/x6tg4a5.

Smith, Beverly. “He’s into Everything.” *American Magazine*, April 1932.

Smith, Brad. “Intuit’s CEO on Building a Design-Driven Company.” *Harvard Business Review*, January/February 2015. https:// hbr.org/2015/01/intuits -ceo-on-building-a-design-driven-company.

Smith, Oliver. “How to Boss It Like: Justin Rosenstein, Cofounder of Asana.” *Forbes*, April 26, 2018. www.forbes.com/sites/oliversmith/2018/04/26/how-to-boss-it-like-justin-rosenstein-cofounder-of-asana/#31194at7457b.

Soboroff, Jacob, Aarne Heikkila, and Daniel Arkin. “Hawaii Management Worker Who Sent False Missile Alert: I Was ‘100 Percent Sure’ It Was Real.” NBC News, February 2, 2018. www .nbcnews.com/news/us-news/hawaii -emergency-management-worker-who-sent-false-alert-i-was-n844286.

Spool, Jared M. “The Hawaii Missile Alert Culprit: Poorly Chosen File Names.” *Medium*, January16, 2018. https:// medium.com/ux-immersion-interactions /the-hawaii-missile-alert-culprit-poorly-chosen-file-names-d30d59ddfcf5.

Stahl, Lesley. "Slot Machines: The Big Gamble." *60 Minutes*, January 7, 2011. www.cbsnews.com/news/slot-machines-the-big-gamble-07-01-2011/.

Stangel, Luke. "Is This a Sign That Apple Is Serious About Making a Deeper Push into Original Journalism?" *Silicon Valley Business Journal*, May 9, 2018. www.bizjournals.com/sanjose/news/2018/05/09/apple-news-journalist -hiring-subscription-service.html.

Statt, Nick. "Google Now Says Controversial AI Voice Calling System Will Identify Itself to Humans." *The Verge*, May10, 2018. www .theverge.com/2018/5 /10/17342414/google-duplex-ai-assistant-voice-calling-identifyitself-update.

Stevens, S. S. "Machines Cannot Fight Alone." *American Scientist* 34, no. 3 (July 1946).

Stolzoff, Simone. "The Formula for Phone Addiction Might Double as a Cure." *Wired*, February1, 2018. www .wired.com/story/phone-addiction-formula/.

Sullivan, John Jeremiah. "You Blow My Mind. Hey, Mickey!" *New York Times Magazine*, June 8, 2011. www .nytimes.com/2011/06/12/magazine/a-rough -guide-to-disney-world.html.

Suri, Jane Fulton. "Saving Lives Through Design." *Ergonomics in Design* (Sum-mer 2000).

Suri, Jane Fulton, and IDEO. *Thoughtless Acts?* San Francisco: Chronicle, 2005.

Taggart, Kendall. "The Truth About the Trump Data Team That People Are Freaking Out About." *BuzzFeed News*, February 16, 2017. www.buzzfeednews.com/article/kendalltaggart/the-truth-about-the-trump-data-team-that -people-are-freaking.

Taub, Amanda, and Max Fisher. "Where Countries Are Tinderboxes and Facebook Is a Match." *New York Times*, April21, 2018. www .nytimes.com/2018 /04/21/world/asia/facebook-sri-lanka-riots.html.

Teague, Walter Dorwin. *Design This Day: The Technique of Order in the Machine Age*. New York: Harcourt, Brace, 1940.

Tenner, Edward. *Our Own Devices: The Past and Future of Body Technology*. New York: Knopf, 2003.

Trufelman, Avery. "The Finnish Experiment." *99% Invisible*, September

19, 2017. https://99percentinvisible.org/episode/the-finnish-experiment/.

Tubik Studio. "UX Design Glossary: How to Use Affordances in User Interfaces." *UX Planet*. https://uxplanet.org/ux-design-glossary-how-to-use-affordances -in-user-interfaces-393c8e9686e4.

Turkle, Sherry. *Alone Together: Why We Expect More from Technology and Less from Each Other*. New York: Basic Books, 2011.

Twenge, Jean M. "Have Smartphones Destroyed a Generation?" *The Atlantic*, September 2017. www .theatlantic.com/magazine/archive/2017/09/has-the -smartphone-destroyed-a-generation/534198/.

United States Securities and Exchange Commission. Form S-1: Registration Statement, Facebook, Inc. Washington, D.C.: SEC, February 1, 2012. Ac-cessed July 6, 2018. www .sec.gov/Archives/edgar/data/1326801/000119 312512034517/d287954ds1.htm.

"Unlocking Mobile Money." IDEO.org. Accessed October 9, 2017. www.ideo.org /project/gates-foundation.

Vincent, James. "Google's AI Sounds Like a Human on the Phone—Should We Be Worried?" *The Verge*, May9, 2018. www .theverge.com/2018/5/9/17334658 /google-ai-phone-call-assistant-duplex-ethical-social-implications.

Von Thienen, Julia P. A., William J. Clancey, and Christoph Meinel. "Theoretical Foundations of Design Thinking." In *Design Thinking Research*, edited by Christoph Meinel and Larry Leifer, 15. Cham, Switzerland: Springer Nature, 2019. https://books.google.com/books?id=-9hwDwAAQBAJ.

Wagner, R. Polk, and Thomas Jeitschko. "Why Amazon's '1-Click' Ordering Was a Game Changer." Knowledge@Wharton by the Wharton School of the University of Pennsylvania, September 14, 2017. http://knowledge.wharton.upenn.edu/article/amazons-1-click-goes-off-patent/.

Waldrop, M. Mitchell. *The Dream Machine: J.C.R. Licklider and the Revolution That Made Computing Personal.* New York: Viking, 2001.

Wang, Amy B. "Former Facebook VP Says Social Media Is Destroying Society with 'Dopamine-Driven Feedback Loops.'" *Washington Post*, December 12, 2017. www.washingtonpost.com/news/the-switch/wp/2017/12/12/former -facebook-vp-says-social-media-is-destroying-society-with-dopamine-driven -feedback-loops/.

———. "Hawaii Missile Alert: How One Employee 'Pushed the Wrong Button' and Caused a Wave of Panic." *Washington Post*, January 14, 2018. www.washingtonpost.com/news/post-nation/wp/2018/01/14/hawaii-missile -alert-how-one-employee-pushed-the-wrong-button-and-caused-a-wave-of -panic/.

Weinstein, Ari, and William Mattelaer. "Introduction to Siri Shortcuts." Presen tation at the Apple Worldwide Developers Conference. McEnery Convention Center, San Jose, June 5, 2018. https:// developer.apple.com/videos/play /wwdc2018/211/.

Weiser, Mark, and John Seeley Brown. "The Coming Age of Calm Technology." In *Beyond Calculation: The Next Fifty Years of Computing*. New York: Springer, 1997.

Wendt, Thomas. "Critique of Human-Centered Design, or Decentering Design." Presentation at the Interaction 17 Conference, School of Visual Arts, New York, February 7, 2017. www .slideshare.net/ThomasMWendt/critique-of -humancentered-design-or-decentering-design.

Whyte, William, Jr. "Groupthink." *Fortune*, March 1952.

Wiener, Norbert. *The Human Use of Human Beings*. Boston: Houghton Mifflin, 1954.

Williams, Wendell. "The Problem with Personality Tests." ERE.net, July 12, 2013. www.ere.net/the-problem-with-personality-tests/.

Wilson, Mark. "The Reason Your Brain Loves Wide Design." *Fast Company*, August 24, 2017. www .fastcompany.com/90137664/the-reason-your-brain -loves-wide-products.

Woodhead, Lindy. *Shopping, Seduction and Mr. Selfridge*. New York: Random House, 2013.

Wu, Tim. "The Tyranny of Convenience." *New York Times*, February 17, 2018. www.nytimes.com/2018/02/16/opinion/sunday/tyranny-convenience.html.

XXPorcelinaX. "Skinner—Free Will." YouTube, July 13, 2012. www.youtube.com/watch?v=ZYEpCKXTga0.

Yablonski, Jon. "Laws of UX." Accessed November 2018. https://lawsofux.com/.

Yardley, William. "Clifford Nass, Who Warned of a Data Deluge, Dies at 55." *New York Times*, November 6, 2013. www.nytimes.com/2013/11/07/business/clifford-nass-researcher-on-multitasking-dies-at-55.html.

致谢

本书就是一篇报道。很多人邀请我参与到他们的生活中，少的几个小时，多的长达几年，因此我欠他们一个很大的人情。我无法在这里一一列举他们的名字，还有很多人没有在书中提及。姆拉登·巴巴里克很快就明白了我写这本书的目的。三年里，他邀请我实时观看他的设计过程，总共有几十次，即使包含一些机密内容，也没有任何掩饰，这是大多数人做不到的。在这个过程中，他把我介绍给了博·吉莱斯皮，后者坦率地分享了自己的创业经历。

如今，许多人还是很排斥记者的，或者说，至少是有理由保持谨慎的，因为他们会顾忌自己的故事常常被误解。至于前者，我要算上比尔·阿特金森和安迪·赫茨菲尔德，遇到他们是我的荣幸。至于后者，埃里克·格拉泽、布莱恩·莱斯罗普、奥迪电子研究实验室的工作人员，还有利亚·珀尔曼和贾斯汀·罗森斯泰因都包括在内。

有许多人为本书付出了时间和精力，却不求回报，包括伟大的唐纳德·诺曼，在加州大学圣迭戈分校时，是他慷慨地招待了我。普拉格雅·米什拉非常慷慨地帮我翻译了和雷努卡的对话，还向我讲述了她代表 Dalberg Design 所做的研究。戴夫·沃森和丹·福尔摩萨回忆了设计福特 Fusion 仪表盘时的故事。IDEO 的纳迪亚·沃克不知疲倦地思考着那些可能会对本书的报道有所帮助的人，比如简·富尔顿·苏瑞。奥古斯特·德洛斯·雷耶斯花了很多时间来和我分享他的人生经历，他在面对重重困难时如何寻找目标，这样的故事鼓舞了我。库珀·休伊特设计博物馆的艾米莉·奥尔带我去了德雷夫斯档案馆，不厌其烦地帮助我查找资料。三里岛的工作人员帮助我了解当地发生的巨大变化，这对我的研究至关重要。鲍勃·麦克基姆耐心地梳理他的记忆，正是我们在一起讨论的那段时光启发了我，整理出了这本书的主线。我想再次衷心感谢那些研究人员，他们慷慨地提供了来之不易的研究成果，比如多年以来一直研究亨利·德雷夫斯的拉塞尔·弗林查姆，还有比尔·克兰西，他的工作是挖掘约翰·阿诺德生活中不为人知的细节。约翰·帕吉特忍受了我多年的叨扰，我经常问他在嘉年华邮轮上建了什么。出于同样的目的，我还无数次约见了其他人，无论是在公开场合还是私下碰面，我要感谢那些接受我访问的人。

还有许多伙伴以其他的方式对本书做出了自己的贡献。我非常感谢我的合作伙伴罗伯特·法布里坎特，他坚信这个世界需要一本这样的书，他还给这本书命了名。这件事情看似简单，却推动了此书真正问世。我还要特别感谢凯勒·范哈默特，他为这本书所做的早期研究不仅具有启发性，而且极富创造力；他照亮了道路，梳理了脉络，如果没有他的深刻洞察力，我很难把握其中的联系。许多朋友认真而专注地读了这本书，并提了很多宝贵的建议，这本书也变得比原来更好，感谢这些朋友：乔·布朗、乔·格比亚、摩根·克伦达尼尔、杰森·坦兹、马克·威尔逊、莫汉·拉玛斯瓦米，还有凯勒·范哈默特。我最重要的两个读者是我的经纪人佐伊·帕格南塔和我的编辑肖恩·麦克唐纳。在本书的创作过程中，佐伊从一开始就发挥着指导和引领的作用，她希望这本书能超越设计领域的局限，她最先看到了这种可能。从本书的提案阶段开始，肖恩就充满了热情。在六年多的时间里，他带着耐心和坚定，在需要的时候向我提供必要的支持，有时候他都没有意识到自己在帮忙。如果不是他洞察到了设计在未来世界的重要性，这本书就不会问世。安德里亚·鲍威尔无所畏惧，目光敏锐，全身心地投入到这本书的相关实例核查中。如果书中还有任何遗留的错误，当然是我个人的问题。

最后，我要感谢我的妻子妮可，如果没有她的爱与支持，我根本无法完成这本书。我迫不及待地想看到我们家的小宝贝从书架上拿下这本书，在封面上留下可爱的牙印儿。

——克里夫·库昂

首先，我要感谢克里夫，项目一开始他就让我拉他入伙，尽管那时的我还很迷茫，还不知道怎样才能把这个不为人知的设计故事呈现给广大读者。而克里夫坚持关注名人，坚持描写生动故事，他对报道的投入和严谨，大大超出了我最初的预期。我认为这个世界上没有其他人能像克里夫一样，用这样的背景、技能和智慧来完成这一切。阅读每一份草稿时，我总是被克里夫的语言能力所震撼，他将复杂的概念浓缩成简明扼要、可信易懂的流畅表达。很长时间以来，我一直对自己的作品抱有一些想法，却很难与人交流。这些想法会一页页、一章章地出现，就像礼物一样，不断给我带来惊喜。正如这本书捕捉到的，随着设计的全球影响力与日俱增，它的作用已经逐渐遁于无形。这就好比一位工匠大师，看到手中的材料被一次次塑造成型，感到无比满足。就像乔·格比亚在描述“用户友好”时指出的，“读这本书的时候，我折了很多页角，画出了很多段落，平时很少这样。”谢天谢地。

在过去的 25 年里，我有幸向许多勇敢超前的设计师学习，他们塑造了我对设计力量的信仰，强大到无法用语言说明，所以我还要感谢他们。涉及人员太多了，在此就不一一赘述了，我将重点介绍几位主要人物：雷德·伯恩斯、吉迪恩·阿尔坎格罗、比尔·德伦特尔、拉维·查特帕尔、法比奥·塞尔吉奥（我的灵魂创意伙伴，我俩长得也很像）。我还要感谢过去几代设计师，从没有人专门讲述过他们精彩的故事，但直到今天，我们仍然能通过他们精心设计的产品和体验感受到他们的突出贡献。之后还会有更多关于他们的书问世。

正如我在结语中提到的，这本书是一件产品，而且首先得是一件用户友好型产品，这是最重要的。我在 Frog 学到了一点：所有的产品都是多学科协作的结果。起初，我在出版行业担任设计师（幸运的是，我还有一位才华横溢的图书设计师姐妹），所以当我从另一个角度来看待这个过程时，我觉得很有趣。肖恩·麦克唐纳是一个真正的大师，他组建了一支天才团队，为这本书的精彩创作创造了空间。自始至终，我们的经纪人佐伊·帕格南塔都在发挥黏合剂的作用，她极富耐心，智慧过人，为我们的合作提供支持，并在必要时做出提醒。

最后，我想对家人说几句话，先是我 88 岁高龄的父亲理查德，他还在等待真正的用户友好型体验；还有我的母亲弗洛伦斯，她写了 14 本书，一直是我创作的灵感源泉。最重要的，感谢我正处于青春期的女儿，朱莉娅和埃维，她们每天晚上和周末都要忍受我电脑打字的噪声；感谢陪伴我 34 年之久的妻子吉尔·赫齐格，明智的她虽然嘴上一直告诫我不要做这种无聊的创作，但实际上却一直在我身边支持我。我的爱伴你左右，我的心与你同在……

——罗伯特·法布里坎特